中国甜菜种质资源目录

（1986—2024年）

兴旺　刘大丽　谭文勃　王皓　编著

中国农业出版社
北　京

图书在版编目（CIP）数据

中国甜菜种质资源目录：1986-2024年 / 兴旺等编著. -- 北京：中国农业出版社，2025. 3. -- ISBN 978-7-109-33136-5

Ⅰ. S566.302.4

中国国家版本馆CIP数据核字第20251G3Q97号

中国甜菜种质资源目录（1986—2024年）

ZHONGGUO TIANCAI ZHONGZHI ZIYUAN MULU（1986—2024 NIAN）

中国农业出版社出版

地址：北京市朝阳区麦子店街18号楼

邮编：100125

责任编辑：闫保荣　　文字编辑：廖青桂

版式设计：小荷博睿　责任校对：吴丽婷

印刷：中农印务有限公司

版次：2025年3月第1版

印次：2025年3月北京第1次印刷

发行：新华书店北京发行所

开本：880mm × 1230mm 1/16

印张：16.25

字数：260千字

定价：88.00元

编写说明

《中国甜菜种质资源目录（1986—2024年）》中有关项目说明如下：

（1）统一编号中，ZT代表中国甜菜品种资源，取“中甜”二字汉语拼音首写字母；保存单位编号为各单位的永久号，号码前的D代表东北生态区保存的资源，H代表华北生态区保存的资源，X代表西北生态区保存的资源。

（2）经济类型按块根产量和含糖率的相对表现来确定。E—丰产型；N—标准型；Z—高糖型；ZZ—超高糖型；EZ—丰产兼高糖型；NE—标准偏丰产型；NZ—标准偏高糖型；LL—低产低糖型（包括标准偏低产型和标准偏低糖型）。

（3）子叶大小：子叶面积＞$126.4mm^2$为大，126.4～$99.8mm^2$为中，＜$99.8mm^2$为小。

（4）叶柄宽：测量中层叶片的叶柄中部横截面边缘最大距离，＞1.2cm为宽，1.2～0.8cm为中，＜0.8cm为窄。

（5）叶柄长：测量中层叶片的叶柄长度，＞31cm为长，31～20cm为中，＜20cm为短。

（6）生长势：按5级分制调查，实得分数4.6～5.0为旺，4.1～4.5为较旺，3.5～4.0为中，3.0～3.4为较弱，＜3.0为弱。

（7）叶数：在出苗后93天（叶丛繁茂期）调查甜菜植株绿、枯叶之和。

（8）对褐斑病反应：病情指数0～20.0为高抗（HR），20.1～30.0为抗病（R），30.1～40.0为中抗（MR），40.1～50.0为中感（MS），50.1～60.0为感病（S），60.1～100.0为高感（HS）。

（9）百株重：在植株长至2～3对真叶时，测量100株幼苗的重量。

（10）根头大小：在收获期调查10～20株甜菜块根的根头与根体比例，比例＞20%为大，10%～20%为中，＜10%为小。

（11）根沟深浅：在收获期调查10～20株甜菜块根两侧根沟深浅程度，按照最大相似原则分为无、不明显、浅、深四个等级。

（12）肉质粗细：在收获期调查10～20株甜菜块根，从根体较宽部位横切并观察表皮内肉质的粗细程度，根据最大相似原则分为细、中、粗三个等级。

（13）meq/100g：系100g鲜甜菜中所含毫克当量数。

前　言

甜菜是我国重要的糖料作物和经济作物，在农业生产中占有重要地位，对提高农民经济收入具有积极作用。我国甜菜主要种植区分布在东北、华北和西北三大产区。甜菜种质资源是甜菜育种和甜菜科学研究的重要物质基础。

我国并非甜菜起源国，甜菜种质资源数量有限、类型单一，新中国成立以来，各科研单位和生产部门虽已搜集地方良种并培育出一些新的品系，但这些资源材料缺乏系统鉴定和整理，保存分散且库存条件欠佳，最终逐渐丧失遗传生命力。继“七五”期间出版了包含500余份甜菜种质资源的《全国甜菜品种资源目录》、“八五”期间编写出版了包含711份甜菜种资源质的《中国甜菜品种资源目录（1991—1995）》后，在“农作物种质资源保护与利用项目”和“国家糖料产业技术体系项目”的支持下，通过引进、收集甜菜种质资源，并经过精准鉴定与评价后编写了本目录。

本目录共收录甜菜种质资源1893份，其中国际资源629份，国内资源1264份。国际资源的具体来源为：阿尔巴尼亚1份，奥地利5份，保加利亚2份，比利时8份，波兰90份，朝鲜4份，丹麦6份，德国33份，俄罗斯91份，法国10份，荷兰33份，加拿大4份，捷克16份，罗马尼亚17份，美国155份，南斯拉夫1份，日本88份，瑞典20份，匈牙利17份，叙利亚1份，伊朗1份，意大利17份，英国9份。

通过对甜菜种质资源的系统整理和性状鉴定，筛选出一批具有独特性状的优异种质资源材料。本目录汇集了我国大部分甜菜种质资源材料，同时整合了《全国甜菜品种资源目录》《中国甜菜品种资源目录（1991—1995）》中的资源，它将为提高我国甜菜育种水平和深化基础性研究工作提供重要资源支撑，具有显著的实用价值和科学意义。

《中国甜菜种质资源目录（1986—2024年）》的编撰工作由国家甜菜种质

资源中期库主持完成，其中兴旺研究员编写20万字、刘大丽编写3万字、谭文勃编写2万字、王皓编写1万字。感谢资源提供者们给予的大力支持。由于时间紧、任务重，本目录编写得比较仓促，疏漏和不足之处在所难免，敬请广大读者批评指正，以便后续完善。

编　者

二零二三年四月

统一编号	保存编号	品种名称	品种来源	保存单位	粒性	育性	染色体倍性	花粉量	种株株型	结实密度（粒 /10cm）	种子千粒重（g）	子叶大小	下胚轴色	叶色	叶形	叶柄宽	叶柄长	叶丛型
ZT000001	D05001	GW49	美国	国家甜菜种质资源中期库	多	可育	2x	多	多茎	21.3	29.0	中	混	绿	犁铧形	中	长	斜立型
ZT000002	D05002	MonoHy6	美国	国家甜菜种质资源中期库	多	可育	2x	多	单茎	35.7	24.0	小	混	绿	舌形	中	中	斜立型
ZT000003	D05003	GW64	美国	国家甜菜种质资源中期库	多	可育	2x	中	混合	22.3	15.0	小	混	淡绿	犁铧形	宽	中	斜立型
ZT000004	D05004	Holly-Hybrid22	美国	国家甜菜种质资源中期库	多	可育	2x	多	多茎	26.0	21.0	中	混	绿	犁铧形	宽	长	斜立型
ZT000005	D05005	US200 × 215	美国	国家甜菜种质资源中期库	多	可育	2x	多	单茎	18.4	32.0	小	混	绿	舌形	宽	中	斜立型
ZT000006	D01001	范 8-3	中国吉林	国家甜菜种质资源中期库	多	可育	2x	多	多茎	22.4	25.0	大	混	浓绿	犁铧形	中	长	斜立型
ZT000007	D01002	范 443-12	中国吉林	国家甜菜种质资源中期库	多	可育	2x	多	多茎	28.4	33.0	大	混	绿	犁铧形	中	长	斜立型
ZT000008	D01003	林甸红大个	中国黑龙江	国家甜菜种质资源中期库	多	可育	2x	多	多茎	22.6	25.0	大	混	绿	舌形	中	长	斜立型
ZT000009	D01004	延寿中和甜菜	中国黑龙江	国家甜菜种质资源中期库	多	可育	2x	多	混合	21.7	29.0	大	混	绿	犁铧形	宽	长	斜立型
ZT000010	D01005	丰光	中国黑龙江	国家甜菜种质资源中期库	多	可育	2x	少	混合	21.7	36.0	中	混	淡绿	犁铧形	中	长	斜立型
ZT000011	D01006	甜研三号	中国黑龙江	国家甜菜种质资源中期库	多	可育	2x	中	单茎	24.9	38.0	大	混	淡绿	舌形	宽	长	斜立型
ZT000012	D01007	甜研四号	中国黑龙江	国家甜菜种质资源中期库	多	可育	2x	多	多茎	20.9	31.0	中	混	绿	犁铧形	中	中	斜立型
ZT000013	D01008	晋甜一号	中国山西	国家甜菜种质资源中期库	多	可育	2x	中	多茎	17.8	25.0	大	混	绿	犁铧形	中	中	斜立型
ZT000014	D01009	甜 411	中国黑龙江	国家甜菜种质资源中期库	多	可育	4x	多	单茎	19.4	45.0	大	淡绿	绿	犁铧形	宽	中	斜立型
ZT000015	D01010	范 22	中国吉林	国家甜菜种质资源中期库	多	可育	2x	中	多茎	18.2	32.0	大	混	绿	犁铧形	中	中	斜立型

叶数（片）	块根形状	根头大小	根沟深浅	根皮光滑度	根肉色	肉质粗细	维管束环数（个）	经济类型	苗期生长势	幼苗百株重（g）	褐斑病	块根产量（t/hm²）	蔗糖含量（%）	蔗糖产量（t/hm²）	钾含量（mmol/100g）	钠含量（mmol/100g）	氮含量（mmol/100g）	当年抽薹率（%）
30.3	圆锥形	大	浅	光滑	白	细	7	N	较弱	926.00	MS	17.88	15.70	2.81	3.190	6.368	0.863	0.00
33.0	纺锤形	小	深	光滑	白	细	7	E	中	1015.00	MS	20.04	15.60	3.13	3.023	3.041	2.825	6.70
30.3	圆锥形	大	浅	较光滑	淡黄	细	8	LL	弱	612.00	S	14.66	16.90	2.48	2.824	1.590	2.537	0.00
39.0	纺锤形	大	深	光滑	淡黄	细	4	NE	较弱	750.00	S	20.85	16.10	3.36	3.910	5.141	3.814	1.70
36.3	楔形	大	深	光滑	白	细	5	LL	弱	656.00	HS	17.08	13.30	2.27	3.412	8.914	0.492	0.42
36.0	圆锥形	大	浅	光滑	淡黄	细	7	NZ	中	598.00	MS	17.45	18.20	3.18	3.298	3.079	1.077	1.70
34.7	圆锥形	大	深	光滑	白	粗	5	NZ	较弱	883.00	MS	18.35	17.70	3.25	2.087	3.180	3.473	0.00
44.1	楔形	小	浅	光滑	白	细	5	E	弱	667.00	S	19.72	13.20	2.60	3.263	1.930	0.594	0.00
24.4	纺锤形	大	浅	光滑	白	细	6	NE	弱	540.00	MS	19.39	16.10	3.12	2.244	4.951	1.697	1.70
30.4	圆锥形	小	深	光滑	白	细	7	LL	弱	661.00	S	15.77	15.80	2.49	2.459	2.704	3.480	0.00
31.8	楔形	小	深	光滑	白	细	8	N	旺	709.00	MS	17.81	15.60	2.78	3.781	1.823	1.644	3.30
31.4	圆锥形	大	深	光滑	淡黄	细	6	EZ	中	698.00	MR	19.54	17.60	3.44	2.666	3.155	0.831	0.00
32.1	纺锤形	大	深	光滑	白	细	7	NZ	较旺	813.00	MS	18.41	17.80	3.28	2.407	3.734	1.700	0.00
26.9	纺锤形	小	深	光滑	白	细	6	NZ	中	697.00	MR	17.31	17.90	3.10	2.349	0.241	1.684	0.00
31.8	圆锥形	大	浅	光滑	白	细	5	LL	较弱	790.00	MR	17.53	14.80	2.59	1.889	7.900	3.511	0.00

统一编号	保存编号	品种名称	品种来源	保存单位	粒性	育性	染色体倍性	花粉量	种株株型	结实密度（粒/10cm）	种子千粒重（g）	子叶大小	下胚轴色	叶色	叶形	叶柄宽	叶柄长	叶丛型
ZT000016	D01011	顺天根	中国黑龙江	国家甜菜种质资源中期库	多	可育	2x	多	单茎	20.7	35.0	大	混	淡绿	犁铧形	中	长	斜立型
ZT000017	D01012	双丰十号	中国黑龙江	国家甜菜种质资源中期库	多	可育	2x	中	多茎	23.8	32.0	中	混	绿	犁铧形	宽	短	斜立型
ZT000018	D01013	六八六 -14	中国江苏	国家甜菜种质资源中期库	多	可育	2x	中	多茎	19.7	34.0	大	混	绿	犁铧形	中	中	斜立型
ZT000019	D01014	玛拉斯白色（D）	中国新疆	国家甜菜种质资源中期库	多	可育	2x	中	多茎	20.6	22.0	大	混	绿	犁铧形	窄	短	斜立型
ZT000020	D01015	昌七	中国辽宁	国家甜菜种质资源中期库	多	可育	2x	中	多茎	23.1	37.0	中	混	绿	犁铧形	中	中	斜立型
ZT000021	D01016	甜晋三号	中国山西	国家甜菜种质资源中期库	多	可育	2x	中	多茎	23.2	30.0	大	混	浓绿	犁铧形	中	中	斜立型
ZT000022	D01017	双丰三号	中国黑龙江	国家甜菜种质资源中期库	多	可育	2x	中	混合	22.2	42.0	中	混	浓绿	犁铧形	中	长	斜立型
ZT000023	D01018	双丰八号	中国黑龙江	国家甜菜种质资源中期库	多	可育	2x	多	混合	18.1	39.0	大	混	绿	犁铧形	宽	短	斜立型
ZT000024	D01019	六八六 -06	中国江苏	国家甜菜种质资源中期库	多	可育	2x	多	多茎	24.1	29.0	大	混	绿	犁铧形	中	短	斜立型
ZT000025	D01020	A7831	中国黑龙江	国家甜菜种质资源中期库	多	可育	2x	多	多茎	22.9	26.0	中	混	绿	犁铧形	中	中	斜立型
ZT000026	D01021	A7834	中国黑龙江	国家甜菜种质资源中期库	多	可育	2x	中	多茎	22.4	39.0	小	混	浓绿	犁铧形	中	短	斜立型
ZT000027	D01022	A8044	中国黑龙江	国家甜菜种质资源中期库	多	可育	2x	多	多茎	19.4	26.0	大	混	绿	犁铧形	中	中	斜立型
ZT000028	D01023	A80417	中国黑龙江	国家甜菜种质资源中期库	多	可育	2x	多	多茎	22.9	20.0	大	混	绿	犁铧形	中	短	斜立型
ZT000029	D01024	甜晋二号	中国山西	国家甜菜种质资源中期库	多	可育	2x	中	单茎	25.3	37.0	大	混	浓绿	犁铧形	中	中	斜立型
ZT000030	D01025	J8043	中国黑龙江	国家甜菜种质资源中期库	多	可育	2x	多	多茎	21.9	33.0	大	混	绿	犁铧形	中	长	斜立型

（续）

叶数（片）	块根形状	根头大小	根沟深浅	根皮光滑度	根肉色	肉质粗细	维管束环数（个）	经济类型	苗期生长势	幼苗百株重（g）	褐斑病	块根产量（t/hm²）	蔗糖含量（%）	蔗糖产量（t/hm²）	钾含量（mmol/100g）	钠含量（mmol/100g）	氮含量（mmol/100g）	当年抽薹率（%）
37.1	圆锥形	大	浅	不光滑	白	粗	7	N	弱	570.00	S	16.82	15.60	2.62	3.509	3.425	2.520	1.70
29.5	楔形	大	深	光滑	白	细	6	ZZ	弱	736.00	MS	16.80	18.20	3.06	3.014	2.395	0.870	0.00
33.9	圆锥形	大	浅	光滑	白	细	6	ZZ	弱	684.00	S	15.18	18.30	2.80	4.403	3.997	1.991	8.30
33.6	纺锤形	大	浅	光滑	白	细	6	LL	较弱	573.00	S	16.49	14.00	2.31	2.335	7.549	1.734	0.00
28.1	圆锥形	小	浅	光滑	白	粗	5	NZ	较弱	750.00	S	17.92	17.80	3.19	3.523	1.977	0.519	0.00
30.9	圆锥形	小	浅	光滑	白	细	6	Z	较弱	736.00	S	14.88	17.90	2.66	2.549	3.999	0.900	0.00
31.1	楔形	大	浅	光滑	白	细	6	N	中	831.00	MS	18.36	17.00	3.12	2.447	3.610	0.728	0.00
30.7	纺锤形	大	浅	光滑	白	细	6	Z	弱	738.00	S	16.54	17.50	2.89	2.129	2.772	2.391	0.00
37.5	圆锥形	大	深	光滑	白	细	5	NZ	弱	625.00	MS	19.00	17.60	3.34	1.780	2.755	0.669	5.00
28.1	圆锥形	小	浅	光滑	白	细	5	ZZ	中	597.00	MR	15.98	19.00	3.04	2.812	1.614	1.059	0.00
29.0	圆锥形	大	深	光滑	淡黄	细	6	ZZ	中	742.00	MS	16.37	18.90	3.09	2.746	2.463	2.271	1.70
27.1	楔形	小	浅	光滑	白	粗	5	ZZ	较弱	712.00	MR	14.15	18.60	2.63	3.794	1.233	1.051	0.00
33.0	纺锤形	小	深	光滑	白	细	7	NZ	较弱	785.00	MS	18.08	18.80	3.40	2.576	1.884	0.971	0.00
33.7	圆锥形	大	浅	不光滑	白	细	6	NZ	旺	942.00	S	16.91	18.30	3.09	4.107	1.990	0.408	0.00
35.4	圆锥形	大	浅	光滑	淡黄	细	8	NZ	中	587.00	MS	16.90	18.90	3.19	3.346	1.854	0.763	0.00

统一编号	保存编号	品种名称	品种来源	保存单位	粒性	育性	染色体倍性	花粉量	种株株型	结实密度（粒/10cm）	种子千粒重（g）	子叶大小	下胚轴色	叶色	叶形	叶柄宽	叶柄长	叶丛型
ZT000031	D01026	J8045-1	中国黑龙江	国家甜菜种质资源中期库	多	可育	2*x*	多	单茎	23.6	16.0	大	混	绿	犁铧形	中	中	斜立型
ZT000032	D01027	J8044	中国黑龙江	国家甜菜种质资源中期库	多	可育	2*x*	多	多茎	24.0	25.0	大	混	绿	犁铧形	中	中	斜立型
ZT000033	D01028	B7821	中国黑龙江	国家甜菜种质资源中期库	多	可育	2*x*	多	多茎	19.7	37.0	小	混	绿	犁铧形	中	中	斜立型
ZT000034	D01029	B8033	中国黑龙江	国家甜菜种质资源中期库	多	可育	2*x*	多	多茎	23.8	29.0	中	混	浓绿	犁铧形	中	中	斜立型
ZT000035	D01030	B8034	中国黑龙江	国家甜菜种质资源中期库	多	可育	2*x*	中	多茎	18.0	25.0	小	混	淡绿	舌形	窄	短	斜立型
ZT000036	D01031	B8039	中国黑龙江	国家甜菜种质资源中期库	多	可育	2*x*	多	混合	19.6	40.0	小	混	绿	舌形	宽	中	斜立型
ZT000037	D01032	B8042	中国黑龙江	国家甜菜种质资源中期库	多	可育	2*x*	多	多茎	22.4	27.0	小	混	绿	舌形	宽	中	斜立型
ZT000038	D01033	A7832	中国黑龙江	国家甜菜种质资源中期库	多	可育	2*x*	多	多茎	21.2	22.0	中	混	绿	犁铧形	中	长	斜立型
ZT000039	D01034	7412/82$_3$-3	中国黑龙江	国家甜菜种质资源中期库	多	可育	2*x*	多	多茎	20.9	31.0	小	混	浓绿	犁铧形	中	中	斜立型
ZT000040	D01035	D7941	中国黑龙江	国家甜菜种质资源中期库	多	可育	2*x*	多	多茎	20.0	24.0	中	混	绿	犁铧形	中	中	斜立型
ZT000041	D01036	D8151	中国黑龙江	国家甜菜种质资源中期库	多	可育	2*x*	多	多茎	23.7	23.0	小	混	绿	犁铧形	中	长	斜立型
ZT000042	D01037	D3361	中国黑龙江	国家甜菜种质资源中期库	多	可育	2*x*	多	单茎	21.7	30.0	中	混	绿	犁铧形	中	长	斜立型
ZT000043	D01038	D7942	中国黑龙江	国家甜菜种质资源中期库	多	可育	2*x*	多	多茎	20.1	22.0	大	混	浓绿	犁铧形	宽	中	斜立型
ZT000044	D01039	Ⅱ 78564	中国黑龙江	国家甜菜种质资源中期库	多	可育	2*x*	中	单茎	22.3	22.0	中	混	淡绿	舌形	中	中	斜立型
ZT000045	D01040	Ⅱ 78551	中国黑龙江	国家甜菜种质资源中期库	多	可育	2*x*	多	混合	19.3	17.0	大	混	绿	犁铧形	中	长	斜立型

（续）

叶数（片）	块根形状	根头大小	根沟深浅	根皮光滑度	根肉色	肉质粗细	维管束环数（个）	经济类型	苗期生长势	幼苗百株重（g）	褐斑病	块根产量（t/hm²）	蔗糖含量（%）	蔗糖产量（t/hm²）	钾含量（mmol/100g）	钠含量（mmol/100g）	氮含量（mmol/100g）	当年抽薹率（%）
38.9	圆锥形	大	浅	光滑	白	粗	7	LL	旺	622.00	S	13.95	17.00	2.37	3.281	5.396	4.736	0.00
25.6	圆锥形	大	深	光滑	白	细	7	NZ	中	875.00	MS	18.91	18.30	3.46	2.081	2.232	2.228	0.00
38.0	圆锥形	小	浅	光滑	淡黄	细	12	ZZ	较弱	959.00	MS	15.61	18.50	2.89	2.201	1.573	1.693	1.70
27.9	圆锥形	大	深	光滑	淡黄	细	7	NZ	较弱	915.00	MS	18.60	18.40	3.42	3.202	1.421	1.890	0.00
37.0	圆锥形	大	浅	较光滑	白	粗	8	ZZ	弱	585.00	MS	12.58	18.90	2.38	3.070	1.209	5.888	0.00
28.4	圆锥形	中	深	光滑	淡黄	细	7	ZZ	中	894.00	MR	14.92	18.90	2.82	3.258	2.040	1.272	10.00
40.0	圆锥形	小	浅	光滑	白	粗	5	ZZ	弱	715.00	MS	13.47	19.10	2.57	2.649	1.911	1.113	0.00
27.6	圆锥形	小	浅	光滑	白	细	6	NZ	较弱	692.00	MS	16.74	18.00	3.01	2.161	3.435	1.695	0.00
28.7	圆锥形	大	深	光滑	白	细	9	NZ	较旺	755.00	MS	17.30	18.70	3.24	3.517	3.047	1.027	1.70
28.9	楔形	大	深	光滑	淡黄	细	6	NZ	弱	762.00	MR	18.39	18.20	3.35	2.617	1.128	4.153	0.00
29.3	圆锥形	中	深	光滑	白	细	6	NZ	较弱	678.00	MR	16.78	18.70	3.14	3.269	1.620	1.249	0.00
29.1	纺锤形	小	深	光滑	白	细	6	ZZ	较弱	999.00	S	16.33	18.70	3.05	3.657	1.323	0.337	0.00
30.7	圆锥形	小	浅	光滑	淡黄	细	8	EZ	弱	785.00	S	19.16	18.50	3.54	3.331	2.840	2.503	0.00
31.2	圆锥形	小	深	光滑	白	细	7	NZ	弱	1232.00	R	18.90	18.40	3.48	2.849	1.729	1.067	0.00
32.3	圆锥形	中	浅	光滑	白	粗	8	ZZ	弱	985.00	MR	16.02	19.80	3.17	1.746	3.868	3.241	3.30

统一编号	保存编号	品种名称	品种来源	保存单位	粒性	育性	染色体倍性	花粉量	种株株型	结实密度（粒 /10cm）	种子千粒重（g）	子叶大小	下胚轴色	叶色	叶形	叶柄宽	叶柄长	叶丛型
ZT000046	D01041	Ⅱ 82722	中国黑龙江	国家甜菜种质资源中期库	多	可育	2*x*	多	单茎	25.1	36.0	小	混	绿	犁铧形	中	中	斜立型
ZT000047	D01042	Ⅰ 71442	中国黑龙江	国家甜菜种质资源中期库	多	可育	2*x*	多	混合	23.1	25.0	中	混	绿	犁铧形	中	中	斜立型
ZT000048	D01043	Ⅰ 73395	中国黑龙江	国家甜菜种质资源中期库	多	可育	2*x*	中	多茎	20.8	25.0	大	混	浓绿	犁铧形	中	中	斜立型
ZT000049	D01044	Ⅴ 8243A	中国黑龙江	国家甜菜种质资源中期库	多	可育	2*x*	少	混合	19.0	20.0	小	混	淡绿	舌形	中	中	斜立型
ZT000050	D01045	Ⅵ 8243A	中国黑龙江	国家甜菜种质资源中期库	多	可育	2*x*	多	混合	30.2	30.0	中	混	绿	犁铧形	中	中	斜立型
ZT000051	D01046	F8031	中国黑龙江	国家甜菜种质资源中期库	多	可育	2*x*	中	单茎	21.6	25.0	小	混	浓绿	舌形	中	中	直立型
ZT000052	D01047	T8141-1	中国黑龙江	国家甜菜种质资源中期库	多	可育	2*x*	多	多茎	22.7	34.0	大	混	绿	舌形	宽	中	斜立型
ZT000053	D01048	Ⅲ 78352	中国黑龙江	国家甜菜种质资源中期库	多	可育	2*x*	多	多茎	19.2	24.0	大	浓绿	绿	犁铧形	中	中	斜立型
ZT000054	D01049	甜 412	中国黑龙江	国家甜菜种质资源中期库	多	可育	4*x*	多	多茎	20.0	35.0	大	淡绿	淡绿	犁铧形	宽	短	斜立型
ZT000055	D01050	Ⅱ 78541	中国黑龙江	国家甜菜种质资源中期库	多	可育	2*x*	多	混合	28.3	42.0	中	混	绿	犁铧形	窄	中	斜立型
ZT000056	D01051	780024B	中国黑龙江	国家甜菜种质资源中期库	多	可育	2*x*	多	混合	22.3	28.0	小	绿	绿	舌形	中	长	斜立型
ZT000057	D01052	Ⅱ 80612	中国黑龙江	国家甜菜种质资源中期库	多	可育	2*x*	多	单茎	26.0	26.0	中	混	绿	犁铧形	中	长	斜立型
ZT000058	D01053	G8132	中国黑龙江	国家甜菜种质资源中期库	多	可育	2*x*	中	单茎	17.2	35.0	大	混	绿	犁铧形	中	中	斜立型
ZT000059	D01054	甜 402	中国黑龙江	国家甜菜种质资源中期库	多	可育	4*x*	多	多茎	22.2	45.0	小	淡绿	淡绿	犁铧形	宽	中	斜立型
ZT000060	D01055	甜 403	中国黑龙江	国家甜菜种质资源中期库	多	可育	4*x*	多	混合	18.1	59.0	小	混	绿	犁铧形	宽	中	斜立型

（续）

叶数（片）	块根形状	根头大小	根沟深浅	根皮光滑度	根肉色	肉质粗细	维管束环数（个）	经济类型	苗期生长势	幼苗百株重（g）	褐斑病	块根产量（t/hm²）	蔗糖含量（%）	蔗糖产量（t/hm²）	钾含量（mmol/100g）	钠含量（mmol/100g）	氮含量（mmol/100g）	当年抽薹率（%）
40.6	楔形	大	深	光滑	白	粗	7	ZZ	弱	801.00	MR	15.19	18.40	2.79	2.748	1.586	3.701	0.00
35.2	楔形	大	深	光滑	白	细	5	ZZ	中	1182.00	MS	14.05	18.70	2.54	2.677	3.576	0.301	0.00
32.0	楔形	小	浅	光滑	白	细	8	Z	较弱	773.00	S	16.11	18.00	2.90	2.149	4.760	1.203	1.70
29.5	纺锤形	小	浅	光滑	淡黄	细	5	Z	弱	795.00	MS	15.08	18.00	2.71	2.292	0.945	2.066	3.30
24.7	圆锥形	大	浅	光滑	白	细	6	NZ	较弱	662.00	MR	18.06	18.50	3.34	2.851	2.941	0.616	0.00
27.7	纺锤形	小	浅	光滑	淡黄	细	4	ZZ	较弱	710.00	MS	13.63	19.10	2.60	2.083	3.988	1.116	0.00
32.8	纺锤形	大	深	不光滑	白	细	4	EZ	较弱	918.00	MS	20.99	17.80	3.74	2.854	1.937	0.681	0.00
34.4	圆锥形	小	浅	不光滑	白	粗	6	NE	较弱	779.00	MS	19.98	17.20	3.44	2.973	5.017	1.258	0.00
24.6	圆锥形	大	浅	光滑	白	粗	6	EZ	中	825.00	S	20.15	18.20	3.67	2.211	3.163	0.603	0.00
30.6	圆锥形	小	浅	光滑	淡黄	粗	5	NZ	较弱	737.00	MS	16.81	17.40	2.92	2.538	2.407	0.820	1.70
35.6	圆锥形	大	浅	光滑	淡黄	细	6	EZ	中	613.00	R	19.15	17.60	3.37	3.408	0.169	1.957	0.00
27.2	纺锤形	小	浅	光滑	淡黄	粗	5	NZ	中	969.00	MS	18.25	18.50	3.38	2.709	4.254	0.195	0.00
29.9	圆锥形	小	浅	光滑	白	细	7	ZZ	较弱	595.00	MS	15.93	18.90	3.01	2.811	1.949	2.564	0.00
27.8	圆锥形	中	浅	光滑	白	细	7	N	弱	811.00	S	18.85	16.40	3.09	3.117	4.512	1.336	0.00
26.4	圆锥形	小	浅	光滑	淡黄	细	5	NZ	较弱	856.00	S	16.79	19.00	3.19	2.768	0.504	3.190	0.00

统一编号	保存编号	品种名称	品种来源	保存单位	粒性	育性	染色体倍性	花粉量	种株株型	结实密度（粒/10cm）	种子千粒重（g）	子叶大小	下胚轴色	叶色	叶形	叶柄宽	叶柄长	叶丛型
ZT000061	D01056	甜 404	中国黑龙江	国家甜菜种质资源中期库	多	可育	$4x$	中	多茎	16.7	46.0	大	淡绿	绿	犁铧形	宽	长	斜立型
ZT000062	D01057	甜 414	中国黑龙江	国家甜菜种质资源中期库	多	可育	$4x$	中	单茎	22.6	50.0	大	淡绿	绿	犁铧形	宽	中	匍匐型
ZT000063	D01058	甜 424	中国黑龙江	国家甜菜种质资源中期库	多	可育	$4x$	多	多茎	19.4	40.0	大	淡绿	绿	舌形	宽	长	斜立型
ZT000064	D01059	甜 405	中国黑龙江	国家甜菜种质资源中期库	多	可育	$4x$	中	单茎	18.7	25.0	大	淡绿	绿	犁铧形	宽	中	斜立型
ZT000065	D01060	甜 407	中国黑龙江	国家甜菜种质资源中期库	多	可育	$4x$	多	单茎	14.1	44.0	中	淡绿	绿	犁铧形	宽	中	斜立型
ZT000066	D01061	甜 408	中国黑龙江	国家甜菜种质资源中期库	多	可育	$4x$	多	多茎	20.6	55.0	大	混	绿	犁铧形	宽	中	斜立型
ZT000067	D01062	甜 415	中国黑龙江	国家甜菜种质资源中期库	多	可育	$4x$	多	单茎	21.1	42.0	中	淡绿	绿	犁铧形	宽	中	匍匐型
ZT000068	D10063	双 401	中国黑龙江	国家甜菜种质资源中期库	多	可育	$4x$	多	单茎	24.0	41.0	大	淡绿	绿	舌形	宽	中	斜立型
ZT000069	D01064	甜 417	中国黑龙江	国家甜菜种质资源中期库	多	可育	$4x$	少	多茎	19.6	30.0	大	混	绿	犁铧形	宽	中	斜立型
ZT000070	D01065	甜 401	中国黑龙江	国家甜菜种质资源中期库	多	可育	$4x$	多	多茎	18.1	42.0	大	淡绿	绿	犁铧形	宽	中	斜立型
ZT000071	D01066	甜 425	中国黑龙江	国家甜菜种质资源中期库	多	可育	$4x$	多	多茎	20.8	59.0	中	混	浓绿	舌形	宽	中	匍匐型
ZT000072	D11067	78409	中国黑龙江	国家甜菜种质资源中期库	多	可育	$4x$	多	单茎	18.8	62.0	中	混	绿	犁铧形	中	中	斜立型
ZT000073	D01068	石 4-1	中国新疆	国家甜菜种质资源中期库	多	可育	$4x$	中	混合	18.9	35.0	大	淡绿	淡绿	犁铧形	中	中	匍匐型
ZT000074	D01069	79411	中国黑龙江	国家甜菜种质资源中期库	多	可育	$4x$	中	混合	18.1	54.0	大	淡绿	绿	犁铧形	中	长	斜立型
ZT000075	D01070	甜 421	中国黑龙江	国家甜菜种质资源中期库	多	可育	$4x$	多	多茎	24.4	30.0	大	混	淡绿	犁铧形	宽	长	斜立型

（续）

叶数（片）	块根形状	根头大小	根沟深浅	根皮光滑度	根肉色	肉质粗细	维管束环数（个）	经济类型	苗期生长势	幼苗百株重（g）	褐斑病	块根产量（t/hm²）	蔗糖含量（%）	蔗糖产量（t/hm²）	钾含量（mmol/100g）	钠含量（mmol/100g）	氮含量（mmol/100g）	当年抽薹率（%）
27.2	圆锥形	中	深	光滑	白	细	8	NE	中	891.00	S	20.43	16.90	3.45	3.028	6.893	4.568	0.00
24.4	圆锥形	小	浅	光滑	淡黄	细	6	NE	较弱	796.00	MS	19.26	16.00	3.08	2.062	3.145	1.596	0.00
27.6	圆锥形	大	浅	光滑	白	细	6	NZ	较弱	1029.00	MS	20.22	18.20	3.68	3.235	3.486	0.188	0.00
24.8	纺锤形	大	深	光滑	白	粗	8	NE	弱	999.00	S	21.01	16.10	3.38	2.867	5.085	2.260	0.00
28.6	圆锥形	大	深	不光滑	淡黄	粗	7	NZ	中	699.00	S	18.61	18.30	3.41	2.892	4.265	2.602	0.00
28.2	纺锤形	小	浅	光滑	白	细	7	ZZ	较弱	1036.00	MS	16.00	18.90	3.02	2.534	1.486	1.108	1.70
28.9	圆锥形	小	浅	光滑	白	粗	7	NE	中	681.00	S	20.36	16.70	3.40	2.586	6.071	2.621	0.00
28.2	圆锥形	中	浅	光滑	白	细	7	NE	中	771.00	S	20.40	16.50	3.37	2.852	3.531	2.110	0.00
24.8	圆锥形	中	深	光滑	淡黄	细	7	NZ	中	828.00	MR	17.36	17.60	3.06	2.135	2.323	4.788	0.00
26.4	楔形	小	深	不光滑	白	细	5	EZ	较旺	599.00	MR	20.78	17.60	3.66	2.061	2.243	2.699	0.00
23.4	楔形	小	浅	光滑	白	细	6	NZ	较弱	604.00	R	17.71	17.40	3.08	2.561	1.211	2.819	0.00
25.4	圆锥形	大	浅	光滑	白	细	6	NZ	较旺	708.00	MR	16.93	18.70	3.17	2.569	2.620	1.964	0.00
22.0	纺锤形	小	浅	光滑	淡黄	细	5	LL	较弱	518.00	HS	18.50	15.40	2.85	4.102	0.404	2.472	0.00
26.3	圆锥形	中	浅	光滑	白	细	6	EZ	较旺	660.00	R	24.48	17.90	4.38	4.136	0.259	4.933	0.00
23.8	圆锥形	小	浅	光滑	白	细	7	NZ	旺	685.00	R	22.87	17.80	4.07	2.149	1.900	0.257	0.00

统一编号	保存编号	品种名称	品种来源	保存单位	粒性	育性	染色体倍性	花粉量	种株株型	结实密度（粒/10cm）	种子千粒重（g）	子叶大小	下胚轴色	叶色	叶形	叶柄宽	叶柄长	叶丛型
ZT000076	D01071	1014–5A	中国黑龙江	国家甜菜种质资源中期库	多	不育	2x	少	单茎	24.4	35.0	中	混	淡绿	舌形	中	短	直立型
ZT000077	D01072	1014–5B	中国黑龙江	国家甜菜种质资源中期库	多	可育	2x	多	多茎	22.1	31.0	中	绿	淡绿	舌形	中	中	直立型
ZT000078	D01073	1012A	中国黑龙江	国家甜菜种质资源中期库	多	不育	2x	少	单茎	18.2	30.0	中	绿	绿	犁铧形	中	中	斜立型
ZT000079	D01074	1012B	中国黑龙江	国家甜菜种质资源中期库	多	可育	2x	中	单茎	17.0	32.0	中	绿	绿	舌形	中	中	斜立型
ZT000080	D01075	1022A	中国黑龙江	国家甜菜种质资源中期库	多	不育	2x	少	多茎	23.6	21.0	中	混	淡绿	舌形	中	短	直立型
ZT000081	D01076	1022B	中国黑龙江	国家甜菜种质资源中期库	多	可育	2x	多	多茎	22.2	28.0	中	混	绿	犁铧形	中	中	斜立型
ZT000082	D01077	双406	中国黑龙江	国家甜菜种质资源中期库	多	可育	4x	中	多茎	20.3	40.0	中	淡绿	绿	舌形	宽	中	斜立型
ZT000083	D01078	1021A	中国黑龙江	国家甜菜种质资源中期库	多	不育	2x	少	混合	26.3	32.0	中	绿	绿	犁铧形	中	中	斜立型
ZT000084	D01079	1021B	中国黑龙江	国家甜菜种质资源中期库	多	可育	2x	多	单茎	24.9	36.0	中	淡绿	绿	犁铧形	中	长	斜立型
ZT000085	D01080	1033A	中国黑龙江	国家甜菜种质资源中期库	多	不育	2x	中	混合	19.0	34.0	大	混	绿	舌形	宽	中	斜立型
ZT000086	D01031	1033B	中国黑龙江	国家甜菜种质资源中期库	多	可育	2x	多	单茎	25.4	30.0	中	混	绿	舌形	宽	中	斜立型
ZT000087	D01082	1011A	中国黑龙江	国家甜菜种质资源中期库	多	不育	2x	中	多茎	24.3	30.0	大	混	淡绿	舌形	宽	中	斜立型
ZT000088	D01083	1011B	中国黑龙江	国家甜菜种质资源中期库	多	可育	2x	中	多茎	25.0	31.0	大	混	绿	犁铧形	中	中	斜立型
ZT000089	D01084	780016A	中国黑龙江	国家甜菜种质资源中期库	多	可育	2x	多	多茎	20.7	43.0	大	混	绿	舌形	中	长	斜立型
ZT000090	D01085	780020A	中国黑龙江	国家甜菜种质资源中期库	多	可育	2x	多	多茎	23.6	26.0	大	混	绿	犁铧形	中	中	斜立型

（续）

叶数（片）	块根形状	根头大小	根沟深浅	根皮光滑度	根肉色	肉质粗细	维管束环数（个）	经济类型	苗期生长势	幼苗百株重（g）	褐斑病	块根产量（t/hm²）	蔗糖含量（%）	蔗糖产量（t/hm²）	钾含量（mmol/100g）	钠含量（mmol/100g）	氮含量（mmol/100g）	当年抽薹率（%）
24.7	纺锤形	小	浅	光滑	白	细	5	Z	旺	953.00	MR	11.66	17.70	2.06	2.596	4.084	0.514	0.00
30.0	圆锥形	小	浅	不光滑	淡黄	粗	5	NZ	中	340.00	MR	17.35	17.50	3.01	2.437	1.559	1.463	0.00
31.8	楔形	小	浅	光滑	淡黄	细	5	EZ	中	692.00	R	24.95	17.90	4.47	2.685	0.106	1.451	0.00
29.9	圆锥形	小	浅	光滑	淡黄	粗	7	EZ	较弱	713.00	R	29.75	18.40	5.47	3.827	0.140	1.435	0.00
34.1	楔形	小	浅	光滑	白	细	5	ZZ	中	684.00	R	16.29	18.60	3.03	2.321	1.700	0.579	0.00
30.4	楔形	小	浅	光滑	白	细	7	ZZ	较旺	1059.00	R	16.20	18.40	2.98	2.983	2.606	3.625	0.00
24.9	楔形	小	浅	光滑	淡黄	细	7	NE	中	915.00	S	19.20	15.60	3.00	2.921	4.318	1.927	0.00
26.8	纺锤形	大	浅	光滑	白	细	5	Z	较弱	594.00	MR	15.22	18.10	2.75	3.174	0.152	1.284	0.00
30.7	纺锤形	大	浅	不光滑	白	粗	6	EZ	中	623.00	MR	21.95	18.40	4.04	2.143	1.862	0.673	0.00
40.6	圆锥形	大	浅	不光滑	淡黄	细	6	ZN	中	507.00	R	19.02	17.90	3.40	3.051	0.379	1.790	0.00
32.9	楔形	小	浅	光滑	白	细	10	NZ	中	757.00	R	18.63	17.50	3.26	2.724	0.172	1.939	0.00
33.9	纺锤形	小	浅	不光滑	白	细	5	NZ	旺	872.00	R	17.01	18.70	3.18	2.683	0.255	1.874	0.00
35.0	楔形	大	深	不光滑	白	细	5	NZ	中	846.00	MR	17.04	17.60	3.00	3.848	1.839	1.416	0.00
34.6	楔形	大	浅	光滑	白	细	7	NZ	中	829.00	R	17.24	17.70	3.05	3.588	1.594	0.231	0.00
40.5	楔形	小	深	不光滑	白	细	7	EZ	中	581.00	R	19.29	18.00	3.47	2.422	1.446	5.662	0.00

统一编号	保存编号	品种名称	品种来源	保存单位	粒性	育性	染色体倍性	花粉量	种株株型	结实密度（粒/10cm）	种子千粒重（g）	子叶大小	下胚轴色	叶色	叶形	叶柄宽	叶柄长	叶丛型
ZT000091	D01086	78001A	中国黑龙江	国家甜菜种质资源中期库	多	可育	$2x$	多	多茎	24.6	32.0	大	混	绿	犁铧形	宽	长	斜立型
ZT000092	D01087	780041B	中国黑龙江	国家甜菜种质资源中期库	多	可育	$2x$	多	多茎	25.3	30.0	中	混	绿	犁铧形	中	中	斜立型
ZT000093	D01088	780020B	中国黑龙江	国家甜菜种质资源中期库	多	可育	$2x$	多	多茎	22.4	30.0	小	混	绿	舌形	中	中	斜立型
ZT000094	D01089	780012	中国黑龙江	国家甜菜种质资源中期库	多	可育	$2x$	多	多茎	21.3	25.0	中	绿	淡绿	舌形	中	长	斜立型
ZT000095	D01090	780016B	中国黑龙江	国家甜菜种质资源中期库	多	可育	$2x$	多	多茎	21.1	31.0	大	混	绿	舌形	中	长	直立型
ZT000096	D01091	780024A	中国黑龙江	国家甜菜种质资源中期库	多	可育	$2x$	多	多茎	23.9	37.0	大	淡绿	淡绿	犁铧形	中	长	斜立型
ZT000097	D01092	7501A/83_2	中国黑龙江	国家甜菜种质资源中期库	多	可育	$2x$	多	多茎	28.4	23.0	大	混	绿	舌形	中	长	斜立型
ZT000098	D01093	7301/78	中国黑龙江	国家甜菜种质资源中期库	多	可育	$2x$	多	多茎	23.2	36.0	大	混	淡绿	犁铧形	中	长	斜立型
ZT000099	D01094	7503/78	中国黑龙江	国家甜菜种质资源中期库	多	可育	$2x$	中	多茎	20.9	28.0	大	混	绿	犁铧形	宽	长	斜立型
ZT000100	D01095	7503/81/$_1$	中国黑龙江	国家甜菜种质资源中期库	多	可育	$2x$	多	多茎	24.2	28.0	大	混	绿	犁铧形	中	中	斜立型
ZT000101	D01096	7503/83_1/86 Ⅱ	中国黑龙江	国家甜菜种质资源中期库	多	可育	$2x$	少	单茎	18.9	32.0	中	混	绿	舌形	中	长	匍匐型
ZT000102	D01097	7418/22–2/86 Ⅰ	中国黑龙江	国家甜菜种质资源中期库	多	可育	$2x$	多	多茎	24.0	23.0	小	淡绿	绿	犁铧形	宽	中	直立型
ZT000103	D01098	7301/83_4	中国黑龙江	国家甜菜种质资源中期库	多	可育	$2x$	中	多茎	22.2	27.0	大	混	淡绿	犁铧形	中	长	匍匐型
ZT000104	D01099	7504/45	中国黑龙江	国家甜菜种质资源中期库	多	可育	$2x$	多	多茎	23.2	34.0	大	混	绿	犁铧形	中	中	斜立型
ZT000105	D01100	7504/1278/86 Ⅱ	中国黑龙江	国家甜菜种质资源中期库	多	可育	$2x$	中	混合	23.2	36.0	大	混	绿	犁铧形	中	长	斜立型

（续）

叶数（片）	块根形状	根头大小	根沟深浅	根皮光滑度	根肉色	肉质粗细	维管束环数（个）	经济类型	苗期生长势	幼苗百株重（g）	褐斑病	块根产量（t/hm²）	蔗糖含量（%）	蔗糖产量（t/hm²）	钾含量（mmol/100g）	钠含量（mmol/100g）	氮含量（mmol/100g）	当年抽薹率（%）
35.4	圆锥形	大	浅	光滑	白	细	9	Z	中	563.00	R	15.16	17.70	2.68	2.512	0.332	2.440	0.00
35.9	圆锥形	大	浅	光滑	白	细	6	NZ	较旺	836.00	R	18.60	18.30	3.40	2.364	1.384	7.291	0.00
41.2	楔形	中	深	光滑	白	细	6	NZ	较弱	787.00	R	18.55	18.90	3.51	2.383	1.767	5.935	0.00
32.8	楔形	中	浅	较光滑	白	细	7	EZ	旺	850.00	R	20.12	17.50	3.52	2.136	3.421	3.858	0.00
34.4	圆锥形	大	浅	光滑	淡黄	粗	6	EZ	中	823.00	MR	19.12	18.50	3.54	2.285	3.085	2.371	0.00
33.5	楔形	小	深	光滑	白	细	6	NZ	较旺	697.00	R	18.25	18.30	3.34	2.666	1.961	2.512	0.00
41.9	楔形	大	浅	光滑	白	细	6	ZZ	中	653.00	R	13.45	18.80	2.53	3.154	2.626	1.894	0.00
34.0	楔形	大	浅	光滑	白	细	9	Z	旺	896.00	MR	15.80	17.30	2.73	4.846	3.438	2.324	0.00
30.6	圆锥形	中	浅	光滑	白	细	8	NE	中	756.00	MR	19.14	17.00	3.25	2.364	2.692	2.475	0.00
38.1	圆锥形	大	浅	光滑	白	细	8	NE	较弱	600.00	MR	20.45	17.00	3.48	2.128	3.733	1.802	0.00
27.5	圆锥形	小	深	光滑	白	细	7	Z	较弱	680.00	R	16.42	17.50	2.87	3.136	0.224	9.966	0.00
35.4	圆锥形	小	浅	光滑	白	细	5	EZ	较弱	695.00	HR	22.31	17.80	3.97	3.615	2.583	1.106	0.00
35.3	圆锥形	大	深	光滑	白	粗	7	EZ	旺	880.00	R	21.63	18.40	3.98	3.911	0.238	3.364	0.00
32.9	纺锤形	小	深	光滑	白	粗	5	NZ	旺	714.00	R	18.38	17.90	3.29	3.638	2.677	1.303	0.00
35.6	圆锥形	小	浅	不光滑	白	细	5	NE	中	779.00	R	19.75	17.10	3.38	2.976	3.634	4.435	0.00

统一编号	保存编号	品种名称	品种来源	保存单位	粒性	育性	染色体倍性	花粉量	种株株型	结实密度（粒 /10cm）	种子千粒重（g）	子叶大小	下胚轴色	叶色	叶形	叶柄宽	叶柄长	叶丛型
ZT000106	D01101	7714	中国黑龙江	国家甜菜种质资源中期库	多	可育	2*x*	多	混合	23.7	33.0	大	混	淡绿	犁铧形	中	中	斜立型
ZT000107	D01102	8311	中国黑龙江	国家甜菜种质资源中期库	多	可育	2*x*	多	混合	19.6	32.0	大	混	绿	犁铧形	宽	长	斜立型
ZT000108	D01103	8546	中国黑龙江	国家甜菜种质资源中期库	多	可育	2*x*	多	混合	28.3	29.0	中	混	浓绿	犁铧形	宽	长	斜立型
ZT000109	D01104	7626	中国黑龙江	国家甜菜种质资源中期库	多	可育	2*x*	中	混合	17.5	38.0	大	混	绿	犁铧形	中	长	斜立型
ZT000110	D01105	780024B/11	中国黑龙江	国家甜菜种质资源中期库	多	可育	2*x*	多	多茎	20.2	38.0	小	混	绿	犁铧形	中	中	斜立型
ZT000111	D01106	7503/81–1	中国黑龙江	国家甜菜种质资源中期库	多	可育	2*x*	中	多茎	25.5	31.0	大	混	绿	犁铧形	中	中	斜立型
ZT000112	D01107	780016A/1	中国黑龙江	国家甜菜种质资源中期库	多	可育	2*x*	中	多茎	19.9	27.0	中	绿	绿	舌形	宽	中	斜立型
ZT000113	D01108	甜 413	中国黑龙江	国家甜菜种质资源中期库	多	可育	4*x*	多	多茎	19.7	26.0	中	淡绿	绿	犁铧形	宽	长	斜立型
ZT000114	D01109	780016B/1	中国黑龙江	国家甜菜种质资源中期库	多	可育	2*x*	多	混合	20.7	32.0	大	绿	浓绿	犁铧形	中	中	斜立型
ZT000115	D01110	780016B/3	中国黑龙江	国家甜菜种质资源中期库	多	可育	2*x*	少	多茎	26.0	25.0	大	淡绿	绿	舌形	中	中	斜立型
ZT000116	D01111	780016B/5	中国黑龙江	国家甜菜种质资源中期库	多	可育	2*x*	少	单茎	16.7	20.0	大	混	绿	舌形	中	长	斜立型
ZT000117	D01112	7412/82$_3$–1	中国黑龙江	国家甜菜种质资源中期库	多	可育	2*x*	多	多茎	20.7	29.0	大	混	浓绿	犁铧形	中	长	斜立型
ZT000118	D01113	7412/82$_3$–2	中国黑龙江	国家甜菜种质资源中期库	多	可育	2*x*	少	单茎	18.9	23.0	中	混	浓绿	犁铧形	中	中	斜立型
ZT000119	D01114	甜 406	中国黑龙江	国家甜菜种质资源中期库	多	可育	4*x*	多	多茎	19.3	45.0	大	混	浓绿	犁铧形	中	中	斜立型
ZT000120	D01115	7412/82$_3$–5	中国黑龙江	国家甜菜种质资源中期库	多	可育	2*x*	多	混合	23.0	45.0	大	绿	绿	犁铧形	中	中	斜立型

（续）

叶数（片）	块根形状	根头大小	根沟深浅	根皮光滑度	根肉色	肉质粗细	维管束环数（个）	经济类型	苗期生长势	幼苗百株重（g）	褐斑病	块根产量（t/hm^2）	蔗糖含量（%）	蔗糖产量（t/hm^2）	钾含量（mmol/100g）	钠含量（mmol/100g）	氮含量（mmol/100g）	当年抽薹率（%）
34.5	圆锥形	小	深	光滑	白	细	8	NZ	较旺	591.00	MS	16.92	17.80	3.01	3.379	4.252	1.927	0.00
33.5	楔形	大	浅	光滑	白	粗	7	ZZ	中	647.00	R	16.38	19.10	3.13	2.765	1.423	1.899	0.00
38.1	圆锥形	小	浅	光滑	白	细	7	NZ	中	948.00	MS	17.23	18.80	3.24	2.219	1.941	3.639	0.00
34.8	纺锤形	小	浅	光滑	白	细	7	N	较旺	731.00	MS	17.99	17.10	3.08	3.114	5.160	1.146	0.00
40.1	纺锤形	中	深	不光滑	白	细	5	NZ	较弱	1122.00	MR	17.98	17.60	3.16	3.349	2.789	0.897	0.00
38.2	纺锤形	中	浅	光滑	白	细	6	NZ	较旺	716.00	MR	17.85	17.40	3.11	3.358	1.048	9.356	0.00
29.0	圆锥形	小	深	光滑	白	粗	9	NZ	较弱	721.00	MR	18.18	17.70	3.22	3.702	1.570	1.552	0.00
37.3	楔形	大	深	光滑	白	细	6	NZ	中	937.00	MS	18.92	18.70	3.54	2.264	2.400	1.942	0.00
32.7	楔形	大	深	光滑	淡黄	细	5	EZ	较旺	781.00	MR	20.22	17.90	3.62	2.699	0.959	2.333	0.00
34.4	纺锤形	大	深	光滑	白	细	6	NZ	中	809.00	MR	18.41	19.40	2.57	2.448	3.507	1.780	0.00
31.2	圆锥形	中	浅	较光滑	白	细	10	NZ	中	748.00	MR	19.03	18.00	3.43	3.474	2.455	2.447	0.00
25.5	圆锥形	中	浅	光滑	白	细	7	NZ	中	681.00	MS	16.79	18.40	3.09	3.550	3.067	2.088	0.00
29.4	楔形	中	浅	光滑	白	粗	7	NZ	中	678.00	MR	18.67	17.60	3.29	2.690	1.927	0.996	0.00
26.7	纺锤形	大	浅	光滑	白	粗	6	EZ	较弱	774.00	MS	22.10	19.50	4.31	2.708	2.832	1.764	0.00
34.8	圆锥形	小	深	光滑	白	细	12	NZ	中	820.00	MR	18.47	18.60	3.44	3.123	2.524	4.677	0.00

统一编号	保存编号	品种名称	品种来源	保存单位	粒性	育性	染色体倍性	花粉量	种株株型	结实密度（粒/10cm）	种子千粒重（g）	子叶大小	下胚轴色	叶色	叶形	叶柄宽	叶柄长	叶丛型
ZT000121	D01116	甜409	中国黑龙江	国家甜菜种质资源中期库	多	可育	4x	多	多茎	17.8	50.0	大	混	绿	犁铧形	宽	长	匍匐型
ZT000122	D01117	甜410	中国黑龙江	国家甜菜种质资源中期库	多	可育	4x	多	单茎	20.1	33.0	中	混	绿	犁铧形	宽	中	匍匐型
ZT000123	D02001	本育132	日本	国家甜菜种质资源中期库	多	可育	2x	少	单茎	18.0	32.0	中	混	绿	犁铧形	中	中	斜立型
ZT000124	D02002	导入一号	日本	国家甜菜种质资源中期库	多	可育	2x	中	多茎	22.3	24.0	中	混	绿	舌形	中	长	斜立型
ZT000125	D02003	导入二号	日本	国家甜菜种质资源中期库	多	可育	2x	多	多茎	15.3	35.0	大	混	淡绿	犁铧形	中	长	斜立型
ZT000126	D02004	KWE	日本	国家甜菜种质资源中期库	多	可育	2x	多	单茎	22.9	31.0	大	混	绿	犁铧形	中	长	斜立型
ZT000127	D02005	月撒布	日本	国家甜菜种质资源中期库	多	可育	2x	多	混合	16.1	26.0	中	混	绿	犁铧形	中	中	直立型
ZT000128	D02006	甜研一号	日本	国家甜菜种质资源中期库	多	可育	2x	多	单茎	25.7	29.0	中	混	绿	犁铧形	中	长	斜立型
ZT000129	D02007	T1007	日本	国家甜菜种质资源中期库	多	可育	2x	多	多茎	22.9	20.0	大	混	淡绿	舌形	中	长	斜立型
ZT000130	D03001	西鲜一号	朝鲜	国家甜菜种质资源中期库	多	可育	2x	多	多茎	21.7	33.0	中	混	绿	犁铧形	中	中	斜立型
ZT000131	D04001	叙利亚甜菜	叙利亚	国家甜菜种质资源中期库	多	可育	2x	多	单茎	20.9	26.0	大	混	浓绿	犁铧形	中	中	斜立型
ZT000132	D12001	KleinwanzlebenN	德国	国家甜菜种质资源中期库	多	可育	2x	少	单茎	18.0	23.0	中	混	绿	犁铧形	中	中	斜立型
ZT000133	D12002	KleinwanzlebenZ	德国	国家甜菜种质资源中期库	多	可育	2x	多	单茎	19.3	47.0	小	淡绿	绿	犁铧形	中	中	斜立型
ZT000134	D12003	KleinwanzlebenE	德国	国家甜菜种质资源中期库	多	可育	2x	少	多茎	23.2	31.0	小	混	绿	犁铧形	中	中	匍匐型
ZT000135	D12005	费莫纳－高糖甜菜	德国	国家甜菜种质资源中期库	多	可育	2x	多	多茎	26.2	29.0	大	混	绿	犁铧形	中	中	斜立型

（续）

叶数（片）	块根形状	根头大小	根沟深浅	根皮光滑度	根肉色	肉质粗细	维管束环数（个）	经济类型	苗期生长势	幼苗百株重（g）	褐斑病	块根产量（t/hm²）	蔗糖含量（%）	蔗糖产量（t/hm²）	钾含量（mmol/100g）	钠含量（mmol/100g）	氮含量（mmol/100g）	当年抽薹率（%）
26.0	圆锥形	大	浅	光滑	白	细	6	EZ	中	724.00	MS	24.98	17.60	4.40	2.131	2.407	4.872	0.00
21.3	圆锥形	大	深	较光滑	淡黄	细	7	NZ	中	962.00	MS	16.73	18.70	3.13	2.342	3.819	1.580	0.00
36.7	纺锤形	大	深	不光滑	淡黄	粗	7	NE	弱	648.00	S	19.31	16.20	3.13	3.120	4.079	1.649	0.00
29.6	纺锤形	中	浅	光滑	白	细	6	LL	中	611.00	MS	12.58	16.50	2.08	3.250	3.478	2.275	0.00
33.1	圆锥形	大	深	光滑	白	粗	7	E	较弱	539.00	S	20.66	15.10	3.12	3.790	9.142	1.005	0.00
33.5	纺锤形	小	深	光滑	淡黄	细	6	NE	中	780.00	MS	20.29	16.30	3.31	2.785	4.625	2.175	0.00
33.1	纺锤形	小	浅	光滑	淡黄	细	6	NE	较弱	760.00	S	19.82	15.60	3.09	3.790	6.923	2.591	0.00
30.9	圆锥形	中	深	光滑	白	细	7	N	中	705.00	MS	16.79	16.30	2.74	3.252	3.960	3.642	0.00
34.7	圆锥形	大	深	光滑	白	细	6	N	较弱	727.00	MS	18.07	15.60	2.82	2.530	3.423	1.108	0.00
37.0	纺锤形	中	深	光滑	淡黄	细	7	N	中	858.00	MS	16.84	15.80	2.66	2.817	2.507	3.566	0.00
33.7	圆锥形	大	深	光滑	白	细	8	ZZ	较旺	667.00	MS	15.67	18.20	2.85	2.480	2.436	1.594	0.00
36.5	圆锥形	大	深	光滑	淡黄	粗	6	LL	较弱	861.00	HS	16.17	12.30	1.99	3.169	4.125	3.554	0.00
38.6	楔形	大	浅	光滑	白	细	5	LL	弱	753.00	S	14.95	14.70	2.20	3.102	8.689	4.175	0.00
35.9	圆锥形	大	浅	不光滑	淡黄	粗	6	N	较弱	974.00	S	17.70	15.60	2.76	2.788	4.418	1.233	0.00
42.3	圆锥形	小	浅	光滑	白	细	7	E	中	815.00	S	19.36	14.60	2.83	2.933	7.983	1.282	0.00

统一编号	保存编号	品种名称	品种来源	保存单位	粒性	育性	染色体倍性	花粉量	种株株型	结实密度（粒 /10cm）	种子千粒重（g）	子叶大小	下胚轴色	叶色	叶形	叶柄宽	叶柄长	叶丛型
ZT000136	D13001	Klein–E	英国	国家甜菜种质资源中期库	多	可育	2x	少	多茎	24.2	31.0	大	混	绿	犁铧形	中	中	匍匐型
ZT000137	D15001	Beta242C	匈牙利	国家甜菜种质资源中期库	多	可育	2x	中	多茎	18.4	29.0	小	混	淡绿	犁铧形	中	长	斜立型
ZT000138	D15002	BetaC242/53	匈牙利	国家甜菜种质资源中期库	多	可育	2x	中	多茎	23.3	21.0	小	混	绿	犁铧形	中	长	斜立型
ZT000139	D15003	BetaC242/53/27	匈牙利	国家甜菜种质资源中期库	多	可育	2x	多	多茎	16.2	23.0	大	混	绿	犁铧形	中	中	匍匐型
ZT000140	D16001	Nezzano–NP	意大利	国家甜菜种质资源中期库	多	可育	2x	中	多茎	19.0	20.0	大	混	绿	犁铧形	中	长	斜立型
ZT000141	D17001	多粒二倍体	波兰	国家甜菜种质资源中期库	多	可育	2x	多	混合	26.0	24.0	小	混	绿	犁铧形	宽	长	斜立型
ZT000142	D17002	抗白粉病	波兰	国家甜菜种质资源中期库	多	可育	2x	少	单茎	22.7	22.0	小	混	浓绿	舌形	中	中	斜立型
ZT000143	D17003	CLR–YK–BUS	波兰	国家甜菜种质资源中期库	多	可育	2x	中	混合	15.9	30.0	小	混	浓绿	犁铧形	宽	长	斜立型
ZT000144	D17004	A.janasz–Aj1（C）	波兰	国家甜菜种质资源中期库	多	可育	2x	多	混合	21.3	22.0	小	淡绿	绿	犁铧形	中	长	斜立型
ZT000145	D17005	Udycz–AB	波兰	国家甜菜种质资源中期库	多	可育	2x	多	多茎	23.9	22.0	小	混	淡绿	舌形	中	中	斜立型
ZT000146	D18001	C.T34	罗马尼亚	国家甜菜种质资源中期库	多	可育	2x	多	单茎	19.6	42.0	大	混	绿	犁铧形	中	长	直立型
ZT000147	D19001	Рамонская632	俄罗斯	国家甜菜种质资源中期库	多	可育	2x	多	混合	17.7	15.0	小	混	绿	犁铧形	宽	中	直立型
ZT000148	D19002	Рамонская1537	俄罗斯	国家甜菜种质资源中期库	多	可育	2x	多	多茎	21.8	23.0	小	混	绿	犁铧形	中	长	斜立型
ZT000149	D19003	Первомайская475（C）	俄罗斯	国家甜菜种质资源中期库	多	可育	2x	少	多茎	20.4	25.0	小	混	淡绿	犁铧形	中	中	斜立型
ZT000150	D19004	фрунецская786	俄罗斯	国家甜菜种质资源中期库	多	可育	2x	中	单茎	17.3	23.0	小	混	绿	犁铧形	宽	长	斜立型

（续）

叶数（片）	块根形状	根头大小	根沟深浅	根皮光滑度	根肉色	肉质粗细	维管束环数（个）	经济类型	苗期生长势	幼苗百株重（g）	褐斑病	块根产量（t/hm²）	蔗糖含量（%）	蔗糖产量（t/hm²）	钾含量（mmol/100g）	钠含量（mmol/100g）	氮含量（mmol/100g）	当年抽薹率（%）
33.6	圆锥形	大	浅	光滑	白	粗	7	NE	中	578.00	MS	20.33	16.90	3.44	2.688	6.213	0.380	0.00
32.6	圆锥形	小	浅	光滑	白	细	8	Z	较弱	1064.00	MS	14.78	17.30	2.56	3.546	5.531	1.110	0.00
35.1	纺锤形	大	浅	不光滑	淡黄	细	8	LL	弱	594.00	S	15.16	16.10	2.44	2.289	5.631	3.514	0.00
32.5	圆锥形	中	深	不光滑	白	粗	8	LL	较弱	750.00	S	13.72	14.60	2.00	2.998	7.258	0.865	0.00
30.1	圆锥形	中	浅	不光滑	白	粗	9	LL	中	808.00	MS	13.83	16.20	2.24	3.189	5.342	1.078	0.00
34.6	圆锥形	小	浅	光滑	白	细	7	N	较弱	628.00	MR	17.06	16.30	2.78	6.415	6.116	4.982	0.00
34.1	圆锥形	大	浅	不光滑	白	细	7	NE	中	841.00	MS	19.44	15.90	3.09	1.706	4.997	0.421	0.00
33.2	纺锤形	小	深	不光滑	白	粗	7	NE	较弱	829.00	S	21.32	15.90	3.39	2.545	4.980	0.637	0.00
32.9	纺锤形	小	浅	光滑	白	细	8	N	较弱	718.00	S	17.31	17.00	2.94	3.949	5.178	0.053	0.00
33.1	圆锥形	大	深	光滑	淡黄	粗	7	Z	较弱	689.00	MR	12.36	17.50	2.16	3.008	5.341	0.543	0.00
37.8	楔形	中	浅	光滑	白	细	7	N	较弱	794.00	MR	18.24	17.10	3.12	3.440	2.994	3.390	0.00
25.8	纺锤形	大	深	光滑	白	细	9	LL	中	930.00	MS	12.01	14.70	1.77	2.643	6.382	0.901	0.00
36.2	纺锤形	小	浅	光滑	淡黄	粗	4	LL	较弱	965.00	MS	14.44	15.90	2.30	3.649	3.638	3.145	0.00
38.0	圆锥形	中	浅	不光滑	白	细	7	LL	中	1013.00	HS	18.11	14.20	2.57	2.970	5.329	3.545	0.00
34.1	纺锤形	大	浅	光滑	白	细	8	E	中	918.00	S	19.19	13.40	2.57	3.775	5.746	4.169	0.00

统一编号	保存编号	品种名称	品种来源	保存单位	粒性	育性	染色体倍性	花粉量	种株株型	结实密度（粒 /10cm）	种子千粒重（g）	子叶大小	下胚轴色	叶色	叶形	叶柄宽	叶柄长	叶丛型
ZT000151	D19005	Рамонская06	俄罗斯	国家甜菜种质资源中期库	多	可育	2x	多	多茎	15.7	18.0	小	混	浓绿	犁铧形	中	中	斜立型
ZT000152	D19006	Верхняцская031	俄罗斯	国家甜菜种质资源中期库	多	可育	2x	少	多茎	19.7	17.0	大	淡绿	淡绿	犁铧形	中	中	斜立型
ZT000153	D19007	Ивановская1745	俄罗斯	国家甜菜种质资源中期库	多	可育	2x	多	多茎	17.6	34.0	小	混	绿	犁铧形	中	中	斜立型
ZT000154	D19008	C1	俄罗斯	国家甜菜种质资源中期库	多	可育	2x	多	单茎	22.8	25.0	小	混	绿	犁铧形	中	中	斜立型
ZT000155	D19009	苏联种	俄罗斯	国家甜菜种质资源中期库	多	可育	2x	少	单茎	20.0	25.0	小	混	绿	犁铧形	窄	中	斜立型
ZT000156	D20001	Hilleshog4200	瑞典	国家甜菜种质资源中期库	多	可育	2x	中	混合	21.5	22.0	大	混	淡绿	犁铧形	中	中	斜立型
ZT000157	D17007	PZHR4	波兰	国家甜菜种质资源中期库	多	可育	2x	少	多茎	17.7	30.0	大	混	绿	犁铧形	中	中	斜立型
ZT000158	D01118	G79680	中国黑龙江	国家甜菜种质资源中期库	多	可育	2x	多	混合	25.8	20.0	小	混	绿	犁铧形	宽	中	斜立型
ZT000159	D01119	780016B/2	中国黑龙江	国家甜菜种质资源中期库	多	可育	2x	多	混合	18.2	32.0	大	混	绿	舌形	中	中	斜立型
ZT000160	D17006	Schreiber	波兰	国家甜菜种质资源中期库	多	可育	2x	中	混合	18.9	29.0	中	混	绿	犁铧形	宽	长	斜立型
ZT000161	D19010	A1	俄罗斯	国家甜菜种质资源中期库	多	可育	2x	中	多茎	19.1	25.0	中	混	绿	犁铧形	宽	中	斜立型
ZT000162	D05006	GW2	美国	国家甜菜种质资源中期库	多	可育	2x	少	单茎	16.3	26.0	大	混	浓绿	犁铧形	中	长	斜立型
ZT000163	D05007	FC701	美国	国家甜菜种质资源中期库	多	可育	2x	中	多茎	21.4	25.0	中	混	浓绿	犁铧形	中	中	斜立型
ZT000164	D17008	Buszczynski-P	波兰	国家甜菜种质资源中期库	多	可育	2x	多	混合	18.6	40.0	大	混	绿	犁铧形	中	中	斜立型
ZT000165	D17009	A.janasz-Aj3	波兰	国家甜菜种质资源中期库	多	可育	2x	中	单茎	17.7	21.0	小	混	绿	舌形	宽	中	斜立型

（续）

叶数（片）	块根形状	根头大小	根沟深浅	根皮光滑度	根肉色	肉质粗细	维管束环数（个）	经济类型	苗期生长势	幼苗百株重（g）	褐斑病	块根产量（t/hm²）	蔗糖含量（%）	蔗糖产量（t/hm²）	钾含量（mmol/100g）	钠含量（mmol/100g）	氮含量（mmol/100g）	当年抽薹率（%）
35.3	圆锥形	中	浅	较光滑	白	细	7	LL	较旺	1036.00	S	16.49	14.20	2.34	4.394	6.491	1.151	0.00
39.7	圆锥形	中	深	光滑	白	细	6	LL	较弱	1024.00	HS	15.42	14.80	2.28	2.709	4.770	2.778	0.00
40.0	圆锥形	大	浅	光滑	白	细	7	LL	中	949.00	HS	16.36	12.90	2.11	3.155	6.031	0.433	0.00
31.4	圆锥形	小	浅	光滑	白	细	8	LL	较弱	918.00	MR	15.21	16.50	2.51	3.294	3.237	1.557	0.00
39.1	圆锥形	大	深	较光滑	淡黄	粗	7	LL	较弱	1031.00	S	14.33	15.30	2.19	2.257	4.401	1.408	0.00
37.3	圆锥形	小	浅	光滑	白	细	7	NZ	弱	643.00	MS	16.85	18.00	3.03	1.243	3.820	0.818	0.00
32.9	圆锥形	大	浅	光滑	白	粗	7	LL	较弱	720.00	HS	18.62	13.40	2.50	2.696	6.050	1.346	0.00
37.3	纺锤形	小	深	光滑	白	细	5	EZ	中	864.00	MR	21.00	18.50	3.89	2.583	1.176	0.846	0.00
40.2	圆锥形	大	浅	光滑	白	细	7	EZ	中	834.00	MR	21.68	17.90	3.88	3.402	1.423	5.226	0.00
31.2	圆锥形	中	浅	光滑	白	细	7	LL	较弱	659.00	S	18.59	14.40	2.68	3.220	4.953	0.954	0.00
35.3	纺锤形	中	浅	光滑	淡黄	细	7	LL	中	1080.00	MS	17.56	15.20	2.67	3.237	5.076	2.301	0.00
33.7	纺锤形	大	深	光滑	白	粗	6	LL	较弱	861.00	MS	17.41	14.20	2.47	2.696	7.316	0.573	0.00
34.4	楔形	中	浅	光滑	白	细	6	LL	较弱	799.00	S	15.12	16.30	2.46	0.869	4.329	0.826	0.00
34.5	圆锥形	大	浅	光滑	白	细	5	E	较弱	904.00	MR	19.61	15.20	2.98	4.034	7.268	3.298	0.00
34.7	圆锥形	小	浅	不光滑	白	细	7	N	较弱	847.00	HS	17.01	15.80	2.69	3.374	5.695	4.324	0.00

统一编号	保存编号	品种名称	品种来源	保存单位	粒性	育性	染色体倍性	花粉量	种株株型	结实密度（粒/10cm）	种子千粒重（g）	子叶大小	下胚轴色	叶色	叶形	叶柄宽	叶柄长	叶丛型
ZT000166	D17010	Polanowice-P	波兰	国家甜菜种质资源中期库	多	可育	2*x*	多	单茎	19.3	20.0	小	混	绿	舌形	中	中	匍匐型
ZT000167	D17011	Buszczynski-CLR	波兰	国家甜菜种质资源中期库	多	可育	2*x*	多	混合	14.7	21.0	小	混	浓绿	犁铧形	中	长	斜立型
ZT000168	D02008	本育 192	日本	国家甜菜种质资源中期库	多	可育	2*x*	中	单茎	19.3	25.0	大	混	绿	犁铧形	宽	中	斜立型
ZT000169	D01120	780016A/3	中国黑龙江	国家甜菜种质资源中期库	多	可育	2*x*	中	混合	20.0	44.0	大	淡绿	绿	犁铧形	中	中	斜立型
ZT000170	D01121	7412/82$_3$-4	中国黑龙江	国家甜菜种质资源中期库	多	可育	2*x*	多	多茎	19.6	29.0	大	混	浓绿	犁铧形	中	中	斜立型
ZT000171	D01122	7412/82$_3$	中国黑龙江	国家甜菜种质资源中期库	多	可育	2*x*	多	多茎	20.1	40.0	大	混	绿	犁铧形	中	长	直立型
ZT000172	D01123	7504/16	中国黑龙江	国家甜菜种质资源中期库	多	可育	2*x*	中	多茎	25.8	46.0	大	混	绿	舌形	中	中	斜立型
ZT000173	D01124	范 297-9	中国吉林	国家甜菜种质资源中期库	多	可育	2*x*	多	多茎	22.2	28.0	大	混	浓绿	舌形	中	长	斜立型
ZT000174	D01125	Ⅳ 83611	中国黑龙江	国家甜菜种质资源中期库	多	可育	2*x*	多	混合	20.8	39.0	小	混	绿	舌形	中	中	斜立型
ZT000175	D10001	5236Type	丹麦	国家甜菜种质资源中期库	多	可育	2*x*	多	多茎	19.3	30.0	大	混	绿	舌形	窄	中	斜立型
ZT000176	D05008	A-31405	美国	国家甜菜种质资源中期库	多	可育	2*x*	少	多茎	11.0	28.0	大	混	绿	犁铧形	中	长	斜立型
ZT000177	D05009	GW674	美国	国家甜菜种质资源中期库	多	可育	2*x*	多	多茎	17.0	22.0	小	混	绿	舌形	宽	短	斜立型
ZT000178	D05010	S-P-L1-800	美国	国家甜菜种质资源中期库	多	可育	2*x*	多	单茎	21.0	23.0	大	淡绿	绿	舌形	中	长	匍匐型
ZT000179	D01126	阿育一号	中国黑龙江	国家甜菜种质资源中期库	多	可育	2*x*	多	多茎	23.1	25.0	中	淡绿	绿	犁铧形	中	长	斜立型
ZT000180	D18002	S.S.L.532	罗马尼亚	国家甜菜种质资源中期库	多	可育	2*x*	多	多茎	21.6	25.0	小	混	绿	犁铧形	中	中	斜立型

（续）

叶数（片）	块根形状	根头大小	根沟深浅	根皮光滑度	根肉色	肉质粗细	维管束环数（个）	经济类型	苗期生长势	幼苗百株重（g）	褐斑病	块根产量（t/hm^2）	蔗糖含量（%）	蔗糖产量（t/hm^2）	钾含量（mmol/100g）	钠含量（mmol/100g）	氮含量（mmol/100g）	当年抽薹率（%）
39.5	楔形	小	深	光滑	白	细	9	E	中	651.00	HS	19.39	14.90	2.89	5.378	5.329	1.871	0.00
34.9	纺锤形	小	深	光滑	白	细	5	NE	中	709.00	S	19.44	16.00	3.11	3.806	8.410	4.280	0.00
30.1	圆锥形	中	深	光滑	白	粗	6	LL	较弱	754.00	S	18.15	14.90	2.70	2.687	5.083	1.020	0.00
37.5	纺锤形	大	浅	光滑	白	细	8	NE	较弱	736.00	MR	21.64	17.20	3.72	3.468	2.318	3.667	0.00
31.1	纺锤形	中	深	光滑	白	细	6	EZ	中	997.00	MR	20.95	19.50	4.09	2.709	1.917	1.100	0.00
32.0	圆锥形	中	深	较光滑	白	细	7	EZ	较旺	775.00	R	24.33	17.60	4.28	3.436	1.278	1.776	0.00
31.7	圆锥形	小	深	光滑	白	细	7	Z	中	562.00	R	16.27	17.70	2.88	3.565	1.611	0.454	0.00
33.0	圆锥形	小	浅	光滑	白	粗	8	NZ	旺	684.00	MS	18.00	18.40	3.31	3.195	3.727	3.468	0.00
35.2	圆锥形	小	深	光滑	淡黄	粗	7	Z	较弱	1065.00	MR	16.49	18.00	2.97	3.501	2.470	1.277	0.00
33.5	圆锥形	小	深	光滑	淡黄	粗	6	LL	较弱	840.00	S	15.99	15.80	2.53	2.355	7.371	1.231	0.00
44.6	圆锥形	大	深	光滑	白	细	7	LL	弱	753.00	MS	13.69	14.70	2.01	2.641	3.418	1.677	0.00
36.0	圆锥形	大	深	不光滑	白	细	7	NE	弱	398.00	MR	22.16	16.30	3.61	2.412	0.732	0.667	0.00
35.0	圆锥形	小	浅	光滑	白	细	7	LL	弱	745.00	MS	14.41	16.20	2.33	2.631	5.261	2.231	0.00
37.2	楔形	大	浅	较光滑	白	细	7	ZZ	中	734.00	MS	15.11	18.90	2.86	2.489	3.289	0.989	0.00
31.7	圆锥形	大	浅	不光滑	白	细	6	LL	弱	1030.00	MS	15.80	17.00	2.69	1.989	3.670	3.437	0.00

统一编号	保存编号	品种名称	品种来源	保存单位	粒性	育性	染色体倍性	花粉量	种株株型	结实密度（粒 /10cm）	种子千粒重（g）	子叶大小	下胚轴色	叶色	叶形	叶柄宽	叶柄长	叶丛型
ZT000181	D01127	河套（D）	中国内蒙古	国家甜菜种质资源中期库	多	可育	2x	多	单茎	20.2	28.0	大	混	淡绿	犁铧形	中	长	斜立型
ZT000182	D01128	延安荷兰（D）	中国陕西	国家甜菜种质资源中期库	多	可育	2x	中	多茎	19.0	28.0	大	混	绿	犁铧形	窄	长	斜立型
ZT000183	D01129	长白萝卜	中国新疆	国家甜菜种质资源中期库	多	可育	2x	中	多茎	21.6	34.0	大	混	绿	犁铧形	中	长	斜立型
ZT000184	D01130	林甸白家甜菜	中国黑龙江	国家甜菜种质资源中期库	多	可育	2x	少	单茎	20.3	35.0	大	混	绿	舌形	中	长	斜立型
ZT000185	D01131	拉哈一号	中国黑龙江	国家甜菜种质资源中期库	多	可育	2x	多	混合	14.5	15.0	中	混	绿	犁铧形	中	长	斜立型
ZT000186	D01132	呼兰九号	中国黑龙江	国家甜菜种质资源中期库	多	可育	2x	多	单茎	22.4	32.0	大	混	绿	犁铧形	中	短	斜立型
ZT000187	D01133	呼兰二号	中国黑龙江	国家甜菜种质资源中期库	多	可育	2x	少	多茎	23.6	37.0	中	混	淡绿	犁铧形	宽	长	斜立型
ZT000188	D01134	甜研五号	中国黑龙江	国家甜菜种质资源中期库	多	可育	2x	多	混合	22.2	25.0	大	混	绿	犁铧形	中	中	斜立型
ZT000189	D01135	石甜一号	中国新疆	国家甜菜种质资源中期库	多	可育	2x	少	多茎	23.0	36.0	大	混	浓绿	犁铧形	宽	长	斜立型
ZT000190	D01136	六八六 -1	中国江苏	国家甜菜种质资源中期库	多	可育	2x	中	多茎	19.0	50.0	中	混	浓绿	犁铧形	中	长	斜立型
ZT000191	D01137	F8561	中国黑龙江	国家甜菜种质资源中期库	多	可育	2x	少	单茎	20.3	34.0	中	混	浓绿	犁铧形	中	长	直立型
ZT000192	D01138	7917/1-5	中国黑龙江	国家甜菜种质资源中期库	多	可育	2x	多	混合	25.2	29.0	中	混	浓绿	犁铧形	中	中	斜立型
ZT000193	D01139	7918/4-5	中国黑龙江	国家甜菜种质资源中期库	多	可育	2x	多	混合	21.0	25.0	中	混	绿	犁铧形	中	长	直立型
ZT000194	D01140	1403/10	中国黑龙江	国家甜菜种质资源中期库	多	可育	2x	多	混合	21.2	25.0	大	淡绿	浓绿	舌形	中	中	斜立型
ZT000195	D01141	7301/83-3	中国黑龙江	国家甜菜种质资源中期库	多	可育	2x	多	多茎	25.3	30.0	中	混	浓绿	犁铧形	宽	长	斜立型

（续）

叶数（片）	块根形状	根头大小	根沟深浅	根皮光滑度	根肉色	肉质粗细	维管束环数（个）	经济类型	苗期生长势	幼苗百株重（g）	褐斑病	块根产量（t/hm²）	蔗糖含量（%）	蔗糖产量（t/hm²）	钾含量（mmol/100g）	钠含量（mmol/100g）	氮含量（mmol/100g）	当年抽薹率（%）
34.7	楔形	大	浅	光滑	白	细	7	E	弱	538.00	S	21.03	14.40	3.03	2.826	6.099	0.423	0.00
42.4	楔形	小	浅	光滑	白	细	4	LL	弱	569.00	MS	15.28	15.40	2.35	2.557	5.575	0.320	0.00
33.7	楔形	大	浅	光滑	淡黄	细	6	LL	弱	771.00	S	15.81	16.60	2.62	2.835	8.621	1.135	0.00
31.7	楔形	大	深	光滑	白	细	6	LL	弱	771.00	S	17.40	14.10	2.45	3.142	8.861	0.458	0.00
26.8	圆锥形	大	深	不光滑	淡黄	细	6	E	弱	540.00	S	21.59	13.70	2.96	2.170	2.581	0.828	0.00
43.8	圆锥形	中	深	光滑	白	细	6	LL	弱	693.00	HS	16.22	15.00	2.43	3.033	5.971	0.683	0.00
25.6	圆锥形	小	浅	光滑	白	粗	6	LL	中	746.00	MS	18.28	14.00	2.56	2.432	5.419	0.454	0.00
37.2	圆锥形	小	深	光滑	白	细	6	NE	较旺	2117.00	MS	31.38	16.90	8.03	2.066	0.901	5.132	0.00
28.9	圆锥形	中	浅	光滑	白	粗	8	LL	中	728.00	S	14.09	15.10	2.13	2.885	9.054	1.669	0.00
28.9	圆锥形	大	浅	光滑	淡黄	细	7	ZZ	中	629.00	MS	14.88	18.20	2.71	2.751	3.199	1.294	0.00
35.2	圆锥形	小	深	光滑	白	细	8	EZ	较弱	850.00	MS	43.39	19.80	8.59	2.277	0.750	3.670	0.00
39.8	圆锥形	小	深	光滑	白	细	8	EZ	中	1384.00	MR	38.94	18.70	7.28	2.893	2.103	2.230	0.00
34.8	圆锥形	大	深	光滑	白	细	7	N	较旺	1574.00	MR	35.59	17.10	6.09	2.904	1.416	5.253	0.00
36.4	圆锥形	大	深	光滑	白	细	8	N	较旺	1025.00	MS	30.27	17.80	5.89	2.695	1.569	8.774	0.00
34.1	圆锥形	小	深	光滑	淡黄	细	7	ZZ	较旺	404.00	MS	14.55	18.90	2.75	2.380	2.749	1.195	0.00

统一编号	保存编号	品种名称	品种来源	保存单位	粒性	育性	染色体倍性	花粉量	种株株型	结实密度（粒 /10cm）	种子千粒重（g）	子叶大小	下胚轴色	叶色	叶形	叶柄宽	叶柄长	叶丛型
ZT000196	D01142	7503/83/1–1	中国黑龙江	国家甜菜种质资源中期库	多	可育	2x	少	多茎	22.1	25.0	大	混	绿	舌形	中	长	匍匐型
ZT000197	D01143	7802	中国黑龙江	国家甜菜种质资源中期库	多	可育	2x	少	多茎	17.6	35.0	中	混	绿	犁铧形	中	长	直立型
ZT000198	D01144	780016A/2	中国黑龙江	国家甜菜种质资源中期库	多	可育	2x	少	混合	19.8	44.0	中	混	绿	犁铧形	宽	中	斜立型
ZT000199	D01145	780016B/4	中国黑龙江	国家甜菜种质资源中期库	多	可育	2x	多	多茎	24.0	42.0	大	绿	绿	犁铧形	中	长	直立型
ZT000200	D01146	780024B/10	中国黑龙江	国家甜菜种质资源中期库	多	可育	2x	少	混合	19.8	45.0	中	混	淡绿	舌形	中	长	斜立型
ZT000201	D01147	780024B/12	中国黑龙江	国家甜菜种质资源中期库	多	可育	2x	少	多茎	18.1	44.0	中	混	绿	犁铧形	中	长	斜立型
ZT000202	D01148	780041A	中国黑龙江	国家甜菜种质资源中期库	多	可育	2x	多	多茎	22.4	30.0	大	混	绿	犁铧形	中	中	斜立型
ZT000203	D01149	公五–16	中国吉林	国家甜菜种质资源中期库	多	可育	2x	多	单茎	19.0	31.0	大	混	绿	舌形	中	中	斜立型
ZT000204	D01150	内糖 504	中国内蒙古	国家甜菜种质资源中期库	多	可育	2x	多	混合	20.2	34.0	大	混	浓绿	犁铧形	中	中	斜立型
ZT000205	D01151	内糖 544	中国内蒙古	国家甜菜种质资源中期库	多	可育	2x	中	单茎	19.3	24.0	大	混	浓绿	犁铧形	中	中	斜立型
ZT000206	D01152	双六（4n）×407/5（4n）	中国黑龙江	国家甜菜种质资源中期库	多	可育	4x	中	多茎	21.7	38.0	中	淡绿	绿	犁铧形	宽	中	斜立型
ZT000207	D01153	1301/9	中国黑龙江	国家甜菜种质资源中期库	多	可育	4x	中	多茎	19.1	20.0	大	淡绿	绿	犁铧形	宽	中	斜立型
ZT000208	D01154	TD203	中国黑龙江	国家甜菜种质资源中期库	单	可育	2x	多	单茎	24.0	11.0	中	红	绿	犁铧形	中	短	斜立型
ZT000209	D01155	TD204	中国黑龙江	国家甜菜种质资源中期库	单	可育	2x	多	多茎	32.0	9.0	中	红	绿	犁铧形	中	短	斜立型
ZT000210	D01156	TD206	中国黑龙江	国家甜菜种质资源中期库	单	可育	2x	多	多茎	31.6	11.0	中	红	绿	犁铧形	中	短	斜立型

（续）

叶数（片）	块根形状	根头大小	根沟深浅	根皮光滑度	根肉色	肉质粗细	维管束环数（个）	经济类型	苗期生长势	幼苗百株重（g）	褐斑病	块根产量（t/hm²）	蔗糖含量（%）	蔗糖产量（t/hm²）	钾含量（mmol/100g）	钠含量（mmol/100g）	氮含量（mmol/100g）	当年抽薹率（%）
34.9	纺锤形	大	深	光滑	白	细	7	NZ	中	610.00	MS	17.66	17.70	3.13	2.133	2.805	1.012	0.00
33.5	圆锥形	大	浅	光滑	白	细	6	EZ	旺	722.00	R	19.13	18.70	3.58	1.888	2.710	2.542	0.00
33.5	楔形	大	深	光滑	淡黄	细	8	EZ	中	706.00	MR	26.30	18.20	4.79	2.531	3.604	0.667	0.00
33.5	纺锤形	中	浅	光滑	淡黄	细	8	NZ	中	663.00	MR	17.30	18.70	3.24	1.819	5.391	0.278	0.00
30.0	纺锤形	大	深	光滑	白	细	8	EZ	较弱	595.00	MR	19.64	18.20	3.38	3.232	2.377	1.056	0.00
30.5	圆锥形	中	深	光滑	白	细	9	NZ	中	827.00	MR	18.46	18.20	3.36	2.427	2.192	1.943	0.00
31.3	纺锤形	中	深	光滑	淡黄	细	6	NZ	较旺	727.00	MR	17.20	18.70	3.22	2.116	1.586	2.810	0.00
29.7	楔形	小	浅	光滑	白	细	7	EZ	较弱	649.00	MR	20.94	17.50	3.66	1.940	2.483	0.627	0.00
32.8	圆锥形	大	深	光滑	白	细	6	LL	弱	588.00	S	17.76	14.90	2.65	3.886	6.796	0.242	0.00
31.1	纺锤形	中	深	不光滑	白	细	5	N	弱	605.00	S	18.32	16.50	3.02	4.230	5.014	4.884	0.00
28.1	圆锥形	大	浅	光滑	白	细	7	NE	较旺	553.00	R	19.57	17.10	3.35	2.992	2.200	2.429	0.00
33.6	纺锤形	大	浅	不光滑	淡黄	细	5	NE	弱	722.00	R	26.09	17.00	4.43	3.272	0.210	1.524	0.00
42.5	圆锥形	大	深	较光滑	白	细	6	LL	较旺	895.00	HS	20.41	10.60	2.17	3.805	5.230	1.065	0.00
44.4	圆锥形	大	深	较光滑	白	细	7	LL	较旺	845.00	HS	24.21	12.50	3.01	3.147	5.893	1.130	0.00
49.1	圆锥形	小	浅	光滑	白	细	5	LL	旺	700.00	HS	22.34	11.70	2.61	3.735	5.880	1.500	0.00

统一编号	保存编号	品种名称	品种来源	保存单位	粒性	育性	染色体倍性	花粉量	种株株型	结实密度（粒/10cm）	种子千粒重（g）	子叶大小	下胚轴色	叶色	叶形	叶柄宽	叶柄长	叶丛型
ZT000211	D01157	TD227	中国黑龙江	国家甜菜种质资源中期库	单	可育	2x	中	单茎	25.9	14.0	中	红	浓绿	犁铧形	中	中	斜立型
ZT000212	D02009	G65R	日本	国家甜菜种质资源中期库	多	可育	4x	多	混合	21.9	43.0	大	混	绿	犁铧形	中	短	匍匐型
ZT000213	D02010	本育390	日本	国家甜菜种质资源中期库	多	可育	2x	多	单茎	18.5	21.0	小	混	浓绿	犁铧形	中	中	斜立型
ZT000214	D02011	本育400	日本	国家甜菜种质资源中期库	多	可育	2x	少	单茎	16.7	28.0	大	混	浓绿	犁铧形	中	短	斜立型
ZT000215	D02012	合成二号	日本	国家甜菜种质资源中期库	多	可育	2x	多	多茎	19.6	40.0	中	混	浓绿	舌形	中	长	斜立型
ZT000216	D02013	キタアサソ	日本	国家甜菜种质资源中期库	单	可育	2x	少	单茎	21.6	16.0	大	淡绿	淡绿	犁铧形	中	长	匍匐型
ZT000217	D02014	本育401	日本	国家甜菜种质资源中期库	多	可育	2x	中	多茎	24.0	16.0	大	混	绿	舌形	中	长	直立型
ZT000218	D05011	American1-314	美国	国家甜菜种质资源中期库	多	可育	2x	多	混合	19.3	32.0	中	混	浓绿	舌形	中	中	斜立型
ZT000219	D05012	GW65	美国	国家甜菜种质资源中期库	多	可育	2x	中	多茎	22.8	35.0	中	混	绿	犁铧形	中	中	斜立型
ZT000220	D05013	GW87	美国	国家甜菜种质资源中期库	多	可育	2x	多	多茎	29.3	35.0	中	混	绿	犁铧形	中	中	匍匐型
ZT000221	D05014	GW267	美国	国家甜菜种质资源中期库	多	可育	2x	多	多茎	22.8	23.0	大	混	绿	犁铧形	宽	长	匍匐型
ZT000222	D05015	杂交甜菜663-7	美国	国家甜菜种质资源中期库	多	可育	2x	多	单茎	23.6	27.0	大	混	绿	犁铧形	宽	中	斜立型
ZT000223	D05016	C85"MS"	美国	国家甜菜种质资源中期库	多	不育	2x	少	单茎	20.7	37.0	大	混	浓绿	犁铧形	中	中	匍匐型
ZT000224	D05017	C85"O"	美国	国家甜菜种质资源中期库	多	可育	2x	中	多茎	18.7	28.0	大	混	绿	犁铧形	中	中	斜立型
ZT000225	D05018	BGRC16116	美国	国家甜菜种质资源中期库	多	可育	2x	多	单茎	20.9	35.0	大	混	绿	犁铧形	中	中	斜立型

（续）

叶数（片）	块根形状	根头大小	根沟深浅	根皮光滑度	根肉色	肉质粗细	维管束环数（个）	经济类型	苗期生长势	幼苗百株重（g）	褐斑病	块根产量（t/hm^2）	蔗糖含量（%）	蔗糖产量（t/hm^2）	钾含量（mmol/100g）	钠含量（mmol/100g）	氮含量（mmol/100g）	当年抽薹率（%）
35.2	圆锥形	大	浅	光滑	白	细	6	E	较旺	705.00	R	39.14	15.70	6.16	2.010	2.025	0.830	0.00
25.5	纺锤形	小	浅	光滑	白	细	7	NE	较弱	841.00	S	21.09	16.30	3.44	4.453	6.119	2.936	0.00
33.9	圆锥形	小	深	较光滑	白	细	7	E	较弱	646.00	MS	20.80	14.90	3.10	3.101	5.928	1.965	0.00
35.7	圆锥形	小	深	光滑	白	细	5	NZ	中	1177.00	MS	28.21	17.30	4.88	2.357	1.962	3.287	0.00
35.8	圆锥形	小	浅	光滑	白	细	7	LL	中	625.00	S	14.57	14.60	2.13	3.368	6.654	1.226	0.00
32.6	圆锥形	大	浅	光滑	白	中	9	LL	较弱	670.00	S	18.79	11.20	2.10	3.761	6.269	1.777	0.00
33.5	圆锥形	大	深	光滑	白	细	6	LL	中	628.00	S	16.05	15.20	2.44	3.891	9.996	1.974	0.00
42.8	圆锥形	小	深	光滑	白	细	6	LL	较弱	455.00	MS	18.54	12.40	2.30	3.059	8.044	1.304	0.00
36.2	圆锥形	小	浅	光滑	白	细	5	Z	较弱	885.00	MS	15.25	17.40	2.65	2.674	4.749	3.164	0.00
33.9	纺锤形	大	浅	光滑	淡黄	粗	6	LL	较弱	779.00	S	18.61	14.90	2.77	5.776	4.182	3.628	0.00
37.1	纺锤形	小	浅	光滑	淡黄	粗	8	LL	弱	822.00	S	15.20	15.80	2.40	5.781	4.212	2.632	0.00
36.9	圆锥形	中	浅	光滑	白	粗	7	E	弱	749.00	S	19.65	12.20	2.40	3.824	6.673	3.334	0.00
37.9	圆锥形	大	浅	光滑	白	粗	6	LL	弱	664.00	S	15.31	16.10	2.47	2.923	4.003	1.106	0.00
38.6	圆锥形	小	浅	不光滑	白	细	7	E	较弱	737.00	S	25.76	12.80	3.34	1.139	4.008	1.169	0.00
43.0	楔形	大	深	光滑	白	细	5	E	中	1471.00	S	31.73	14.00	4.44	4.341	3.712	2.259	0.00

统一编号	保存编号	品种名称	品种来源	保存单位	粒性	育性	染色体倍性	花粉量	种株株型	结实密度（粒 /10cm）	种子千粒重（g）	子叶大小	下胚轴色	叶色	叶形	叶柄宽	叶柄长	叶丛型
ZT000226	D05019	Holly–Hybrid21	美国	国家甜菜种质资源中期库	多	可育	2x	少	多茎	21.3	25.0	中	混	绿	犁铧形	宽	中	斜立型
ZT000227	D05020	Holly–Hybrid25	美国	国家甜菜种质资源中期库	多	可育	2x	少	多茎	23.1	36.0	中	混	绿	舌形	宽	中	斜立型
ZT000228	D05021	Mono–HyA_1	美国	国家甜菜种质资源中期库	单	可育	2x	多	混合	17.0	25.0	大	混	淡绿	舌形	中	短	斜立型
ZT000229	D05022	Mono–HyA_2	美国	国家甜菜种质资源中期库	多	可育	2x	少	单茎	22.4	27.0	中	混	绿	犁铧形	中	长	斜立型
ZT000230	D05023	Mono–HyD_2	美国	国家甜菜种质资源中期库	多	可育	2x	少	混合	18.3	30.0	大	混	浓绿	犁铧形	中	长	斜立型
ZT000231	D05024	Mono–HyE_1	美国	国家甜菜种质资源中期库	多	可育	2x	少	多茎	17.4	25.0	大	混	绿	犁铧形	中	短	匍匐型
ZT000232	D05025	Mono–HyE_2	美国	国家甜菜种质资源中期库	多	可育	2x	多	单茎	22.7	32.0	小	混	绿	犁铧形	中	中	匍匐型
ZT000233	D05026	Mono–HyE_4	美国	国家甜菜种质资源中期库	多	可育	2x	中	多茎	19.2	32.0	大	混	绿	犁铧形	中	短	斜立型
ZT000234	D05027	84121–00	美国	国家甜菜种质资源中期库	多	可育	2x	多	多茎	18.0	22.0	大	混	绿	犁铧形	宽	中	直立型
ZT000235	D06001	CS33Monogerm	加拿大	国家甜菜种质资源中期库	多	可育	2x	中	多茎	26.2	45.0	小	混	浓绿	犁铧形	中	中	斜立型
ZT000236	D06002	CS7Whole	加拿大	国家甜菜种质资源中期库	多	可育	2x	少	单茎	20.2	16.0	小	混	淡绿	犁铧形	中	长	斜立型
ZT000237	D07001	DeshrezmonoN	阿尔巴尼亚	国家甜菜种质资源中期库	多	可育	2x	中	多茎	24.9	26.0	大	混	绿	犁铧形	中	长	斜立型
ZT000238	D09001	Dobrovicka–C	捷克	国家甜菜种质资源中期库	多	可育	2x	多	单茎	20.7	46.0	小	混	绿	犁铧形	宽	长	斜立型
ZT000239	D09002	Dobrovicka–N	捷克	国家甜菜种质资源中期库	多	可育	2x	多	单茎	20.8	35.0	中	淡绿	淡绿	犁铧形	中	长	斜立型
ZT000240	D09003	Dobrovicka–V	捷克	国家甜菜种质资源中期库	多	可育	2x	中	多茎	17.3	35.0	中	混	绿	犁铧形	宽	中	匍匐型

（续）

叶数（片）	块根形状	根头大小	根沟深浅	根皮光滑度	根肉色	肉质粗细	维管束环数（个）	经济类型	苗期生长势	幼苗百株重（g）	褐斑病	块根产量（t/hm²）	蔗糖含量（%）	蔗糖产量（t/hm²）	钾含量（mmol/100g）	钠含量（mmol/100g）	氮含量（mmol/100g）	当年抽薹率（%）
34.1	纺锤形	大	浅	光滑	白	细	6	E	弱	736.00	S	23.09	14.30	3.30	3.707	5.689	1.859	0.00
33.8	楔形	大	深	光滑	白	细	7	LL	弱	604.00	MS	15.30	12.50	1.91	2.643	7.374	2.608	0.00
29.5	楔形	大	深	光滑	淡黄	细	4	N	弱	650.00	MS	17.51	16.80	2.94	2.510	4.854	0.930	0.00
34.1	圆锥形	小	浅	不光滑	白	细	5	E	弱	761.00	MS	23.79	15.30	3.64	3.814	3.849	2.693	0.00
31.4	纺锤形	大	较深	光滑	淡黄	细	7	E	较弱	787.00	S	22.59	14.10	3.18	2.470	2.116	4.732	0.00
33.3	纺锤形	小	深	光滑	白	细	8	N	弱	445.00	MS	18.56	17.30	3.21	3.158	5.521	0.466	0.00
36.9	楔形	大	较深	光滑	白	细	7	LL	中	551.00	MS	15.52	15.80	2.45	2.750	7.100	0.607	0.00
45.0	圆锥形	大	深	光滑	白	细	6	E	中	1294.00	HS	29.67	12.30	3.65	4.366	5.066	2.981	0.00
32.3	楔形	大	浅	光滑	白	细	4	NE	弱	780.00	S	20.49	15.60	3.20	2.503	4.020	0.648	0.00
38.9	圆锥形	中	浅	不光滑	白	细	7	LL	中	998.00	S	18.08	15.00	2.71	3.154	3.891	0.492	0.00
39.9	圆锥形	小	深	不光滑	白	细	7	LL	较弱	814.00	MS	15.52	15.60	2.42	1.923	4.062	1.230	0.00
33.9	圆锥形	大	深	光滑	淡黄	较粗	8	LL	中	897.00	HS	17.74	12.30	2.18	3.641	3.560	4.139	0.00
36.1	楔形	大	深	较光滑	淡黄	细	7	E	较弱	673.00	MS	21.19	14.00	2.97	3.685	8.276	1.200	0.00
30.5	圆锥形	大	浅	光滑	白	粗	7	N	弱	933.00	S	17.80	16.00	2.85	2.867	6.341	1.909	0.00
29.3	圆锥形	小	深	光滑	淡黄	细	5	LL	较弱	813.00	S	18.28	14.10	2.58	3.212	7.071	1.574	0.00

统一编号	保存编号	品种名称	品种来源	保存单位	粒性	育性	染色体倍性	花粉量	种株株型	结实密度（粒 /10cm）	种子千粒重（g）	子叶大小	下胚轴色	叶色	叶形	叶柄宽	叶柄长	叶丛型
ZT000241	D09004	Dobrbvicka–CR	捷克	国家甜菜种质资源中期库	多	可育	2x	中	单茎	22.9	25.0	中	混	淡绿	犁铧形	中	长	斜立型
ZT000242	D09005	D.pro.cercospora	捷克	国家甜菜种质资源中期库	多	可育	2x	中	混合	17.9	40.0	中	混	绿	犁铧形	中	中	斜立型
ZT000243	D09006	BucianskaRP	捷克	国家甜菜种质资源中期库	多	可育	2x	多	多茎	17.2	31.0	小	混	绿	犁铧形	宽	长	直立型
ZT000244	D09007	CIKY–T_2	捷克	国家甜菜种质资源中期库	多	可育	2x	中	单茎	17.7	31.0	小	混	淡绿	犁铧形	中	中	斜立型
ZT000245	D10002	5030type–E	丹麦	国家甜菜种质资源中期库	多	可育	2x	多	单茎	20.8	34.0	小	混	绿	犁铧形	中	中	匍匐型
ZT000246	D10003	丹麦 061	丹麦	国家甜菜种质资源中期库	多	可育	2x	中	多茎	18.0	41.0	小	混	绿	犁铧形	中	中	斜立型
ZT000247	D11001	ZWAANESS	荷兰	国家甜菜种质资源中期库	多	可育	2x	中	混合	21.2	46.0	小	混	绿	犁铧形	中	长	斜立型
ZT000248	D08001	SB236	比利时	国家甜菜种质资源中期库	多	可育	2x	中	单茎	21.7	18.0	大	混	绿	犁铧形	宽	中	斜立型
ZT000249	D12004	KleinwanzlebenAA	德国	国家甜菜种质资源中期库	多	可育	2x	中	单茎	20.8	44.0	小	淡绿	浓绿	犁铧形	宽	中	斜立型
ZT000250	D13002	TypeE09	英国	国家甜菜种质资源中期库	多	可育	2x	中	单茎	20.3	35.0	大	淡绿	浓绿	犁铧形	中	中	斜立型
ZT000251	D14001	S8238CR	德国	国家甜菜种质资源中期库	多	可育	2x	多	多茎	23.3	27.0	中	混	淡绿	舌形	中	中	斜立型
ZT000252	D21001	Refer–N	法国	国家甜菜种质资源中期库	多	可育	2x	多	多茎	21.3	38.0	小	混	绿	犁铧形	中	中	斜立型
ZT000253	D21002	Refer–Z	法国	国家甜菜种质资源中期库	多	可育	2x	多	多茎	25.8	34.0	小	混	绿	犁铧形	中	中	斜立型
ZT000254	D21003	Refer–ZZ	法国	国家甜菜种质资源中期库	多	可育	2x	多	多茎	18.3	28.0	大	混	绿	舌形	宽	中	斜立型
ZT000255	D21004	法国甜菜 059	法国	国家甜菜种质资源中期库	多	可育	2x	中	单茎	12.1	34.0	中	混	浓绿	犁铧形	宽	中	直立型

（续）

叶数（片）	块根形状	根头大小	根沟深浅	根皮光滑度	根肉色	肉质粗细	维管束环数（个）	经济类型	苗期生长势	幼苗百株重（g）	褐斑病	块根产量（t/hm²）	蔗糖含量（%）	蔗糖产量（t/hm²）	钾含量（mmol/100g）	钠含量（mmol/100g）	氮含量（mmol/100g）	当年抽薹率（%）
33.0	纺锤形	小	浅	较光滑	淡黄	较细	8	LL	弱	792.00	S	18.39	14.80	2.72	4.178	6.346	2.227	0.00
35.7	纺锤形	小	深	光滑	淡黄	细	5	LL	弱	703.00	MR	18.29	14.90	2.73	6.060	8.017	3.176	0.00
28.2	圆锥形	中	浅	光滑	淡黄	细	9	Z	较弱	768.00	MS	15.18	17.30	2.63	1.230	3.285	1.018	0.00
35.4	圆锥形	小	浅	光滑	白	细	5	LL	弱	616.00	S	16.25	15.30	2.49	3.676	8.051	1.290	0.00
37.0	纺锤形	大	浅	光滑	淡黄	细	7	LL	较弱	870.00	S	18.72	13.80	2.58	3.081	8.883	1.260	0.00
39.1	圆锥形	小	浅	较光滑	白	粗	7	ZZ	较弱	920.00	HS	14.75	18.60	2.74	2.738	4.400	2.460	0.00
35.4	圆锥形	大	深	光滑	白	细	7	LL	较弱	856.00	MS	17.34	14.40	1.75	3.584	6.782	0.901	0.00
29.4	圆锥形	小	深	光滑	白	细	8	LL	较旺	785.00	HS	18.23	14.00	2.55	2.063	7.682	1.036	0.00
34.6	圆锥形	大	深	光滑	白	细	6	LL	弱	690.00	MS	17.81	14.10	2.51	3.173	6.226	0.980	0.00
32.7	圆锥形	大	较深	不光滑	淡黄	细	8	LL	中	837.00	S	16.12	14.20	2.29	2.156	7.273	0.456	0.00
39.5	楔形	大	浅	光滑	白	细	7	E	中	675.00	MS	29.57	9.40	2.78	4.052	9.033	4.957	0.00
24.0	纺锤形	中	深	不光滑	白	细	5	N	较弱	669.00	MR	18.90	15.60	2.95	2.745	0.573	2.067	0.00
29.0	纺锤形	小	深	光滑	白	细	8	LL	中	1051.00	HS	14.68	15.70	2.31	2.483	2.525	1.075	0.00
37.9	纺锤形	小	浅	光滑	白	细	5	N	弱	773.00	S	17.26	16.50	2.85	3.140	4.561	0.563	0.00
42.1	圆锥形	大	浅	光滑	白	细	6	E	较弱	715.00	MR	19.87	14.70	2.92	4.865	9.350	0.680	0.00

统一编号	保存编号	品种名称	品种来源	保存单位	粒性	育性	染色体倍性	花粉量	种株株型	结实密度（粒 /10cm）	种子千粒重（g）	子叶大小	下胚轴色	叶色	叶形	叶柄宽	叶柄长	叶丛型
ZT000256	D21005	MonoVAI	法国	国家甜菜种质资源中期库	多	可育	2*x*	多	多茎	12.6	29.0	小	混	绿	舌形	中	中	斜立型
ZT000257	D15004	BetaC	匈牙利	国家甜菜种质资源中期库	多	可育	2*x*	中	多茎	18.8	21.0	小	混	绿	犁铧形	中	中	斜立型
ZT000258	D15005	BetaY-19	匈牙利	国家甜菜种质资源中期库	多	可育	2*x*	多	混合	28.7	34.0	大	混	淡绿	犁铧形	中	中	斜立型
ZT000259	D15006	DaunbiaE	匈牙利	国家甜菜种质资源中期库	多	可育	2*x*	多	混合	21.8	35.0	大	混	淡绿	犁铧形	中	长	斜立型
ZT000260	D16002	Cesena-Z	意大利	国家甜菜种质资源中期库	多	可育	2*x*	少	多茎	28.0	31.0	中	混	绿	犁铧形	中	中	斜立型
ZT000261	D17012	A.janasz-Aj2	波兰	国家甜菜种质资源中期库	多	可育	2*x*	中	单茎	22.9	37.0	大	混	绿	犁铧形	中	长	斜立型
ZT000262	D17013	A.janasz-Aj4	波兰	国家甜菜种质资源中期库	多	可育	2*x*	多	单茎	18.7	25.0	小	混	绿	犁铧形	宽	中	斜立型
ZT000263	D17014	Buszczynski-MLR（C）	波兰	国家甜菜种质资源中期库	多	可育	2*x*	少	多茎	19.8	36.0	小	淡绿	绿	犁铧形	中	中	斜立型
ZT000264	D17015	Polanowice-N	波兰	国家甜菜种质资源中期库	多	可育	2*x*	中	单茎	18.2	35.0	小	混	绿	舌形	中	中	匍匐型
ZT000265	D17016	PZHR1	波兰	国家甜菜种质资源中期库	多	可育	2*x*	中	多茎	18.3	27.0	大	混	淡绿	犁铧形	中	长	斜立型
ZT000266	D17017	IHAR-K	波兰	国家甜菜种质资源中期库	多	可育	2*x*	中	多茎	20.2	46.0	中	混	淡绿	犁铧形	宽	长	斜立型
ZT000267	D17018	mono-IHAR	波兰	国家甜菜种质资源中期库	多	可育	2*x*	多	多茎	28.4	25.0	中	混	浓绿	犁铧形	宽	中	斜立型
ZT000268	D17019	P51	波兰	国家甜菜种质资源中期库	多	可育	2*x*	少	单茎	23.8	35.0	中	混	淡绿	舌形	宽	中	斜立型
ZT000269	D17020	Udybz-B	波兰	国家甜菜种质资源中期库	多	可育	2*x*	多	混合	20.5	36.0	小	混	淡绿	犁铧形	中	中	斜立型
ZT000270	D17021	Sandomerska-C	波兰	国家甜菜种质资源中期库	多	可育	2*x*	多	多茎	17.7	22.0	小	混	绿	犁铧形	中	中	斜立型

（续）

叶数（片）	块根形状	根头大小	根沟深浅	根皮光滑度	根肉色	肉质粗细	维管束环数（个）	经济类型	苗期生长势	幼苗百株重（g）	褐斑病	块根产量（t/hm²）	蔗糖含量（%）	蔗糖产量（t/hm²）	钾含量（mmol/100g）	钠含量（mmol/100g）	氮含量（mmol/100g）	当年抽薹率（%）
43.7	圆锥形	大	深	不光滑	白	细	6	LL	中	844.00	HS	14.69	13.70	2.01	4.765	11.179	2.202	0.00
38.6	圆锥形	中	深	光滑	白	粗	9	LL	弱	832.00	HS	18.36	14.90	2.74	3.617	3.778	0.723	0.00
38.1	圆锥形	小	浅	光滑	白	粗	6	N	较弱	945.00	S	17.52	15.90	2.79	3.207	8.253	0.361	0.00
40.9	圆锥形	中	浅	不光滑	白	较粗	8	LL	中	928.00	HS	16.22	16.60	2.69	2.640	3.634	1.130	0.00
34.2	纺锤形	小	中	不光滑	白	细	8	LL	较弱	536.00	S	15.64	15.60	2.44	1.510	5.637	0.825	0.00
40.2	纺锤形	大	浅	光滑	淡黄	细	8	E	中	547.00	HS	20.23	14.20	2.87	2.661	6.017	0.958	0.00
37.2	圆锥形	大	深	光滑	白	细	5	E	弱	575.00	MS	19.97	15.00	2.99	2.405	5.582	0.942	0.00
34.3	圆锥形	中	浅	光滑	白	细	6	LL	弱	902.00	HS	18.59	15.00	2.79	2.623	3.723	1.673	0.00
33.4	圆锥形	小	深	不光滑	白	细	5	Z	较弱	780.00	HS	16.47	17.80	2.93	2.089	3.819	5.298	0.00
40.3	圆锥形	大	浅	光滑	白	细	7	LL	较弱	698.00	MS	17.55	14.60	2.56	5.741	5.018	1.107	0.00
39.4	纺锤形	大	浅	光滑	白	细	5	E	中	715.00	MR	19.88	13.30	2.64	5.680	6.026	1.196	0.00
35.4	圆锥形	中	浅	光滑	白	较粗	9	LL	较弱	800.00	S	18.18	15.20	5.52	2.599	4.724	0.849	0.00
33.8	楔形	中	浅	较光滑	白	细	7	E	中	614.00	HS	22.92	13.40	3.07	4.505	4.523	3.714	0.00
34.8	圆锥形	中	浅	光滑	淡黄	细	7	E	中	951.00	MS	19.44	15.50	3.01	3.805	4.280	1.864	0.00
33.8	圆锥形	小	浅	光滑	白	细	8	LL	较弱	816.00	S	18.91	13.70	2.59	6.140	7.643	4.540	0.00

统一编号	保存编号	品种名称	品种来源	保存单位	粒性	育性	染色体倍性	花粉量	种株株型	结实密度（粒/10cm）	种子千粒重（g）	子叶大小	下胚轴色	叶色	叶形	叶柄宽	叶柄长	叶丛型
ZT000271	D17022	Sandomerska–P	波兰	国家甜菜种质资源中期库	多	可育	2*x*	少	单茎	17.7	35.0	小	淡绿	绿	犁铧形	宽	长	斜立型
ZT000272	D17023	SWHN–C	波兰	国家甜菜种质资源中期库	多	可育	2*x*	多	混合	16.0	20.0	中	淡绿	淡绿	犁铧形	中	长	斜立型
ZT000273	D17024	Rogow–L	波兰	国家甜菜种质资源中期库	多	可育	2*x*	少	混合	20.3	37.0	小	混	绿	犁铧形	宽	中	斜立型
ZT000274	D17025	Rogow–P	波兰	国家甜菜种质资源中期库	多	可育	2*x*	中	单茎	19.3	24.0	小	混	淡绿	犁铧形	中	长	斜立型
ZT000275	D17026	Rogow–N	波兰	国家甜菜种质资源中期库	多	可育	2*x*	多	混合	23.0	36.0	小	混	绿	舌形	中	长	直立型
ZT000276	D17027	二倍体单粒	波兰	国家甜菜种质资源中期库	单	可育	2*x*	少	单茎	27.0	17.0	中	混	绿	舌形	中	中	斜立型
ZT000277	D17028	波引一号“MS”	波兰	国家甜菜种质资源中期库	多	不育	2*x*	少	混合	18.3	39.0	小	混	浓绿	犁铧形	宽	中	斜立型
ZT000278	D17029	波引一号“O”	波兰	国家甜菜种质资源中期库	多	可育	2*x*	多	混合	17.5	28.0	小	淡绿	浓绿	舌形	宽	中	斜立型
ZT000279	D17030	波引二号“MS”	波兰	国家甜菜种质资源中期库	多	不育	2*x*	少	单茎	19.2	41.0	小	混	浓绿	犁铧形	宽	长	斜立型
ZT000280	D17031	波引二号“O”	波兰	国家甜菜种质资源中期库	多	可育	2*x*	多	单茎	18.3	42.0	小	混	绿	犁铧形	中	中	斜立型
ZT000281	D17032	波引三号“MS”	波兰	国家甜菜种质资源中期库	多	不育	2*x*	少	单茎	21.0	26.0	大	混	绿	犁铧形	中	中	斜立型
ZT000282	D17033	波引三号“O”	波兰	国家甜菜种质资源中期库	多	可育	2*x*	中	单茎	18.7	28.0	小	混	绿	犁铧形	中	长	斜立型
ZT000283	D17034	波引五号“MS”	波兰	国家甜菜种质资源中期库	多	不育	2*x*	少	单茎	15.5	31.0	大	混	绿	舌形	宽	长	斜立型
ZT000284	D17035	波引五号“O”	波兰	国家甜菜种质资源中期库	多	可育	2*x*	多	单茎	22.8	30.0	大	混	浓绿	犁铧形	宽	长	斜立型
ZT000285	D17036	波引六号“MS”	波兰	国家甜菜种质资源中期库	多	不育	2*x*	少	混合	21.5	51.0	大	混	绿	犁铧形	中	长	斜立型

（续）

叶数（片）	块根形状	根头大小	根沟深浅	根皮光滑度	根肉色	肉质粗细	维管束环数（个）	经济类型	苗期生长势	幼苗百株重（g）	褐斑病	块根产量（t/hm^2）	蔗糖含量（%）	蔗糖产量（t/hm^2）	钾含量（mmol/100g）	钠含量（mmol/100g）	氮含量（mmol/100g）	当年抽薹率（%）
30.5	纺锤形	小	深	不光滑	淡黄	粗	6	N	中	709.00	MR	17.23	16.50	2.84	3.291	3.262	1.663	0.00
34.0	纺锤形	中	深	光滑	白	粗	8	N	较弱	542.00	S	17.63	16.50	2.91	5.352	1.107	2.461	0.00
33.6	圆锥形	小	浅	光滑	黄	粗	5	LL	较弱	933.00	MS	16.13	14.80	2.39	4.966	4.375	3.803	0.00
34.8	纺锤形	中	浅	光滑	白	细	4	E	较弱	605.00	MR	20.68	15.10	3.12	2.020	8.536	0.195	0.00
33.3	圆锥形	小	深	不光滑	白	粗	4	LL	较弱	692.00	S	18.40	14.00	2.58	4.151	11.044	0.283	0.00
34.8	圆锥形	大	浅	光滑	白	细	6	LL	中	697.00	MS	16.36	15.00	2.45	2.661	10.833	1.137	0.00
36.3	圆锥形	小	深	较光滑	白	细	8	N	较弱	732.00	MS	17.28	16.20	2.80	5.787	5.019	0.372	0.00
39.8	纺锤形	大	深	较光滑	淡黄	细	6	LL	弱	452.00	MS	15.36	15.40	2.37	2.781	2.819	2.800	0.00
33.7	圆锥形	大	深	不光滑	淡黄	细	9	LL	中	599.00	MS	18.02	14.90	2.69	3.729	5.343	4.190	0.00
32.8	圆锥形	大	浅	光滑	白	细	5	E	中	674.00	S	21.11	13.90	2.93	4.530	5.685	0.884	0.00
34.6	纺锤形	小	浅	光滑	白	细	8	N	中	713.00	MS	16.87	16.30	2.75	3.555	5.546	4.083	0.00
32.2	楔形	中	深	不光滑	白	细	11	LL	中	568.00	S	15.76	14.40	2.27	2.531	6.456	0.148	0.00
28.8	圆锥形	大	浅	光滑	白	细	7	E	较弱	963.00	MS	19.78	13.80	2.73	6.665	5.161	8.470	0.00
30.9	圆锥形	大	深	光滑	白	细	7	E	较旺	804.00	S	19.84	14.30	2.84	5.952	1.033	3.891	0.00
30.5	圆锥形	大	浅	光滑	白	粗	5	E	较旺	739.00	MS	22.16	13.70	3.04	1.233	5.042	0.541	0.00

统一编号	保存编号	品种名称	品种来源	保存单位	粒性	育性	染色体倍性	花粉量	种株株型	结实密度（粒/10cm）	种子千粒重（g）	子叶大小	下胚轴色	叶色	叶形	叶柄宽	叶柄长	叶丛型
ZT000286	D17037	波引六号“O”	波兰	国家甜菜种质资源中期库	多	可育	2x	多	混合	25.7	41.0	大	混	绿	犁铧形	宽	长	斜立型
ZT000287	D17038	X	波兰	国家甜菜种质资源中期库	多	可育	2x	中	多茎	22.1	32.0	中	混	绿	犁铧形	宽	长	斜立型
ZT000288	D17039	O	波兰	国家甜菜种质资源中期库	多	可育	2x	中	多茎	20.2	34.0	大	混	绿	犁铧形	中	长	直立型
ZT000289	D18003	P.Lovrin–532	罗马尼亚	国家甜菜种质资源中期库	多	可育	2x	多	单茎	15.7	40.0	小	混	绿	犁铧形	宽	长	斜立型
ZT000290	D18004	S.S.L.442	罗马尼亚	国家甜菜种质资源中期库	多	可育	2x	多	混合	21.8	45.0	中	混	绿	犁铧形	中	长	斜立型
ZT000291	D18005	BA2	罗马尼亚	国家甜菜种质资源中期库	多	可育	2x	多	单茎	22.3	35.0	小	混	浓绿	犁铧形	中	长	直立型
ZT000292	D18006	P.Lovrin–62	罗马尼亚	国家甜菜种质资源中期库	多	可育	2x	多	单茎	22.7	44.0	小	混	绿	犁铧形	宽	长	直立型
ZT000293	D19011	A2	俄罗斯	国家甜菜种质资源中期库	多	可育	2x	多	单茎	22.3	21.0	大	混	淡绿	犁铧形	中	中	匍匐型
ZT000294	D19012	C2	俄罗斯	国家甜菜种质资源中期库	多	可育	2x	中	混合	19.0	22.0	大	混	绿	犁铧形	窄	短	斜立型
ZT000295	D19013	USSR	俄罗斯	国家甜菜种质资源中期库	多	可育	2x	多	单茎	25.2	24.0	中	混	绿	犁铧形	中	中	斜立型
ZT000296	D19014	M2	俄罗斯	国家甜菜种质资源中期库	多	可育	2x	中	混合	16.3	24.0	小	混	绿	犁铧形	中	中	斜立型
ZT000297	D19015	Т Д О	俄罗斯	国家甜菜种质资源中期库	多	可育	2x	少	多茎	19.8	34.0	小	混	绿	犁铧形	中	中	斜立型
ZT000298	D19016	Б ц 06单粒	俄罗斯	国家甜菜种质资源中期库	多	可育	2x	中	多茎	18.9	41.0	小	混	绿	犁铧形	中	中	匍匐型
ZT000299	D19017	Бийская541	俄罗斯	国家甜菜种质资源中期库	多	可育	2x	中	混合	15.8	41.0	中	混	绿	犁铧形	中	中	斜立型
ZT000300	D19018	Верхняцская020	俄罗斯	国家甜菜种质资源中期库	多	可育	2x	多	混合	18.7	25.0	小	混	绿	犁铧形	宽	中	斜立型

（续）

叶数（片）	块根形状	根头大小	根沟深浅	根皮光滑度	根肉色	肉质粗细	维管束环数（个）	经济类型	苗期生长势	幼苗百株重（g）	褐斑病	块根产量（t/hm²）	蔗糖含量（%）	蔗糖产量（t/hm²）	钾含量（mmol/100g）	钠含量（mmol/100g）	氮含量（mmol/100g）	当年抽薹率（%）
33.6	圆锥形	大	浅	光滑	白	细	6	E	旺	846.00	MS	21.94	14.50	3.18	5.602	6.668	2.235	0.00
36.5	纺锤形	大	深	光滑	白	细	5	LL	中	684.00	S	15.91	12.40	1.97	5.426	6.498	1.482	0.00
35.5	纺锤形	小	浅	光滑	白	细	6	E	中	875.00	MS	20.44	14.50	2.96	2.909	3.302	1.668	0.00
32.2	圆锥形	大	深	不光滑	白	细	7	LL	较弱	762.00	S	13.00	16.70	2.17	3.784	3.606	0.548	0.00
36.5	圆锥形	中	浅	不光滑	白	细	9	N	较弱	855.00	S	18.41	16.90	3.11	3.796	4.446	2.861	0.00
35.5	楔形	小	浅	光滑	白	粗	7	LL	较弱	845.00	S	16.59	14.90	2.47	2.419	3.894	2.364	0.00
31.0	圆锥形	大	深	较光滑	淡黄	细	8	LL	较弱	984.00	MR	14.86	17.20	2.56	3.160	4.757	4.439	0.00
30.5	圆锥形	大	深	光滑	白	细	8	LL	较弱	807.00	S	14.19	14.80	2.10	3.138	6.080	1.883	0.00
32.7	楔形	大	浅	光滑	白	细	6	E	较旺	793.00	HS	32.00	9.70	3.10	3.522	6.586	3.423	0.00
39.8	纺锤形	小	浅	不光滑	白	细	5	LL	较弱	1028.00	S	16.73	13.10	2.19	2.459	3.751	3.267	0.00
38.1	楔形	中	浅	光滑	白	细	7	LL	较弱	894.00	HS	18.60	14.10	2.62	3.181	6.640	0.866	0.00
36.8	圆锥形	大	浅	光滑	白	细	8	LL	弱	899.00	HS	15.74	13.00	2.05	3.062	4.911	0.826	0.00
48.2	楔形	小	浅	不光滑	白	细	6	E	弱	612.00	MS	20.15	13.40	2.70	2.941	4.542	1.058	0.00
39.2	圆锥形	小	浅	光滑	白	细	8	LL	中	935.00	S	18.57	13.50	2.51	2.517	5.443	3.006	0.00
33.2	圆锥形	大	浅	不光滑	白	细	6	LL	旺	1101.00	S	16.22	13.30	2.16	3.417	4.579	2.379	0.00

统一编号	保存编号	品种名称	品种来源	保存单位	粒性	育性	染色体倍性	花粉量	种株株型	结实密度（粒/10cm）	种子千粒重（g）	子叶大小	下胚轴色	叶色	叶形	叶柄宽	叶柄长	叶丛型
ZT000301	D19019	Верхняцская023	俄罗斯	国家甜菜种质资源中期库	多	可育	2x	少	多茎	19.7	22.0	小	混	绿	犁铧形	中	中	斜立型
ZT000302	D19020	Л-ВИР杂种	俄罗斯	国家甜菜种质资源中期库	多	可育	2x	多	单茎	18.3	19.0	小	混	绿	犁铧形	宽	长	斜立型
ZT000303	D19021	уладовская752	俄罗斯	国家甜菜种质资源中期库	多	可育	2x	中	多茎	17.7	22.0	小	混	淡绿	犁铧形	中	长	斜立型
ZT000304	D19022	уладовская1722	俄罗斯	国家甜菜种质资源中期库	多	可育	2x	少	单茎	17.8	30.0	大	混	绿	犁铧形	中	中	斜立型
ZT000305	D19023	Рамонская023	俄罗斯	国家甜菜种质资源中期库	多	可育	2x	少	多茎	14.0	40.0	中	混	浓绿	犁铧形	窄	中	匍匐型
ZT000306	D19024	Ялтущковская116	俄罗斯	国家甜菜种质资源中期库	多	可育	2x	多	混合	19.3	23.0	中	混	绿	犁铧形	中	中	匍匐型
ZT000307	H01001	系选六号	中国内蒙古	内蒙古自治区农牧业科学院	多	可育	2x	中	多茎	21.3	23.0	大	红	淡绿	犁铧形	窄	长	斜立型
ZT000308	H02001	NovaDima	德国	内蒙古自治区农牧业科学院	多	可育	2x	中	单茎	24.2	15.0	中	红	淡绿	犁铧形	窄	中	直立型
ZT000309	H03001	CIKY–T_2（H）	捷克	内蒙古自治区农牧业科学院	多	可育	2x	中	单茎	23.8	16.0	大	红	淡绿	犁铧形	中	中	直立型
ZT000310	H04001	GW2（H）	美国	内蒙古自治区农牧业科学院	多	可育	2x	中	单茎	19.2	14.0	大	红	淡绿	犁铧形	窄	中	直立型
ZT000311	H05001	Рамонская-931（H）	俄罗斯	内蒙古自治区农牧业科学院	多	可育	2x	多	单茎	21.0	13.0	大	红	绿	舌形	窄	长	斜立型
ZT000312	H02002	Kleinwanzleben–CR（H）	德国	内蒙古自治区农牧业科学院	多	可育	2x	中	混合	18.9	15.0	大	红	绿	舌形	窄	短	斜立型
ZT000313	H14001	Cesena–Z（H）	意大利	内蒙古自治区农牧业科学院	多	可育	2x	中	多茎	23.8	16.0	中	红	绿	犁铧形	窄	长	斜立型
ZT000314	H01002	系选五号	中国内蒙古	内蒙古自治区农牧业科学院	多	可育	2x	中	单茎	17.6	10.0	大	红	绿	犁铧形	宽	长	直立型
ZT000315	H05002	M_2（H）	俄罗斯	内蒙古自治区农牧业科学院	多	可育	2x	中	单茎	21.8	15.0	中	红	绿	犁铧形	窄	中	斜立型

（续）

叶数（片）	块根形状	根头大小	根沟深浅	根皮光滑度	根肉色	肉质粗细	维管束环数（个）	经济类型	苗期生长势	幼苗百株重（g）	褐斑病	块根产量（t/hm²）	蔗糖含量（%）	蔗糖产量（t/hm²）	钾含量（mmol/100g）	钠含量（mmol/100g）	氮含量（mmol/100g）	当年抽薹率（%）
38.3	圆锥形	大	浅	光滑	白	细	7	LL	弱	1219.00	HS	14.35	13.90	1.99	2.543	7.537	0.296	0.00
36.7	纺锤形	大	浅	光滑	白	细	7	E	中	1014.00	MS	19.19	13.30	2.55	3.642	7.255	0.211	0.00
37.8	圆锥形	小	深	光滑	淡黄	细	5	LL	较弱	801.00	HS	14.64	14.10	2.11	2.156	5.941	2.547	0.00
35.4	圆锥形	大	深	光滑	白	细	9	E	较旺	1218.00	HS	31.55	11.80	3.72	4.096	4.453	7.113	0.00
36.3	圆锥形	小	浅	光滑	白	粗	7	LL	较弱	961.00	HS	16.62	13.90	2.31	4.034	6.734	0.827	0.00
34.2	圆锥形	大	浅	较光滑	白	细	8	LL	较弱	1196.00	S	16.54	15.20	2.51	3.136	1.833	4.424	0.00
30.0	纺锤形	小	浅	不光滑	白	细	8	ZZ	中	1440.00	R	20.04	15.80	4.11	2.060	6.710	0.130	0.00
36.0	纺锤形	大	浅	光滑	白	细	8	ZZ	中	930.00	MR	29.18	17.45	5.09	5.780	6.720	0.080	0.00
42.0	圆锥形	大	浅	不光滑	白	细	9	Z	中	1053.00	MR	30.74	15.23	4.68	4.060	6.710	0.415	0.00
48.0	圆锥形	大	浅	光滑	白	细	7	Z	中	825.00	MS	27.09	14.80	4.01	3.970	6.690	0.520	0.00
47.0	纺锤形	小	浅	较光滑	白	细	7	N	旺	1185.00	HS	32.30	13.55	4.38	10.050	6.720	0.050	0.00
41.0	纺锤形	小	浅	不光滑	白	细	6	LL	中	870.00	MS	31.25	11.25	3.51	5.290	6.720	0.010	0.00
55.0	圆锥形	小	浅	光滑	白	细	8	LL	中	936.00	R	23.96	13.50	3.23	3.480	6.720	0.240	0.00
42.0	圆锥形	大	浅	光滑	白	细	9	ZZ	中	1140.00	MS	27.09	17.52	4.75	5.030	6.720	0.056	0.00
35.0	圆锥形	大	深	光滑	白	细	10	LL	中	885.00	S	29.69	13.25	3.93	4.100	6.330	0.125	0.00

统一编号	保存编号	品种名称	品种来源	保存单位	粒性	育性	染色体倍性	花粉量	种株株型	结实密度（粒 /10cm）	种子千粒重（g）	子叶大小	下胚轴色	叶色	叶形	叶柄宽	叶柄长	叶丛型
ZT000316	H01003	双丰二号	中国黑龙江	内蒙古自治区农牧业科学院	多	可育	2x	中	多茎	20.3	15.0	中	红	绿	犁铧形	中	中	斜立型
ZT000317	H06001	本育 192（H）	日本	内蒙古自治区农牧业科学院	多	可育	2x	多	多茎	18.9	13.0	中	红	淡绿	犁铧形	窄	中	斜立型
ZT000318	H07001	Hilleshog-4209	瑞典	内蒙古自治区农牧业科学院	多	可育	2x	中	混合	17.2	11.0	中	红	绿	舌形	窄	中	斜立型
ZT000319	H04002	ACH14	美国	内蒙古自治区农牧业科学院	多	可育	2x	中	混合	20.2	23.0	大	绿	淡绿	舌形	窄	中	斜立型
ZT000320	H08001	Buszczynski-P（H）	波兰	内蒙古自治区农牧业科学院	多	可育	2x	中	多茎	21.5	9.0	大	红	淡绿	舌形	窄	长	斜立型
ZT000321	H04003	ACH31（H）	美国	内蒙古自治区农牧业科学院	多	可育	2x	少	多茎	23.6	18.0	中	红	淡绿	犁铧形	窄	中	斜立型
ZT000322	H04004	GW674（H）	美国	内蒙古自治区农牧业科学院	多	可育	2x	中	单茎	22.3	11.0	中	红	淡绿	犁铧形	窄	长	斜立型
ZT000323	H08002	Cama	波兰	内蒙古自治区农牧业科学院	多	可育	2x	中	单茎	22.4	17.0	中	红	淡绿	犁铧形	窄	中	斜立型
ZT000324	H08003	S·W·H·N-C（H）	波兰	内蒙古自治区农牧业科学院	多	可育	2x	中	单茎	19.8	14.0	中	红	绿	犁铧形	宽	长	斜立型
ZT000325	H03002	Dobrovicka-C（H）	捷克	内蒙古自治区农牧业科学院	多	可育	2x	中	多茎	18.7	19.0	大	红	绿	舌形	中	长	斜立型
ZT000326	H04014	GW267（H）	美国	内蒙古自治区农牧业科学院	多	可育	2x	中	混合	16.5	19.0	中	红	绿	犁铧形	宽	中	斜立型
ZT000327	H01004	甜研五号（H）	中国黑龙江	内蒙古自治区农牧业科学院	多	可育	2x	中	单茎	18.2	16.0	小	红	淡绿	犁铧形	窄	短	直立型
ZT000328	H04005	GW49（H）	美国	内蒙古自治区农牧业科学院	多	可育	2x	中	多茎	19.8	19.0	中	红	淡绿	犁铧形	窄	中	斜立型
ZT000329	H03003	Dobrovicka-CR（H）	捷克	内蒙古自治区农牧业科学院	多	可育	2x	中	多茎	17.4	18.0	中	红	淡绿	犁铧形	中	长	斜立型
ZT000330	H08004	Rogow-P（H）	波兰	内蒙古自治区农牧业科学院	多	可育	2x	中	混合	23.2	14.0	中	红	淡绿	舌形	窄	中	斜立型

（续）

叶数（片）	块根形状	根头大小	根沟深浅	根皮光滑度	根肉色	肉质粗细	维管束环数（个）	经济类型	苗期生长势	幼苗百株重（g）	褐斑病	块根产量（t/hm²）	蔗糖含量（%）	蔗糖产量（t/hm²）	钾含量（mmol/100g）	钠含量（mmol/100g）	氮含量（mmol/100g）	当年抽薹率（%）
42.0	楔形	大	深	光滑	白	细	6	Z	中	1140.00	MR	28.13	15.03	4.23	2.000	6.720	0.060	0.00
30.0	圆锥形	大	浅	光滑	白	细	10	N	中	1215.00	MR	39.59	12.20	4.83	5.280	6.715	0.070	0.00
55.0	楔形	大	浅	光滑	白	细	10	LL	中	1095.00	MS	23.96	11.92	2.86	4.500	6.210	0.440	0.00
54.0	纺锤形	大	浅	不光滑	白	细	8	LL	中	1050.00	MS	25.01	12.75	3.19	3.770	6.717	0.463	0.00
48.0	圆锥形	大	浅	光滑	白	细	8	Z	旺	1046.00	MR	29.18	15.02	4.38	2.640	6.700	0.925	0.00
48.0	纺锤形	大	浅	光滑	白	细	9	LL	中	780.00	MR	20.84	14.80	3.08	3.830	1.070	1.040	0.00
47.0	纺锤形	小	深	光滑	白	细	9	Z	中	750.00	MR	32.28	15.43	4.98	3.640	6.705	0.220	0.00
37.0	纺锤形	小	浅	不光滑	白	细	7	Z	中	846.00	S	19.28	15.23	2.94	3.420	6.710	0.253	0.00
43.0	楔形	大	深	不光滑	白	细	7	LL	中	1084.00	HS	21.36	14.00	2.99	4.100	6.720	0.200	0.00
41.0	纺锤形	大	浅	光滑	白	细	10	Z	中	660.00	HS	27.09	14.85	4.08	4.260	6.715	0.030	0.00
36.0	纺锤形	大	浅	光滑	白	细	9	LL	中	836.00	R	25.01	14.90	3.73	3.870	1.210	1.320	0.00
48.0	纺锤形	小	浅	光滑	白	细	7	ZZ	中	750.00	R	19.28	15.50	2.99	3.360	6.720	0.300	0.00
52.0	圆锥形	大	浅	光滑	白	细	7	LL	中	870.00	R	21.36	12.85	2.75	2.180	6.710	0.493	0.00
52.0	纺锤形	小	浅	光滑	白	细	6	N	中	762.00	R	27.09	14.33	3.88	2.300	6.720	0.290	0.00
48.0	圆锥形	小	浅	光滑	白	细	8	LL	中	945.00	R	25.01	13.15	3.29	1.900	6.703	0.093	0.00

统一编号	保存编号	品种名称	品种来源	保存单位	粒性	育性	染色体倍性	花粉量	种株株型	结实密度（粒/10cm）	种子千粒重（g）	子叶大小	下胚轴色	叶色	叶形	叶柄宽	叶柄长	叶丛型
ZT000331	H08005	S・W・H・N–P	波兰	内蒙古自治区农牧业科学院	多	可育	2*x*	中	混合	21.2	13.0	大	红	淡绿	犁铧形	中	长	直立型
ZT000332	H01005	莎拉齐	中国内蒙古	内蒙古自治区农牧业科学院	多	可育	2*x*	多	单茎	21.8	18.0	中	红	绿	犁铧形	宽	长	直立型
ZT000333	H01006	美岱召	中国内蒙古	内蒙古自治区农牧业科学院	多	可育	2*x*	中	单茎	22.3	21.0	中	红	绿	犁铧形	中	长	斜立型
ZT000334	H06002	导入一号（H）	日本	内蒙古自治区农牧业科学院	多	可育	2*x*	多	单茎	23.2	14.0	中	红	绿	犁铧形	中	长	直立型
ZT000335	H02003	Kleinwanzleben–N（H）	德国	内蒙古自治区农牧业科学院	多	可育	2*x*	中	混合	24.3	14.0	中	红	绿	舌形	中	长	斜立型
ZT000336	H04006	MonoHYA$_1$（H）	美国	内蒙古自治区农牧业科学院	多	可育	2*x*	中	混合	20.1	19.0	中	红	绿	舌形	中	中	斜立型
ZT000337	H05003	ТДО（H）	俄罗斯	内蒙古自治区农牧业科学院	多	可育	2*x*	中	混合	19.8	15.0	中	红	绿	犁铧形	窄	中	斜立型
ZT000338	H08006	A.janasz–Aj$_4$（H）	波兰	内蒙古自治区农牧业科学院	多	可育	2*x*	中	多茎	18.9	15.0	大	红	绿	犁铧形	窄	短	斜立型
ZT000339	H08007	Polanowice–N（H）	波兰	内蒙古自治区农牧业科学院	多	可育	2*x*	中	混合	17.4	17.0	中	红	绿	犁铧形	中	中	斜立型
ZT000340	H05004	Рамонская1537	俄罗斯	内蒙古自治区农牧业科学院	多	可育	2*x*	少	混合	19.8	15.0	中	红	绿	犁铧形	中	中	斜立型
ZT000341	H05005	Рамонская023	俄罗斯	内蒙古自治区农牧业科学院	多	可育	2*x*	多	混合	17.2	22.0	中	红	淡绿	犁铧形	中	短	斜立型
ZT000342	H01034	工农3号（H）	中国内蒙古	内蒙古自治区农牧业科学院	多	可育	2*x*	中	多茎	18.6	15.0	中	红	浓绿	舌形	窄	中	斜立型
ZT000343	H08008	K・P・S–P	波兰	内蒙古自治区农牧业科学院	多	可育	2*x*	中	单茎	23.2	13.0	中	红	浓绿	舌形	窄	中	斜立型
ZT000344	H09001	BetaC242	匈牙利	内蒙古自治区农牧业科学院	多	可育	2*x*	中	单茎	25.8	15.0	中	红	绿	犁铧形	窄	短	斜立型
ZT000345	H05006	Рамонская632	俄罗斯	内蒙古自治区农牧业科学院	多	可育	2*x*	中	多茎	21.4	19.0	大	红	淡绿	犁铧形	窄	中	斜立型

（续）

叶数（片）	块根形状	根头大小	根沟深浅	根皮光滑度	根肉色	肉质粗细	维管束环数（个）	经济类型	苗期生长势	幼苗百株重（g）	褐斑病	块根产量（t/hm²）	蔗糖含量（%）	蔗糖产量（t/hm²）	钾含量（mmol/100g）	钠含量（mmol/100g）	氮含量（mmol/100g）	当年抽薹率（%）
48.0	圆锥形	大	浅	不光滑	白	细	8	Z	中	1080.00	R	13.02	14.80	1.93	3.380	6.717	0.300	0.00
42.0	纺锤形	大	浅	不光滑	白	细	9	LL	中	1410.00	MR	24.48	12.00	2.94	4.390	6.717	0.070	0.00
54.0	圆锥形	大	深	不光滑	白	细	7	LL	中	795.00	MR	31.25	12.05	3.77	3.080	6.720	0.230	0.00
44.0	圆锥形	大	深	光滑	白	细	9	LL	弱	842.00	S	29.18	13.20	3.85	3.740	6.720	0.193	0.00
46.0	圆锥形	大	深	不光滑	白	细	9	LL	旺	1095.00	HS	31.25	13.10	4.09	3.630	6.715	0.035	0.00
50.0	楔形	大	深	光滑	白	细	10	LL	中	1305.00	S	32.30	10.60	3.42	2.970	63720	0.110	0.00
53.0	纺锤形	大	浅	光滑	白	细	7	LL	中	600.00	HS	27.60	9.90	2.73	2.550	63710	0.170	0.00
56.0	圆锥形	大	浅	光滑	白	细	8	Z	旺	1005.00	S	25.01	12.52	3.13	2.470	63635	0.975	0.00
47.0	圆锥形	大	深	不光滑	白	细	6	N	中	1425.00	R	29.69	17.10	5.08	2.020	5.507	0.453	0.00
51.0	楔形	大	深	光滑	白	细	7	E	中	1500.00	S	40.11	11.63	4.67	3.290	6.720	0.350	0.00
58.0	圆锥形	大	浅	光滑	白	细	7	LL	中	750.00	R	27.60	12.12	3.35	2.690	6.720	0.095	0.00
47.0	圆锥形	大	浅	不光滑	白	细	9	LL	旺	840.00	MS	30.21	13.25	4.00	4.270	1.940	1.870	0.00
50.0	楔形	大	浅	光滑	白	细	7	N	中	1260.00	MS	32.30	14.65	4.73	1.230	5.083	2.943	0.00
39.0	纺锤形	大	深	不光滑	白	细	8	LL	中	1245.00	R	33.86	13.03	4.41	2.900	6.710	0.050	0.00
48.0	圆锥形	大	深	光滑	白	细	7	LL	中	975.00	R	22.92	12.20	2.80	3.050	6.720	0.250	0.00

统一编号	保存编号	品种名称	品种来源	保存单位	粒性	育性	染色体倍性	花粉量	种株株型	结实密度（粒 /10cm）	种子千粒重（g）	子叶大小	下胚轴色	叶色	叶形	叶柄宽	叶柄长	叶丛型
ZT000346	H06003	本育 401（H）	日本	内蒙古自治区农牧业科学院	多	可育	2*x*	中	单茎	23.2	16.0	中	红	淡绿	舌形	窄	中	斜立型
ZT000347	H08009	Buszczynski-MLR	波兰	内蒙古自治区农牧业科学院	多	可育	2*x*	中	多茎	21.2	17.0	小	红	淡绿	舌形	中	中	斜立型
ZT000348	H05007	Бцодно	俄罗斯	内蒙古自治区农牧业科学院	多	可育	2*x*	中	单茎	20.3	18.0	小	红	绿	犁铧形	中	中	斜立型
ZT000349	H09002	BetaP030	匈牙利	内蒙古自治区农牧业科学院	多	可育	2*x*	中	单茎	19.8	17.0	小	红	绿	舌形	宽	长	直立型
ZT000350	H04007	US215 × 216（H）	美国	内蒙古自治区农牧业科学院	多	可育	2*x*	中	单茎	19.2	20.0	大	红	绿	舌形	宽	长	斜立型
ZT000351	H05008	Уладовская-1722（H）	俄罗斯	内蒙古自治区农牧业科学院	多	可育	2*x*	多	混合	18.3	13.0	小	红	绿	舌形	中	长	斜立型
ZT000352	H05009	Ялтущковская116（H）	俄罗斯	内蒙古自治区农牧业科学院	多	可育	2*x*	多	混合	23.4	8.0	中	红	绿	犁铧形	中	中	斜立型
ZT000353	H10001	CS7whole（H）	加拿大	内蒙古自治区农牧业科学院	多	可育	2*x*	中	混合	24.2	23.0	中	红	绿	舌形	宽	中	斜立型
ZT000354	H01007	GW65401/62-10	中国内蒙古	内蒙古自治区农牧业科学院	多	可育	2*x*	中	多茎	21.2	12.0	中	红	绿	犁铧形	窄	长	斜立型
ZT000355	H04008	MonoHyb$_2$	美国	内蒙古自治区农牧业科学院	多	可育	2*x*	中	多茎	22.3	19.0	大	红	绿	犁铧形	中	中	斜立型
ZT000356	H01008	R73124-5-5	中国内蒙古	内蒙古自治区农牧业科学院	多	可育	2*x*	中	混合	21.8	24.0	中	红	绿	舌形	中	中	斜立型
ZT000357	H01009	P7904	中国内蒙古	内蒙古自治区农牧业科学院	多	可育	2*x*	多	混合	23.8	19.0	小	红	绿	犁铧形	中	长	斜立型
ZT000358	H01010	内糖五号	中国内蒙古	内蒙古自治区农牧业科学院	多	可育	2*x*	多	混合	24.8	16.0	大	红	绿	犁铧形	中	中	斜立型
ZT000359	H08010	Aj94-2	波兰	内蒙古自治区农牧业科学院	多	可育	2*x*	多	混合	21.2	23.0	大	红	浓绿	舌形	中	中	斜立型
ZT000360	H02004	Eirkogir-E	德国	内蒙古自治区农牧业科学院	多	可育	2*x*	中	多茎	18.9	14.0	中	红	浓绿	犁铧形	中	中	斜立型

（续）

叶数（片）	块根形状	根头大小	根沟深浅	根皮光滑度	根肉色	肉质粗细	维管束环数（个）	经济类型	苗期生长势	幼苗百株重（g）	褐斑病	块根产量（t/hm²）	蔗糖含量（%）	蔗糖产量（t/hm²）	钾含量（mmol/100g）	钠含量（mmol/100g）	氮含量（mmol/100g）	当年抽薹率（%）
48.0	圆锥形	大	深	光滑	白	细	8	LL	中	872.00	R	33.86	13.10	4.44	4.920	4.650	1.785	0.00
45.0	纺锤形	大	浅	不光滑	白	细	9	NZ	旺	780.00	MS	34.38	14.80	5.09	1.830	6.133	1.083	0.00
43.0	纺锤形	小	浅	光滑	白	细	9	LL	旺	771.00	MR	28.13	13.65	3.84	2.920	6.215	0.295	0.00
48.0	纺锤形	小	深	光滑	白	细	10	EZ	旺	792.00	R	40.62	16.30	6.62	3.320	6.710	0.070	0.00
57.0	纺锤形	大	浅	不光滑	白	细	7	N	旺	1080.00	MR	31.55	14.00	4.42	2.780	6.713	0.113	0.00
43.0	圆锥形	小	浅	不光滑	白	细	6	NE	中	1103.00	R	36.98	13.90	5.14	3.070	6.710	0.325	0.00
49.0	楔形	大	浅	不光滑	白	细	8	LL	中	1260.00	R	22.92	13.83	3.17	2.870	6.710	0.070	0.00
60.0	纺锤形	小	浅	光滑	白	细	8	LL	中	1125.00	R	25.01	11.72	2.93	2.390	63720	0.033	0.00
55.0	圆锥形	大	浅	不光滑	白	细	7	N	弱	936.00	MR	28.65	14.05	4.03	2.630	6.717	0.473	0.00
59.0	圆锥形	小	浅	光滑	白	细	10	LL	中	990.00	MR	27.09	12.35	3.35	2.650	6.720	0.305	0.00
52.0	纺锤形	小	浅	不光滑	白	细	7	LL	中	940.00	MS	26.04	14.90	3.88	4.120	1.170	1.130	0.00
53.0	纺锤形	小	浅	不光滑	白	细	9	EZ	旺	1065.00	R	36.47	16.67	6.08	4.180	6.700	0.080	0.00
59.0	纺锤形	小	浅	不光滑	白	细	10	EZ	中	1740.00	HS	36.47	16.20	5.91	2.890	6.710	0.130	0.00
49.0	纺锤形	小	浅	光滑	白	细	7	Z	中	900.00	S	26.04	15.75	4.10	1.480	6.710	0.090	0.00
50.0	圆锥形	小	浅	光滑	白	细	8	N	中	1200.00	MR	28.13	14.03	3.95	2.490	6.360	0.790	0.00

统一编号	保存编号	品种名称	品种来源	保存单位	粒性	育性	染色体倍性	花粉量	种株株型	结实密度（粒/10cm）	种子千粒重（g）	子叶大小	下胚轴色	叶色	叶形	叶柄宽	叶柄长	叶丛型
ZT000361	H02005	kleinwanzleben-E（H）	德国	内蒙古自治区农牧业科学院	多	可育	2x	中	多茎	17.2	21.0	中	红	绿	舌形	中	短	斜立型
ZT000362	H08011	A.janasz-Aj_2（H）	波兰	内蒙古自治区农牧业科学院	多	可育	2x	中	单茎	15.8	15.0	中	红	绿	舌形	中	长	斜立型
ZT000363	H01011	双丰五号	中国黑龙江	内蒙古自治区农牧业科学院	多	可育	2x	多	单茎	19.2	10.0	中	红	绿	犁铧形	中	长	斜立型
ZT000364	H06004	合成二号（H）	日本	内蒙古自治区农牧业科学院	多	可育	2x	中	单茎	19.6	17.0	中	红	绿	犁铧形	中	长	斜立型
ZT000365	H05010	Рамонская532	俄罗斯	内蒙古自治区农牧业科学院	多	可育	2x	多	多茎	20.1	29.0	中	红	浓绿	犁铧形	中	长	斜立型
ZT000366	H01012	双丰一号	中国黑龙江	内蒙古自治区农牧业科学院	多	可育	2x	中	混合	23.2	15.0	大	红	绿	舌形	宽	长	直立型
ZT000367	H12001	CT34	罗马尼亚	内蒙古自治区农牧业科学院	多	可育	2x	多	多茎	21.2	18.0	小	红	淡绿	犁铧形	宽	长	斜立型
ZT000368	H04009	MonoHYA_2（H）	美国	内蒙古自治区农牧业科学院	多	可育	2x	中	多茎	19.6	15.0	小	绿	淡绿	犁铧形	宽	短	斜立型
ZT000369	H12002	Semedxcos-442	罗马尼亚	内蒙古自治区农牧业科学院	多	可育	2x	中	混合	19.3	21.0	中	绿	淡绿	犁铧形	宽	长	斜立型
ZT000370	H12003	Tetpa-1	罗马尼亚	内蒙古自治区农牧业科学院	多	可育	2x	中	混合	18.9	9.0	大	红	绿	犁铧形	宽	长	直立型
ZT000371	H04010	84109-40	美国	内蒙古自治区农牧业科学院	多	可育	2x	中	单茎	23.8	11.0	中	红	绿	舌形	中	长	直立型
ZT000372	H04011	ACH12（H）	美国	内蒙古自治区农牧业科学院	多	可育	2x	多	单茎	17.4	17.0	中	红	绿	舌形	中	长	直立型
ZT000373	H12004	Bod165（H）	罗马尼亚	内蒙古自治区农牧业科学院	多	可育	2x	中	单茎	16.5	16.0	小	红	绿	舌形	窄	长	斜立型
ZT000374	H04012	Beta1443	美国	内蒙古自治区农牧业科学院	多	可育	2x	多	多茎	21.2	22.0	小	红	绿	舌形	宽	长	直立型
ZT000375	H08012	I.H.A.R.Poly	波兰	内蒙古自治区农牧业科学院	多	可育	2x	多	混合	20.4	16.0	中	红	绿	舌形	宽	短	斜立型

（续）

叶数（片）	块根形状	根头大小	根沟深浅	根皮光滑度	根肉色	肉质粗细	维管束环数（个）	经济类型	苗期生长势	幼苗百株重（g）	褐斑病	块根产量（t/hm^2）	蔗糖含量（%）	蔗糖产量（t/hm^2）	钾含量（mmol/100g）	钠含量（mmol/100g）	氮含量（mmol/100g）	当年抽薹率（%）
50.0	圆锥形	大	浅	光滑	白	细	9	N	中	1080.00	MR	29.16	13.95	4.07	2.530	6.717	0.273	0.00
59.0	楔形	大	浅	光滑	白	细	10	LL	中	1020.00	S	22.39	12.70	2.84	4.270	6.720	0.313	0.00
49.0	圆锥形	小	浅	光滑	白	细	7	LL	旺	585.00	R	21.87	13.52	2.96	3.450	6.720	0.140	0.00
65.0	圆锥形	小	浅	光滑	白	细	6	LL	旺	645.00	S	20.31	13.00	2.64	4.320	6.720	0.025	0.00
56.0	楔形	大	浅	不光滑	白	细	7	N	中	840.00	S	34.37	14.03	4.82	3.210	6.710	0.010	0.00
61.0	圆锥形	小	浅	不光滑	白	细	7	N	中	1065.00	R	27.60	14.12	3.90	2.410	5.145	0.215	0.00
50.0	圆锥形	大	浅	光滑	白	细	7	Z	旺	1056.00	R	30.21	15.10	4.56	2.740	5.447	0.350	0.00
53.0	圆锥形	小	浅	不光滑	白	细	9	EZ	旺	1078.00	R	39.59	14.70	5.82	2.820	6.717	0.253	0.00
56.0	圆锥形	大	浅	不光滑	白	细	6	NE	旺	915.00	R	36.47	12.75	4.65	3.540	6.720	0.246	0.00
48.0	楔形	大	浅	光滑	白	细	8	NZ	旺	1635.00	HR	35.42	14.63	5.18	2.830	6.705	0.435	0.00
51.0	圆锥形	小	浅	光滑	白	细	8	LL	旺	900.00	MR	33.86	12.10	4.10	3.980	6.720	0.276	0.00
52.0	纺锤形	小	浅	不光滑	白	细	9	Z	旺	900.00	MS	24.48	14.65	3.59	3.900	6.720	0.067	0.00
52.0	纺锤形	小	浅	光滑	白	细	10	LL	旺	1021.00	R	34.38	12.35	4.25	3.220	6.710	0.530	0.00
49.0	圆锥形	大	深	光滑	白	细	11	LL	旺	890.00	HS	29.69	14.40	4.28	4.230	2.060	1.940	0.00
50.0	楔形	大	深	不光滑	淡黄	细	9	LL	旺	1140.00	MR	40.11	13.05	5.24	5.160	3.070	1.120	0.00

统一编号	保存编号	品种名称	品种来源	保存单位	粒性	育性	染色体倍性	花粉量	种株株型	结实密度（粒 /10cm）	种子千粒重（g）	子叶大小	下胚轴色	叶色	叶形	叶柄宽	叶柄长	叶丛型
ZT000376	H02006	Refer–ZZ（H）	法国	内蒙古自治区农牧业科学院	多	可育	2*x*	中	混合	15.4	23.0	大	红	浓绿	犁铧形	宽	长	斜立型
ZT000377	H01013	六八六	中国江苏	内蒙古自治区农牧业科学院	多	可育	2*x*	中	多茎	17.8	19.0	中	红	绿	犁铧形	宽	长	斜立型
ZT000378	H08013	Tetva	波兰	内蒙古自治区农牧业科学院	多	可育	2*x*	多	多茎	24.2	9.0	中	红	绿	舌形	宽	长	直立型
ZT000379	H02007	Schyciber–E	德国	内蒙古自治区农牧业科学院	多	可育	2*x*	中	多茎	21.2	18.0	中	红	绿	犁铧形	宽	长	匍匐型
ZT000380	H01035	双 9–7908–LR–6	中国内蒙古	内蒙古自治区农牧业科学院	多	可育	2*x*	中	单茎	17.8	13.0	小	绿	绿	舌形	宽	短	直立型
ZT000381	H14002	Cesena–E	意大利	内蒙古自治区农牧业科学院	多	可育	2*x*	中	单茎	21.8	17.0	中	红	绿	犁铧形	宽	长	直立型
ZT000382	H12005	B.1612	罗马尼亚	内蒙古自治区农牧业科学院	多	可育	2*x*	中	单茎	23.2	17.0	小	红	绿	犁铧形	宽	短	直立型
ZT000383	H13001	TYPE–N	丹麦	内蒙古自治区农牧业科学院	多	可育	2*x*	多	单茎	17.8	13.0	中	绿	绿	犁铧形	宽	短	斜立型
ZT000384	H01014	延安荷兰	中国陕西	内蒙古自治区农牧业科学院	多	可育	2*x*	多	单茎	16.3	19.0	中	红	绿	舌形	宽	中	斜立型
ZT000385	H01015	河套	中国内蒙古	内蒙古自治区农牧业科学院	多	可育	2*x*	多	单茎	14.2	18.0	大	红	绿	舌形	宽	中	斜立型
ZT000386	H01036	14403B	中国内蒙古	内蒙古自治区农牧业科学院	多	可育	2*x*	中	多茎	17.4	19.0	大	红	绿	舌形	宽	长	直立型
ZT000387	H05011	Рамонская06（H）	俄罗斯	内蒙古自治区农牧业科学院	多	可育	2*x*	多	混合	16.8	10.0	中	红	绿	犁铧形	宽	长	斜立型
ZT000388	H04013	ACH17	美国	内蒙古自治区农牧业科学院	多	不育	2*x*	少	混合	21.3	19.0	中	红	绿	犁铧形	宽	长	斜立型
ZT000389	H01016	平地泉	中国内蒙古	内蒙古自治区农牧业科学院	多	可育	2*x*	多	混合	21.4	24.0	小	红	绿	犁铧形	宽	长	直立型
ZT000390	H01017	工农四号	中国内蒙古	内蒙古自治区农牧业科学院	多	可育	2*x*	多	混合	19.8	24.0	小	红	绿	犁铧形	中	短	匍匐型

（续）

叶数（片）	块根形状	根头大小	根沟深浅	根皮光滑度	根肉色	肉质粗细	维管束环数（个）	经济类型	苗期生长势	幼苗百株重（g）	褐斑病	块根产量（t/hm²）	蔗糖含量（%）	蔗糖产量（t/hm²）	钾含量（mmol/100g）	钠含量（mmol/100g）	氮含量（mmol/100g）	当年抽薹率（%）
51.0	圆锥形	大	深	光滑	白	细	12	LL	中	1095.00	R	28.65	12.00	3.44	3.880	6.720	0.477	0.00
51.0	圆锥形	小	浅	光滑	白	细	8	N	中	990.00	R	40.62	13.73	5.58	3.590	6.703	0.170	0.00
35.0	圆锥形	小	浅	光滑	白	细	7	LL	中	930.00	R	34.89	12.00	4.19	3.560	6.717	0.297	0.00
48.0	圆锥形	小	浅	光滑	白	细	7	EZ	中	970.00	HR	38.03	14.43	5.49	3.960	6.515	2.175	0.00
45.0	圆锥形	小	浅	光滑	白	细	9	EZ	中	1470.00	MS	48.96	15.43	7.55	4.880	6.720	0.773	0.00
42.0	圆锥形	小	浅	光滑	白	细	10	LL	中	1185.00	R	34.77	11.60	4.03	3.480	6.720	0.127	0.00
52.0	圆锥形	小	浅	光滑	白	细	12	N	中	1035.00	MR	31.25	13.85	4.33	4.400	6.710	0.065	0.00
61.0	圆锥形	小	浅	不光滑	白	细	11	N	中	1121.00	MR	30.21	13.32	4.02	4.990	6.720	0.020	0.00
59.0	圆锥形	小	浅	光滑	白	细	8	LL	旺	1200.00	MR	39.06	12.20	4.77	5.940	6.720	0.160	0.00
54.0	圆锥形	小	浅	光滑	白	细	10	LL	旺	1650.00	MR	27.09	13.20	3.58	2.680	6.355	0.725	0.00
44.0	圆锥形	大	深	光滑	白	细	10	LL	旺	923.00	MR	40.68	14.00	5.70	3.960	1.340	1.420	0.00
57.0	圆锥形	大	深	光滑	白	细	8	LL	旺	1176.00	S	34.08	10.70	3.65	3.540	6.720	0.160	0.00
50.0	纺锤形	大	浅	光滑	白	细	9	LL	旺	1020.00	S	32.82	12.75	4.19	3.100	6.720	0.030	0.00
62.0	圆锥形	大	浅	光滑	白	细	9	LL	旺	555.00	MS	33.33	11.92	3.70	4.200	6.720	0.340	0.00
59.0	圆锥形	小	浅	光滑	白	细	8	ZZ	旺	980.00	MS	34.83	15.85	5.52	4.690	6.720	0.263	0.00

统一编号	保存编号	品种名称	品种来源	保存单位	粒性	育性	染色体倍性	花粉量	种株株型	结实密度（粒 /10cm）	种子千粒重（g）	子叶大小	下胚轴色	叶色	叶形	叶柄宽	叶柄长	叶丛型
ZT000391	H01018	内蒙古九号	中国内蒙古	内蒙古自治区农牧业科学院	多	可育	2x	中	混合	18.7	25.0	小	红	绿	舌形	宽	长	直立型
ZT000392	H01019	内蒙古十号	中国内蒙古	内蒙古自治区农牧业科学院	多	可育	2x	中	混合	23.2	19.0	大	红	绿	犁铧形	宽	长	直立型
ZT000393	H01020	内蒙古 201 号	中国内蒙古	内蒙古自治区农牧业科学院	多	可育	2x	多	混合	17.2	16.0	中	红	绿	舌形	宽	长	直立型
ZT000394	H01021	P7801-6	中国内蒙古	内蒙古自治区农牧业科学院	多	可育	2x	多	混合	18.9	18.0	中	红	绿	犁铧形	宽	长	直立型
ZT000395	H01022	内蒙古五号	中国内蒙古	内蒙古自治区农牧业科学院	多	可育	2x	多	混合	17.3	19.0	中	红	绿	犁铧形	宽	长	直立型
ZT000396	H01023	内 8701	中国内蒙古	内蒙古自治区农牧业科学院	多	可育	2x	中	混合	24.3	18.0	中	红	绿	犁铧形	宽	长	直立型
ZT000397	H01024	内 8801	中国内蒙古	内蒙古自治区农牧业科学院	多	可育	2x	中	混合	21.2	19.0	小	红	绿	犁铧形	宽	长	直立型
ZT000398	H01025	内 8802	中国内蒙古	内蒙古自治区农牧业科学院	多	可育	2x	多	混合	19.6	16.0	中	红	绿	犁铧形	宽	长	直立型
ZT000399	H01026	内 8803	中国内蒙古	内蒙古自治区农牧业科学院	多	可育	2x	多	混合	20.3	15.0	大	红	绿	犁铧形	宽	长	直立型
ZT000400	H01027	内 85020	中国内蒙古	内蒙古自治区农牧业科学院	多	可育	2x	中	混合	21.2	20.0	中	红	绿	舌形	宽	长	直立型
ZT000401	H01028	内 8714	中国内蒙古	内蒙古自治区农牧业科学院	多	可育	2x	中	混合	18.6	23.0	中	红	绿	犁铧形	宽	长	直立型
ZT000402	H01029	内 8902	中国内蒙古	内蒙古自治区农牧业科学院	多	可育	2x	中	混合	17.6	18.0	大	红	绿	犁铧形	宽	长	直立型
ZT000403	H01030	内饲一号	中国内蒙古	内蒙古自治区农牧业科学院	多	可育	2x	中	混合	14.2	24.0	中	红	绿	犁铧形	宽	长	直立型
ZT000404	H01031	六号	中国内蒙古	内蒙古自治区农牧业科学院	多	可育	2x	中	混合	19.6	16.0	中	红	绿	犁铧形	宽	长	直立型
ZT000405	H01032	R73124-5-10	中国内蒙古	内蒙古自治区农牧业科学院	多	可育	2x	中	混合	17.3	19.0	中	红	绿	犁铧形	宽	长	直立型

（续）

叶数（片）	块根形状	根头大小	根沟深浅	根皮光滑度	根肉色	肉质粗细	维管束环数（个）	经济类型	苗期生长势	幼苗百株重（g）	褐斑病	块根产量（t/hm²）	蔗糖含量（%）	蔗糖产量（t/hm²）	钾含量（mmol/100g）	钠含量（mmol/100g）	氮含量（mmol/100g）	当年抽薹率（%）
48.0	纺锤形	小	浅	光滑	白	细	8	EZ	弱	1120.00	R	41.15	15.95	6.56	3.760	6.405	0.705	0.00
40.0	圆锥形	大	浅	光滑	白	细	7	EZ	弱	882.00	R	38.54	16.05	6.18	2.630	5.470	0.505	0.00
47.0	圆锥形	小	浅	光滑	白	细	7	Z	旺	615.00	HR	21.36	15.31	3.27	2.770	4.760	0.390	0.00
39.0	圆锥形	小	浅	光滑	白	细	9	EZ	旺	730.00	HR	46.88	16.10	7.70	4.190	6.267	0.583	0.00
38.0	圆锥形	小	深	不光滑	白	细	8	LL	旺	750.00	R	21.36	14.28	3.05	3.640	6.707	0.187	0.00
44.0	纺锤形	小	浅	光滑	白	细	7	LL	旺	980.00	MR	35.76	13.20	4.72	2.770	6.473	1.237	0.00
32.0	圆锥形	小	浅	光滑	白	细	7	ZZ	旺	890.00	R	31.98	15.70	5.02	3.290	6.710	1.150	0.00
37.0	纺锤形	小	浅	光滑	白	细	8	ZZ	旺	790.00	HR	33.62	15.50	5.21	3.140	5.260	0.560	0.00
46.0	圆锥形	小	浅	光滑	白	细	9	EZ	旺	465.00	HR	42.60	15.80	6.73	2.750	6.710	0.287	0.00
38.0	圆锥形	小	浅	不光滑	白	细	10	EZ	旺	795.00	MR	41.28	15.60	6.44	2.700	6.610	0.757	0.00
46.0	纺锤形	大	深	不光滑	白	细	7	EZ	旺	632.00	R	45.15	16.01	7.22	2.870	6.715	0.155	0.00
43.0	圆锥形	小	浅	不光滑	白	粗	6	EZ	旺	903.00	R	46.68	16.03	7.48	2.250	5.315	0.010	0.00
38.0	楔形	大	深	不光滑	白	细	7	E	旺	628.00	S	57.29	9.20	5.27	5.450	6.720	0.453	0.00
61.0	楔形	大	浅	不光滑	红黄	粗	9	EZ	旺	730.00	S	42.15	15.80	6.66	2.760	6.720	0.025	0.00
42.0	楔形	大	深	光滑	白	细	8	EZ	旺	750.00	MR	40.77	16.20	6.60	2.520	6.125	0.840	0.00

统一编号	保存编号	品种名称	品种来源	保存单位	粒性	育性	染色体倍性	花粉量	种株株型	结实密度（粒/10cm）	种子千粒重（g）	子叶大小	下胚轴色	叶色	叶形	叶柄宽	叶柄长	叶丛型
ZT000406	H01033	14403A	中国内蒙古	内蒙古自治区农牧业科学院	多	可育	2*x*	无	混合	16.5	21.0	中	红	绿	舌形	宽	长	直立型
ZT000407	X01007	7804/45/80	中国黑龙江	新疆维吾尔自治区农业科学院	多	可育	2*x*	较多	多茎	21.2	23.0	大	混	浓绿	犁铧形	中	中	斜立型
ZT000408	X01019	双1-2	中国黑龙江	新疆维吾尔自治区农业科学院	多	可育	2*x*	较多	混合	22.4	27.0	大	红	绿	犁铧形	中	长	斜立型
ZT000409	X01020	双1-3	中国黑龙江	新疆维吾尔自治区农业科学院	多	可育	2*x*	较少	混合	18.0	21.0	中	混	绿	犁铧形	中	中	斜立型
ZT000410	X01021	双5-1	中国黑龙江	新疆维吾尔自治区农业科学院	多	可育	2*x*	较少	多茎	16.8	17.0	中	红	绿	犁铧形	宽	长	斜立型
ZT000411	X01024	双8-2A	中国黑龙江	新疆维吾尔自治区农业科学院	多	可育	2*x*	较多	混合	18.8	22.0	大	混	绿	犁铧形	中	长	斜立型
ZT000412	X01029	抗白	中国黑龙江	新疆维吾尔自治区农业科学院	多	可育	2*x*	较多	混合	18.8	30.0	大	混	绿	犁铧形	中	长	斜立型
ZT000413	X01031	79218	中国黑龙江	新疆维吾尔自治区农业科学院	多	可育	2*x*	较多	多茎	17.6	15.0	中	混	绿	犁铧形	中	中	斜立型
ZT000414	X01044	阿育1号	中国黑龙江	新疆维吾尔自治区农业科学院	多	可育	2*x*	多	混合	20.0	21.0	大	混	绿	犁铧形	中	中	斜立型
ZT000415	X01057	D61-7-4	中国甘肃	新疆维吾尔自治区农业科学院	多	可育	2*x*	多	混合	17.6	23.0	大	混	绿	犁铧形	中	中	斜立型
ZT000416	X01059	新甜2号	中国新疆	新疆维吾尔自治区农业科学院	多	可育	2*x*	较多	混合	18.4	27.0	大	混	绿	犁铧形	宽	长	斜立型
ZT000417	X01060	85-13	中国新疆	新疆维吾尔自治区农业科学院	多	可育	2*x*	较少	混合	22.0	18.0	大	混	绿	犁铧形	中	长	斜立型
ZT000418	X01061	库车红	中国新疆	新疆维吾尔自治区农业科学院	多	可育	2*x*	较多	多茎	21.2	22.0	中	混	绿	犁铧形	中	中	斜立型
ZT000419	X01062	玛纳斯红	中国新疆	新疆维吾尔自治区农业科学院	多	可育	2*x*	较多	多茎	26.6	25.0	大	红	红	犁铧形	窄	中	斜立型
ZT000420	X01063	玛纳斯白色	中国新疆	新疆维吾尔自治区农业科学院	多	可育	2*x*	较多	混合	21.6	20.0	中	混	绿	犁铧形	宽	长	斜立型

（续）

叶数（片）	块根形状	根头大小	根沟深浅	根皮光滑度	根肉色	肉质粗细	维管束环数（个）	经济类型	苗期生长势	幼苗百株重（g）	褐斑病	块根产量（t/hm^2）	蔗糖含量（%）	蔗糖产量（t/hm^2）	钾含量（mmol/100g）	钠含量（mmol/100g）	氮含量（mmol/100g）	当年抽薹率（%）
41.0	圆锥形	大	深	光滑	白	细	10	EZ	旺	810.00	MS	43.95	15.01	6.60	3.420	6.717	0.247	0.00
32.4	圆锥形	大	浅	较光滑	淡黄	细	7	N	中	480.00	HS	71.82	16.33	11.73	4.660	2.223	2.480	0.00
35.8	圆锥形	大	浅	光滑	淡黄	细	7	Z	中	450.00	HS	38.22	18.40	7.03	6.040	2.100	6.960	0.00
35.8	圆锥形	大	深	光滑	淡黄	细	7	Z	中	550.00	HS	41.98	17.50	7.35	5.470	1.880	5.550	0.00
31.2	圆锥形	大	浅	光滑	淡黄	细	7	Z	中	360.00	HS	53.07	18.73	9.94	6.850	2.450	7.220	0.00
39.2	圆锥形	大	浅	较光滑	白	细	8	NZ	中	680.00	HS	66.12	18.00	11.90	4.930	2.570	2.285	0.00
41.6	纺锤形	小	深	较光滑	白	细	7	LL	较旺	1000.00	HS	49.83	14.00	6.98	6.290	4.730	6.160	0.00
31.6	圆锥形	大	浅	光滑	白	细	7	NL	中	530.00	HS	62.87	16.85	10.59	5.020	2.950	2.680	0.00
33.6	楔形	小	浅	光滑	白	细	8	Z	较旺	1220.00	S	57.94	17.35	10.05	6.480	3.420	8.480	0.00
30.8	圆锥形	大	浅	光滑	淡黄	细	8	NZ	较旺	560.00	HS	61.88	17.70	10.95	7.210	4.140	6.750	0.00
36.3	圆锥形	大	浅	光滑	白	细	7	N	旺	986.30	S	71.41	15.86	11.33	6.340	2.833	2.291	0.00
27.4	圆锥形	小	深	光滑	白	细	8	NE	中	500.00	MS	76.89	16.96	13.04	4.820	2.686	2.213	0.00
37.2	圆锥形	大	深	较光滑	粉红	细	7	LL	较旺	925.00	HS	59.24	13.00	7.70	5.850	4.400	3.400	0.00
49.6	楔形	大	浅	较光滑	深红	细	7	LL	较旺	927.80	HS	18.00	10.30	1.87	7.990	3.420	5.730	0.00
34.2	楔形	大	深	较光滑	白	细	7	NE	较旺	1220.00	HS	76.49	15.10	11.55	5.400	3.700	2.600	0.00

统一编号	保存编号	品种名称	品种来源	保存单位	粒性	育性	染色体倍性	花粉量	种株株型	结实密度（粒/10cm）	种子千粒重（g）	子叶大小	下胚轴色	叶色	叶形	叶柄宽	叶柄长	叶丛型
ZT000421	X02002	Верхнячская25	俄罗斯	新疆维吾尔自治区农业科学院	多	可育	$2x$	较少	多茎	23.2	17.0	大	红	绿	犁铧形	中	长	斜立型
ZT000422	X02003	Верхнячская020（X）	俄罗斯	新疆维吾尔自治区农业科学院	多	可育	$2x$	多	混合	19.0	18.0	中	混	绿	犁铧形	窄	中	斜立型
ZT000423	X02004	Верхняцская038	俄罗斯	新疆维吾尔自治区农业科学院	多	可育	$2x$	较多	多茎	20.2	20.0	大	混	绿	犁铧形	中	中	斜立型
ZT000424	X02005	U·S·S·R（X）	俄罗斯	新疆维吾尔自治区农业科学院	多	可育	$2x$	较少	多茎	20.8	23.0	大	淡绿	绿	犁铧形	中	中	斜立型
ZT000425	X02006	Ивановская1305	俄罗斯	新疆维吾尔自治区农业科学院	多	可育	$2x$	较多	单茎	22.0	20.0	中	混	绿	犁铧形	中	中	斜立型
ZT000426	X02008	M2（X）	俄罗斯	新疆维吾尔自治区农业科学院	多	可育	$2x$	较多	多茎	20.0	26.0	大	混	绿	犁铧形	中	长	斜立型
ZT000427	X02009	Первомайская028（X）	俄罗斯	新疆维吾尔自治区农业科学院	多	可育	$2x$	较多	多茎	18.6	22.0	中	混	绿	犁铧形	宽	长	斜立型
ZT000428	X02010	Первомайская475	俄罗斯	新疆维吾尔自治区农业科学院	多	可育	$2x$	较少	混合	17.2	21.0	大	混	绿	犁铧形	中	中	斜立型
ZT000429	X02011	Первомайская771	俄罗斯	新疆维吾尔自治区农业科学院	多	可育	$2x$	较多	单茎	18.6	21.0	大	混	绿	犁铧形	中	中	斜立型
ZT000430	X02012	Рамонская06（X）	俄罗斯	新疆维吾尔自治区农业科学院	多	可育	$2x$	较多	单茎	18.4	23.0	大	混	绿	犁铧形	中	中	斜立型
ZT000431	X02013	Рамонская029	俄罗斯	新疆维吾尔自治区农业科学院	多	可育	$2x$	多	多茎	18.2	22.0	大	混	绿	犁铧形	宽	长	斜立型
ZT000432	X02014	Рамонская632（X）	俄罗斯	新疆维吾尔自治区农业科学院	多	可育	$2x$	较多	多茎	19.6	23.0	大	混	绿	犁铧形	宽	中	斜立型
ZT000433	X02015	Рамонская731	俄罗斯	新疆维吾尔自治区农业科学院	多	可育	$2x$	多	多茎	17.6	15.0	大	混	绿	犁铧形	宽	长	斜立型
ZT000434	X02018	Рамонская1537（X）	俄罗斯	新疆维吾尔自治区农业科学院	多	可育	$2x$	较多	多茎	19.2	22.0	大	混	绿	犁铧形	中	中	斜立型
ZT000435	X02019	苏联种（X）	俄罗斯	新疆维吾尔自治区农业科学院	多	可育	$2x$	较多	混合	19.6	29.0	中	红	绿	犁铧形	中	短	斜立型

（续）

叶数（片）	块根形状	根头大小	根沟深浅	根皮光滑度	根肉色	肉质粗细	维管束环数（个）	经济类型	苗期生长势	幼苗百株重（g）	褐斑病	块根产量（t/hm²）	蔗糖含量（%）	蔗糖产量（t/hm²）	钾含量（mmol/100g）	钠含量（mmol/100g）	氮含量（mmol/100g）	当年抽薹率（%）
41.5	圆锥形	大	浅	光滑	白	细	8	LL	中	550.00	HS	52.49	15.30	8.03	5.950	3.160	2.540	0.00
29.2	圆锥形	大	浅	较光滑	淡黄	细	8	N	较旺	900.00	HS	60.20	15.72	9.46	7.960	5.070	7.270	0.00
40.0	纺锤形	大	深	光滑	白	细	6	N	较旺	750.00	R	61.24	16.52	10.12	7.320	5.130	7.580	0.00
36.2	圆锥形	大	深	较光滑	白	细	7	LL	较旺	850.00	HS	58.74	15.76	9.26	7.290	5.950	9.790	0.00
38.0	圆锥形	大	浅	较光滑	白	细	7	Z	中	620.00	HS	52.49	17.84	9.46	6.360	4.840	4.860	0.00
35.4	圆锥形	小	深	光滑	白	细	7	N	较旺	800.00	S	55.62	16.32	9.08	8.530	5.050	6.810	0.00
34.8	圆锥形	大	浅	较光滑	淡黄	细	6	LL	较旺	900.00	HS	55.62	14.65	8.15	7.310	5.080	6.750	0.00
28.2	圆锥形	大	深	较光滑	白	细	6	LL	中	640.00	HS	56.66	14.30	8.10	8.070	5.110	4.490	0.00
37.8	圆锥形	大	深	较光滑	白	细	6	N	较旺	900.00	HS	67.08	16.41	11.01	7.060	5.070	5.760	0.00
38.2	圆锥形	大	深	光滑	白	细	7	NE	中	596.00	S	68.12	14.86	10.12	7.870	4.450	6.810	0.00
36.6	圆锥形	大	深	较光滑	白	细	7	Z	较旺	437.50	HS	52.29	17.18	8.97	7.800	5.060	7.630	0.00
28.2	圆锥形	小	浅	光滑	淡黄	细	7	NZ	较旺	800.00	HS	60.83	17.12	10.41	7.790	3.960	5.120	0.00
44.4	楔形	大	深	光滑	白	细	6	LL	较旺	666.60	HS	57.70	15.34	8.85	7.050	5.110	5.850	0.00
36.0	圆锥形	大	深	光滑	白	细	6	N	旺	1113.90	HS	70.09	16.82	11.79	7.670	4.510	7.730	0.00
42.6	圆锥形	大	深	光滑	白	细	6	N	中	450.00	MS	66.04	15.61	10.31	8.420	5.070	6.160	0.00

统一编号	保存编号	品种名称	品种来源	保存单位	粒性	育性	染色体倍性	花粉量	种株株型	结实密度（粒 /10cm）	种子千粒重（g）	子叶大小	下胚轴色	叶色	叶形	叶柄宽	叶柄长	叶丛型
ZT000436	X02020	ТДО（X）	俄罗斯	新疆维吾尔自治区农业科学院	多	可育	2x	较多	单茎	22.2	21.0	大	混	绿	犁铧形	中	中	斜立型
ZT000437	X02021	уладовская752（X）	俄罗斯	新疆维吾尔自治区农业科学院	多	可育	2x	较多	单茎	20.0	23.0	中	混	绿	犁铧形	中	中	斜立型
ZT000438	X02022	уладовская1030（X）	俄罗斯	新疆维吾尔自治区农业科学院	多	可育	2x	较多	单茎	16.8	24.0	大	混	绿	犁铧形	中	中	斜立型
ZT000439	X02024	фрунецская786（X）	俄罗斯	新疆维吾尔自治区农业科学院	多	可育	2x	较多	多茎	20.0	22.0	大	混	绿	犁铧形	中	中	斜立型
ZT000440	X02026	1638	俄罗斯	新疆维吾尔自治区农业科学院	多	可育	2x	较多	单茎	16.8	30.0	大	红	绿	犁铧形	中	中	斜立型
ZT000441	X03001	A.janasz-Aj1	波兰	新疆维吾尔自治区农业科学院	多	可育	2x	较多	混合	18.4	19.0	小	混	绿	犁铧形	中	中	斜立型
ZT000442	X03002	A.janasz-Aj3（X）	波兰	新疆维吾尔自治区农业科学院	多	可育	2x	较多	单茎	20.4	21.0	大	混	绿	犁铧形	中	中	斜立型
ZT000443	X03003	A.janasz-Aj4（X）	波兰	新疆维吾尔自治区农业科学院	多	可育	2x	较多	单茎	24.2	18.0	中	混	绿	犁铧形	中	长	斜立型
ZT000444	X03004	Udycz-A	波兰	新疆维吾尔自治区农业科学院	多	可育	2x	较少	多茎	24.0	20.0	大	红	绿	犁铧形	中	长	斜立型
ZT000445	X03008	Buszczynski-MLR（X）	波兰	新疆维吾尔自治区农业科学院	多	可育	2x	较多	多茎	23.8	16.0	大	红	绿	犁铧形	宽	中	斜立型
ZT000446	X03009	Buszczynski-P（X）	波兰	新疆维吾尔自治区农业科学院	多	可育	2x	多	多茎	17.8	22.0	大	混	绿	犁铧形	中	中	斜立型
ZT000447	X03010	Buszczynski-NP	波兰	新疆维吾尔自治区农业科学院	多	可育	2x	多	混合	16.8	21.0	大	混	绿	犁铧形	中	中	斜立型
ZT000448	X03011	Polanowice-N（X）	波兰	新疆维吾尔自治区农业科学院	多	可育	2x	较多	混合	17.4	17.0	大	混	绿	犁铧形	中	中	斜立型
ZT000449	X03012	Polanowice-P（X）	波兰	新疆维吾尔自治区农业科学院	多	可育	2x	较多	混合	19.2	23.0	大	混	绿	犁铧形	中	长	斜立型
ZT000450	X03013	PZHR1（X）	波兰	新疆维吾尔自治区农业科学院	多	可育	2x	较多	单茎	20.2	22.0	大	混	绿	犁铧形	中	长	斜立型

（续）

叶数（片）	块根形状	根头大小	根沟深浅	根皮光滑度	根肉色	肉质粗细	维管束环数（个）	经济类型	苗期生长势	幼苗百株重（g）	褐斑病	块根产量（t/hm²）	蔗糖含量（%）	蔗糖产量（t/hm²）	钾含量（mmol/100g）	钠含量（mmol/100g）	氮含量（mmol/100g）	当年抽薹率（%）
30.0	圆锥形	大	浅	光滑	白	细	7	LL	中	600.00	HS	57.70	15.35	8.86	7.480	5.080	7.530	0.00
46.2	圆锥形	小	浅	光滑	白	细	6	LL	较旺	1100.00	HS	58.74	15.71	9.23	6.530	5.080	7.520	0.00
38.8	圆锥形	大	深	光滑	白	细	6	N	较旺	850.00	HS	67.70	16.47	11.15	6.800	5.080	7.890	0.00
43.6	圆锥形	大	浅	较光滑	白	细	7	Z	较旺	720.00	HS	57.70	18.27	10.54	7.090	5.060	7.260	0.00
35.6	圆锥形	小	浅	光滑	白	细	7	LL	中	820.00	HS	56.66	15.61	8.84	5.930	5.120	6.510	0.00
41.0	圆锥形	大	深	光滑	白	细	7	Z	中	460.00	HS	42.49	20.97	8.91	6.770	5.080	6.950	0.00
32.0	圆锥形	大	浅	较光滑	白	细	7	EZ	中	920.00	HS	77.91	17.80	13.87	5.260	5.080	5.030	0.00
29.6	圆锥形	大	浅	光滑	白	细	8	NE	旺	1360.00	HS	84.78	14.96	12.68	6.170	5.120	4.650	0.00
37.8	圆锥形	大	浅	光滑	白	细	7	N	中	600.00	HS	71.49	16.00	11.44	5.360	4.600	4.100	0.00
44.6	圆锥形	大	浅	较光滑	淡黄	细	7	NZ	中	760.00	HS	65.24	17.00	11.09	6.620	3.420	2.060	0.00
28.8	楔形	小	浅	光滑	白	细	7	N	中	850.00	HS	63.95	14.81	9.47	8.490	5.500	7.550	0.00
29.4	纺锤形	小	浅	光滑	白	细	7	LL	较旺	380.00	HS	46.25	15.35	7.10	7.550	5.120	8.590	0.00
34.4	圆锥形	小	深	较光滑	白	细	7	LL	中	400.00	HS	50.24	14.00	7.03	6.580	5.100	7.560	0.00
38.4	圆锥形	大	深	光滑	白	细	8	Z	中	480.00	HS	54.55	18.18	9.92	6.310	5.100	9.000	0.00
30.6	圆锥形	大	浅	光滑	白	细	7	Z	较旺	1520.00	HS	49.58	18.16	9.00	7.020	5.080	6.380	0.00

统一编号	保存编号	品种名称	品种来源	保存单位	粒性	育性	染色体倍性	花粉量	种株株型	结实密度（粒 /10cm）	种子千粒重（g）	子叶大小	下胚轴色	叶色	叶形	叶柄宽	叶柄长	叶丛型
ZT000451	X03014	PZHR100	波兰	新疆维吾尔自治区农业科学院	多	可育	2*x*	较多	混合	20.0	16.0	中	混	绿	犁铧形	中	中	斜立型
ZT000452	X03017	Sandomersko–C	波兰	新疆维吾尔自治区农业科学院	多	可育	2*x*	较多	单茎	20.4	20.0	小	混	绿	犁铧形	中	长	斜立型
ZT000453	X03018	Trimono	波兰	新疆维吾尔自治区农业科学院	多	可育	2*x*	较多	多茎	21.8	19.0	大	混	绿	犁铧形	宽	长	斜立型
ZT000454	X03019	波 C	中国	国家甜菜种质资源中期库	多	可育	2*x*	多	多茎	20.0	19.0	大	混	绿	舌形	中	长	斜立型
ZT000455	X04002	GW49（X）	美国	新疆维吾尔自治区农业科学院	多	可育	2*x*	较多	多茎	15.9	22.0	大	红	绿	犁铧形	中	中	斜立型
ZT000456	X04003	GW64（X）	美国	新疆维吾尔自治区农业科学院	多	可育	2*x*	较少	多茎	22.9	21.0	大	混	绿	犁铧形	宽	长	斜立型
ZT000457	X04007	Mono–HYA1（X）	美国	新疆维吾尔自治区农业科学院	多	可育	2*x*	少	多茎	20.2	17.0	大	红	绿	犁铧形	中	长	斜立型
ZT000458	X04010	Mono–HYE2（X）	美国	新疆维吾尔自治区农业科学院	多	可育	2*x*	较少	多茎	20.2	16.0	大	混	绿	犁铧形	中	长	斜立型
ZT000459	X04012	Mono–HYZ1（X）	美国	新疆维吾尔自治区农业科学院	多	可育	2*x*	较多	多茎	20.4	16.0	大	混	绿	犁铧形	中	中	斜立型
ZT000460	X04013	Mono–HYD2（X）	美国	新疆维吾尔自治区农业科学院	多	可育	2*x*	较少	混合	23.6	15.0	大	混	绿	犁铧形	宽	中	斜立型
ZT000461	X04014	Mono–HY6	美国	新疆维吾尔自治区农业科学院	多	可育	2*x*	少	混合	24.0	18.0	大	混	绿	犁铧形	中	中	斜立型
ZT000462	X04015	Mono–HY53	美国	新疆维吾尔自治区农业科学院	多	可育	2*x*	较多	混合	23.0	18.0	大	混	绿	犁铧形	中	中	斜立型
ZT000463	X04017	FC701（X）	美国	国家甜菜种质资源中期库	多	可育	2*x*	少	混合	20.0	22.0	中	混	绿	犁铧形	中	中	斜立型
ZT000464	X04018	杂交 663–7（X）	美国	新疆维吾尔自治区农业科学院	多	可育	2*x*	多	混合	21.4	19.0	大	混	绿	犁铧形	中	中	斜立型
ZT000465	X04019	US200 × 215（X）	美国	新疆维吾尔自治区农业科学院	多	可育	2*x*	较多	多茎	21.0	19.0	大	红	绿	犁铧形	中	中	斜立型

（续）

叶数（片）	块根形状	根头大小	根沟深浅	根皮光滑度	根肉色	肉质粗细	维管束环数（个）	经济类型	苗期生长势	幼苗百株重（g）	褐斑病	块根产量（t/hm²）	蔗糖含量（%）	蔗糖产量（t/hm²）	钾含量（mmol/100g）	钠含量（mmol/100g）	氮含量（mmol/100g）	当年抽薹率（%）
39.8	圆锥形	大	深	较光滑	淡黄	细	7	N	中	550.00	HS	62.49	15.34	9.59	6.020	2.900	8.570	0.00
33.0	楔形	小	深	光滑	白	细	6	Z	中	580.00	HS	51.49	17.14	8.83	5.810	6.720	5.370	0.00
40.8	圆锥形	大	深	光滑	淡黄	细	7	NE	较旺	717.90	HS	86.87	15.47	13.44	7.220	4.140	6.500	0.00
35.4	楔形	大	深	较光滑	白	细	8	N2	中	820.00	HS	62.41	17.80	11.11	5.550	3.180	2.790	0.00
31.8	圆锥形	小	浅	光滑	白	细	8	N	较旺	780.00	HS	70.49	14.40	10.15	4.120	5.030	4.120	0.00
38.8	圆锥形	大	浅	光滑	白	细	7	E	较旺	1875.00	HS	79.99	11.70	9.36	7.110	5.200	5.230	0.00
39.0	圆锥形	小	浅	光滑	白	粗	6	N	较旺	1200.00	HS	66.99	16.30	10.92	5.580	3.300	4.380	0.00
36.0	圆锥形	小	浅	较光滑	白	粗	6	N	中	700.00	S	60.74	15.00	9.11	5.340	2.540	4.200	0.00
41.4	圆锥形	小	浅	光滑	白	细	7	N	中	600.00	HS	71.99	15.80	11.37	5.160	2.370	4.700	0.00
39.4	纺锤形	大	深	光滑	白	粗	6	NE	较旺	350.00	HS	79.49	14.80	11.76	5.590	3.510	4.700	0.00
52.4	圆锥形	小	深	光滑	白	粗	7	NE	中	560.00	HS	87.49	15.00	13.12	5.750	2.190	6.400	0.00
47.6	圆锥形	大	深	光滑	白	细	6	LL	中	600.00	S	61.99	13.40	8.31	7.430	4.780	5.060	0.00
47.6	圆锥形	大	深	光滑	白	细	6	LL	中	600.00	S	8.30	13.40	1.11	7.430	4.780	5.060	0.00
40.2	圆锥形	小	深	光滑	淡黄	粗	7	NE	中	500.00	HS	79.49	16.20	12.88	5.160	3.850	4.920	0.00
39.6	圆锥形	小	浅	较光滑	白	粗	7	NE	中	420.00	HS	92.99	16.00	14.88	5.260	5.880	6.580	0.00

统一编号	保存编号	品种名称	品种来源	保存单位	粒性	育性	染色体倍性	花粉量	种株株型	结实密度（粒 /10cm）	种子千粒重（g）	子叶大小	下胚轴色	叶色	叶形	叶柄宽	叶柄长	叶丛型
ZT000466	X04020	US215×216（X）	美国	新疆维吾尔自治区农业科学院	多	可育	2x	较多	多茎	18.8	17.0	大	混	绿	犁铧形	中	中	斜立型
ZT000467	X04021	USH10（X）	美国	新疆维吾尔自治区农业科学院	多	可育	2x	较少	混合	24.0	18.0	中	淡绿	绿	犁铧形	宽	中	斜立型
ZT000468	X04022	USH11	美国	新疆维吾尔自治区农业科学院	多	可育	2x	较少	多茎	23.4	19.0	大	淡绿	浓绿	犁铧形	中	长	斜立型
ZT000469	X04023	USH20	美国	国家甜菜种质资源中期库	多	可育	2x	少	多茎	24.0	19.0	中	淡绿	浓绿	犁铧形	中	中	直立型
ZT000471	X04025	ACH14（X）	美国	新疆维吾尔自治区农业科学院	多	可育	2x	较多	多茎	23.0	18.0	大	淡绿	绿	犁铧形	中	中	斜立型
ZT000472	X04026	ACH17（X）	美国	新疆维吾尔自治区农业科学院	多	可育	2x	较多	多茎	20.0	17.0	中	混	绿	犁铧形	中	中	斜立型
ZT000473	X04027	ACH30	美国	新疆维吾尔自治区农业科学院	多	可育	2x	较多	多茎	49.2	20.0	中	混	绿	犁铧形	宽	中	斜立型
ZT000474	X04030	84110–00	美国	新疆维吾尔自治区农业科学院	多	可育	2x	较多	多茎	26.6	17.0	大	混	绿	犁铧形	中	中	斜立型
ZT000475	X04031	84111–00	美国	新疆维吾尔自治区农业科学院	多	可育	2x	较多	多茎	18.0	16.0	中	红	绿	犁铧形	宽	中	斜立型
ZT000476	X04033	84122–00	美国	新疆维吾尔自治区农业科学院	多	可育	2x	多	多茎	25.4	19.0	大	混	绿	犁铧形	宽	长	直立型
ZT000477	X04034	S–P–L1–800（X）	美国	新疆维吾尔自治区农业科学院	多	可育	2x	多	混合	16.2	33.0	大	淡绿	绿	犁铧形	宽	长	斜立型
ZT000478	X04035	Holly–Hybrid21（X）	美国	新疆维吾尔自治区农业科学院	多	可育	2x	较多	多茎	20.0	18.0	大	混	绿	犁铧形	中	中	斜立型
ZT000479	X04036	Holly–Hybrid22（X）	美国	新疆维吾尔自治区农业科学院	多	可育	2x	较多	多茎	20.8	17.0	大	淡绿	绿	犁铧形	中	中	斜立型
ZT000480	X04037	Holly–Hybrid25（X）	美国	新疆维吾尔自治区农业科学院	多	可育	2x	较少	多茎	19.6	18.0	大	红	绿	犁铧形	中	中	斜立型
ZT000481	X05001	本育 192（X）	日本	新疆维吾尔自治区农业科学院	多	可育	2x	较多	多茎	19.2	19.0	中	混	绿	犁铧形	宽	中	斜立型

（续）

叶数（片）	块根形状	根头大小	根沟深浅	根皮光滑度	根肉色	肉质粗细	维管束环数（个）	经济类型	苗期生长势	幼苗百株重（g）	褐斑病	块根产量（t/hm²）	蔗糖含量（%）	蔗糖产量（t/hm²）	钾含量（mmol/100g）	钠含量（mmol/100g）	氮含量（mmol/100g）	当年抽薹率（%）
43.4	圆锥形	大	深	光滑	白	细	7	NE	中	425.00	HS	92.74	14.00	12.98	7.430	5.060	6.320	0.00
81.0	楔形	大	浅	较光滑	白	细	8	LL	中	725.00	HS	59.37	16.40	9.76	5.640	4.500	3.780	0.00
47.4	圆锥形	大	深	光滑	白	粗	7	N	较旺	1300.00	HS	65.24	14.60	9.53	4.790	3.000	3.900	0.00
35.4	圆锥形	小	浅	光滑	白	细	7	N	较旺	800.00	HS	62.49	14.80	9.25	4.350	2.410	2.500	0.00
53.6	圆锥形	大	浅	光滑	白	细	7	NZ	较旺	1250.00	S	66.74	18.60	12.41	5.540	2.200	2.400	0.00
45.2	圆锥形	大	浅	光滑	白	细	7	N	较旺	1030.00	HS	65.74	15.90	10.45	5.750	4.800	5.060	0.00
42.6	圆锥形	大	深	光滑	白	粗	7	N	中	680.00	HS	70.49	15.20	10.71	4.640	3.930	2.500	0.00
40.8	纺锤形	大	浅	光滑	白	粗	7	LL	较旺	930.00	HS	64.49	13.00	8.38	7.480	4.140	3.410	0.00
48.0	圆锥形	大	深	光滑	白	细	8	E	较旺	820.00	HS	76.49	13.60	10.40	6.410	3.540	2.430	0.00
38.2	圆锥形	大	深	较光滑	淡黄	细	6	E	旺	1166.60	MS	78.99	13.70	10.82	6.880	3.840	4.720	0.00
39.8	圆锥形	大	浅	光滑	白	粗	6	LL	较旺	875.00	S	45.00	12.00	5.40	8.000	5.070	6.350	0.00
41.4	圆锥形	大	浅	光滑	白	细	7	N	中	833.30	HS	62.24	15.60	9.71	6.190	4.600	4.500	0.00
38.4	纺锤形	大	浅	光滑	白	细	6	LL	中	800.00	HS	51.95	14.60	7.58	7.360	5.080	8.610	0.00
36.5	圆锥形	大	浅	较光滑	白	细	7	N	中	650.00	HS	64.99	15.00	9.75	5.130	3.140	4.320	0.00
33.6	圆锥形	小	浅	光滑	白	粗	7	LL	中	703.70	HS	48.50	14.40	6.98	5.270	5.850	3.450	0.00

统一编号	保存编号	品种名称	品种来源	保存单位	粒性	育性	染色体倍性	花粉量	种株株型	结实密度（粒 /10cm）	种子千粒重（g）	子叶大小	下胚轴色	叶色	叶形	叶柄宽	叶柄长	叶丛型
ZT000482	X05002	本育 390（X）	日本	新疆维吾尔自治区农业科学院	多	可育	2*x*	较多	混合	21.8	21.0	中	混	绿	犁铧形	中	中	斜立型
ZT000483	X05003	本育 398-1（X）	日本	新疆维吾尔自治区农业科学院	多	可育	2*x*	较多	多茎	19.6	19.0	大	混	绿	犁铧形	中	中	斜立型
ZT000484	X06002	Beta-Y19（X）	匈牙利	新疆维吾尔自治区农业科学院	多	可育	2*x*	较多	单茎	19.8	33.0	大	混	淡绿	犁铧形	中	长	斜立型
ZT000485	X06003	BetaC242（X）	匈牙利	新疆维吾尔自治区农业科学院	多	可育	2*x*	较多	单茎	21.6	28.0	小	混	绿	犁铧形	宽	中	斜立型
ZT000486	X06007	Beta C 242 C	匈牙利	国家甜菜种质资源中期库	多	可育	2*x*	多	单茎	20.0	19.0	中	混	绿	犁铧形	中	长	斜立型
ZT000487	X08001	Dobrovicka-A（X）	捷克	新疆维吾尔自治区农业科学院	多	可育	2*x*	多	多茎	20.4	25.0	小	混	绿	犁铧形	中	长	斜立型
ZT000488	X08002	Dobrovicka-N（X）	捷克	新疆维吾尔自治区农业科学院	多	可育	2*x*	较多	多茎	19.2	26.0	大	混	绿	犁铧形	宽	长	斜立型
ZT000489	X09001	Hilleshog-4200（X）	瑞典	新疆维吾尔自治区农业科学院	多	可育	2*x*	较多	多茎	22.2	17.0	大	红	绿	犁铧形	中	长	斜立型
ZT000491	X09006	Primahill（X）	瑞典	新疆维吾尔自治区农业科学院	多	可育	2*x*	多	多茎	21.8	17.0	大	混	绿	犁铧形	中	中	斜立型
ZT000492	X11002	S·S·Lof442（X）	罗马尼亚	新疆维吾尔自治区农业科学院	多	可育	2*x*	多	混合	19.2	21.0	大	混	绿	犁铧形	中	长	斜立型
ZT000493	X11004	P·Lovrin-62（X）	罗马尼亚	新疆维吾尔自治区农业科学院	多	可育	2*x*	多	多茎	20.6	24.0	大	混	绿	犁铧形	中	长	斜立型
ZT000494	X15001	ЕНДЖЕ（X）	保加利亚	新疆维吾尔自治区农业科学院	多	可育	2*x*	较多	混合	19.8	20.0	中	混	绿	犁铧形	中	长	斜立型
ZT000495	X16001	Nowagemo	奥地利	新疆维吾尔自治区农业科学院	多	可育	2*x*	较多	多茎	21.6	17.0	大	混	绿	犁铧形	中	中	斜立型
ZT000497	X04001	GW2（X）	美国	国家甜菜种质资源中期库	多	可育	2*x*	多	多茎	19.0	25.0	中	淡绿	绿	犁铧形	中	长	斜立型
ZT000498	X04004	GW65（X）	美国	国家甜菜种质资源中期库	多	可育	2*x*	多	混合	17.0	18.0	中	混	绿	犁铧形	中	长	斜立型

（续）

叶数（片）	块根形状	根头大小	根沟深浅	根皮光滑度	根肉色	肉质粗细	维管束环数（个）	经济类型	苗期生长势	幼苗百株重（g）	褐斑病	块根产量（t/hm²）	蔗糖含量（%）	蔗糖产量（t/hm²）	钾含量（mmol/100g）	钠含量（mmol/100g）	氮含量（mmol/100g）	当年抽薹率（%）
35.6	圆锥形	大	深	较光滑	白	细	6	LL	中	857.40	S	41.99	15.00	6.30	6.000	4.000	3.600	0.00
44.4	圆锥形	小	浅	较光滑	白	粗	6	LL	中	800.00	HS	54.49	16.00	8.72	4.770	3.150	2.840	0.00
36.4	圆锥形	小	浅	光滑	淡黄	细	8	LL	中	750.00	HS	62.41	12.60	7.86	8.060	4.420	5.320	0.00
35.7	圆锥形	大	浅	光滑	白	细	7	N	中	833.30	HS	69.66	15.30	10.65	6.500	5.650	6.900	0.00
47.6	圆锥形	大	深	较光滑	白	细	7	LL	中	777.8	HS	42.69	16.60	7.09	6.230	5.090	7.140	0.00
40.6	圆锥形	小	浅	光滑	白	细	7	LL	较旺	1000.00	HS	66.66	12.60	8.40	6.420	5.090	5.710	0.00
34.2	楔形	小	浅	光滑	白	细	7	LL	较旺	1100.00	HS	66.99	13.50	9.04	2.540	2.770	6.260	0.00
38.8	圆锥形	大	浅	较光滑	淡黄	细	6	LL	旺	1600.00	HS	56.74	14.00	7.94	6.940	4.830	5.550	0.00
36.8	圆锥形	大	深	较光滑	白	细	8	NE	中	680.00	HS	77.49	16.80	13.02	7.230	3.420	3.180	0.00
33.0	楔形	大	浅	较光滑	白	细	7	E	旺	909.10	HS	76.49	13.80	10.56	7.210	4.180	3.150	0.00
34.8	圆锥形	大	浅	光滑	淡黄	细	7	N	旺	1050.00	S	60.49	17.00	9.50	6.700	5.400	4.400	0.00
36.8	楔形	小	浅	光滑	淡黄	细	7	LL	旺	1200.00	HS	55.74	14.60	8.14	7.420	5.030	8.070	0.00
36.0	圆锥形	大	浅	光滑	白	细	6	N	较旺	714.30	HS	67.49	15.70	10.60	6.330	4.030	2.460	0.00
35.4	圆锥形	小	浅	光滑	白	细	7	N	中	800.00	MS	4.16	14.50	0.60	5.700	4.100	4.770	0.00
37.8	圆锥形	小	浅	较光滑	白	细	7	LL	中	1125.00	MS	4.54	12.40	0.56	7.707	5.630	5.700	0.00

统一编号	保存编号	品种名称	品种来源	保存单位	粒性	育性	染色体倍性	花粉量	种株株型	结实密度（粒 /10cm）	种子千粒重（g）	子叶大小	下胚轴色	叶色	叶形	叶柄宽	叶柄长	叶丛型
ZT000499	X04005	GW65（X）	美国	国家甜菜种质资源中期库	多	可育	2x	多	混合	18.0	19.0	中	混	绿	犁铧形	中	长	斜立型
ZT000501	X04008	Mono–HYA2（X）	美国	国家甜菜种质资源中期库	单	可育	2x	少	混合	22.0	20.0	中	红	绿	犁铧形	中	长	斜立型
ZT000502	X04009	Mono–HYE1（X）	美国	国家甜菜种质资源中期库	单	可育	2x	多	多茎	20.0	17.0	中	红	绿	犁铧形	中	中	斜立型
ZT000503	X05005	导入一号（X）	日本	国家甜菜种质资源中期库	多	可育	2x	少	多茎	21.0	19.0	中	混	绿	犁铧形	宽	中	斜立型
ZT000504	X07001	Cesena–Z（X）	意大利	国家甜菜种质资源中期库	多	可育	2x	多	混合	21.0	21.0	中	淡绿	绿	犁铧形	中	长	斜立型
ZT000505	X09002	H.Polyploid（X）	瑞典	国家甜菜种质资源中期库	多	可育	2x	多	混合	19.0	15.0	大	混	绿	犁铧形	中	中	斜立型
ZT000506	X01006	7503/83	中国黑龙江	新疆维吾尔自治区农业科学院	多	可育	2x	多	多茎	17.4	13.0	大	红	绿	犁铧形	中	中	斜立型
ZT000507	D01158	石家庄	中国黑龙江	国家甜菜种质资源中期库	多	可育	2x	多	混合	22.0	36.0	中	混	绿	舌形	中	中	斜立型
ZT000508	D01159	长治	中国黑龙江	国家甜菜种质资源中期库	多	可育	2x	中	多茎	19.8	33.0	中	混	绿	犁铧形	中	短	斜立型
ZT000509	D01160	TD202	中国黑龙江	国家甜菜种质资源中期库	单	可育	2x	多	多茎	26.7	9.0	中	红	绿	犁铧形	中	短	斜立型
ZT000510	D01161	780041B/2	中国黑龙江	国家甜菜种质资源中期库	多	可育	2x	多	混合	21.3	38.0	中	混	浓绿	舌形	中	中	直立型
ZT000511	D01162	780012/4	中国黑龙江	国家甜菜种质资源中期库	多	可育	2x	多	多茎	21.4	36.0	大	混	绿	犁铧形	中	中	斜立型
ZT000512	D01163	780012/1	中国黑龙江	国家甜菜种质资源中期库	多	可育	2x	中	多茎	18.4	46.0	大	混	绿	犁铧形	中	中	斜立型
ZT000513	D01164	780024A/6	中国黑龙江	国家甜菜种质资源中期库	多	可育	2x	中	多茎	21.7	30.0	大	绿	绿	犁铧形	中	短	斜立型
ZT000514	D01165	780041B/5	中国黑龙江	国家甜菜种质资源中期库	多	可育	2x	中	多茎	23.0	36.0	大	混	绿	犁铧形	中	中	斜立型

（续）

叶数（片）	块根形状	根头大小	根沟深浅	根皮光滑度	根肉色	肉质粗细	维管束环数（个）	经济类型	苗期生长势	幼苗百株重（g）	褐斑病	块根产量（t/hm²）	蔗糖含量（%）	蔗糖产量（t/hm²）	钾含量（mmol/100g）	钠含量（mmol/100g）	氮含量（mmol/100g）	当年抽薹率（%）
40.8	圆锥形	小	深	光滑	白	细	7	LL	中	880.00	HS	4.10	13.40	0.55	6.830	5.370	5.300	0.00
34.1	圆锥形	小	深	光滑	白	细	7	LL	较旺	850.00	HS	4.57	16.60	0.76	5.300	3.750	2.660	0.00
30.9	圆锥形	大	浅	光滑	白	细	8	N	较旺	700.00	HS	4.37	15.00	0.66	5.870	3.300	3.190	0.00
39.0	圆锥形	大	浅	光滑	白	细	6	N	较旺	480.00	HS	4.42	14.80	0.65	7.420	6.000	5.460	0.00
35.7	圆锥形	大	浅	光滑	浅黄	细	6	LL	旺	1020.00	HS	13.45	16.00	2.15	6.400	4.560	3.720	0.00
36.0	圆锥形	大	浅	较光滑	浅黄	细	6	LL	较旺	800.00	HS	14.73	15.30	2.25	5.500	6.640	7.880	0.00
29.2	圆锥形	大	浅	光滑	白	细	7	NZ	中	540.00	HS	70.66	17.53	12.39	5.920	2.940	0.193	0.00
41.5	圆锥形	小	浅	不光滑	白	细	7	LL	较旺	1357.22	HS	32.68	13.59	4.45	5.480	8.147	0.830	0.00
46.7	圆锥形	小	浅	较光滑	白	细	5	LL	旺	1235.89	HS	28.20	12.30	3.47	2.420	10.941	1.719	0.00
44.3	圆锥形	大	深	光滑	白	细	7	E	中	1100.00	HS	16.18	13.10	2.12	3.710	4.025	1.780	0.00
40.5	圆锥形	小	深	光滑	白	细	7	NZ	较旺	941.00	MS	33.08	16.29	5.39	3.209	0.891	1.558	0.00
49.0	圆锥形	大	深	光滑	白	细	7	NE	旺	1177.00	S	42.99	14.84	6.38	2.980	6.382	3.318	0.00
38.8	圆锥形	小	深	光滑	白	细	7	NZ	较旺	1429.00	MS	34.28	17.55	6.02	2.551	1.512	1.084	0.00
37.6	圆锥形	小	浅	光滑	白	细	8	EZ	旺	1541.00	MR	44.87	17.68	7.93	2.583	0.419	4.212	0.00
38.4	圆锥形	小	深	光滑	白	细	8	NZ	较旺	755.00	MS	30.06	17.38	5.22	2.054	1.097	4.967	0.00

统一编号	保存编号	品种名称	品种来源	保存单位	粒性	育性	染色体倍性	花粉量	种株株型	结实密度（粒 /10cm）	种子千粒重（g）	子叶大小	下胚轴色	叶色	叶形	叶柄宽	叶柄长	叶丛型
ZT000515	D01166	内五 -65	中国内蒙古	国家甜菜种质资源中期库	多	可育	2x	中	多茎	22.2	35.0	大	混	绿	犁铧形	中	长	直立型
ZT000516	D01167	内糖 -573	中国内蒙古	国家甜菜种质资源中期库	多	可育	2x	中	多茎	24.1	30.0	中	混	绿	犁铧形	中	短	斜立型
ZT000517	D01168	公范一号	中国吉林	国家甜菜种质资源中期库	多	可育	2x	多	混合	26.7	26.0	大	混	绿	犁铧形	中	中	斜立型
ZT000518	D01169	范育一号	中国吉林	国家甜菜种质资源中期库	多	可育	2x	中	单茎	14.0	45.0	中	混	淡绿	犁铧形	宽	中	斜立型
ZT000519	D01170	洮育二号	中国吉林	国家甜菜种质资源中期库	多	可育	2x	多	单茎	22.1	31.0	大	混	绿	犁铧形	中	中	斜立型
ZT000520	D01171	内蒙一号	中国内蒙古	国家甜菜种质资源中期库	多	可育	2x	多	单茎	19.2	40.0	大	混	绿	圆扇形	宽	中	斜立型
ZT000521	D01172	内蒙五号（D）	中国内蒙古	国家甜菜种质资源中期库	多	可育	2x	多	多茎	21.2	42.0	大	混	绿	犁铧形	中	中	斜立型
ZT000522	D01173	内蒙六号	中国内蒙古	国家甜菜种质资源中期库	多	可育	2x	多	多茎	26.0	39.0	大	混	绿	犁铧形	中	中	斜立型
ZT000523	D01174	内蒙七号	中国内蒙古	国家甜菜种质资源中期库	多	可育	2x	中	单茎	21.3	39.0	大	混	绿	犁铧形	中	长	斜立型
ZT000524	D01175	内蒙八号	中国内蒙古	国家甜菜种质资源中期库	多	可育	2x	多	多茎	26.7	38.0	中	混	绿	犁铧形	中	中	斜立型
ZT000525	D01176	工农一号	中国内蒙古	国家甜菜种质资源中期库	多	可育	2x	多	多茎	22.3	31.0	大	混	绿	犁铧形	中	中	斜立型
ZT000526	D01177	工农二号	中国内蒙古	国家甜菜种质资源中期库	多	可育	2x	多	单茎	14.3	30.0	中	混	绿	犁铧形	中	中	斜立型
ZT000527	D01178	686-66	中国江苏	国家甜菜种质资源中期库	多	可育	2x	中	多茎	20.0	30.0	中	混	绿	犁铧形	中	中	斜立型
ZT000528	D02015	MonoHope	日本	国家甜菜种质资源中期库	多	可育	2x	多	多茎	24.3	23.0	大	混	绿	犁铧形	中	短	斜立型
ZT000529	D05028	单 ACH30	美国	国家甜菜种质资源中期库	多	可育	2x	中	多茎	30.3	19.0	中	混	绿	犁铧形	窄	短	斜立型

（续）

叶数（片）	块根形状	根头大小	根沟深浅	根皮光滑度	根肉色	肉质粗细	维管束环数（个）	经济类型	苗期生长势	幼苗百株重（g）	褐斑病	块根产量（t/hm²）	蔗糖含量（%）	蔗糖产量（t/hm²）	钾含量（mmol/100g）	钠含量（mmol/100g）	氮含量（mmol/100g）	当年抽薹率（%）
37.2	纺锤形	小	深	光滑	白	细	7	N	较旺	147.00	S	35.66	15.82	5.64	2.288	3.017	3.163	0.00
36.9	圆锥形	小	浅	光滑	白	细	8	N	较旺	1246.00	HS	34.49	14.46	4.99	2.622	5.436	7.145	0.00
32.1	圆锥形	小	浅	光滑	白	细	6	ZZ	较旺	795.00	S	25.79	19.20	4.95	2.109	2.228	0.480	0.00
35.3	圆锥形	小	深	光滑	白	细	6	LL	旺	1563.00	HR	27.27	12.82	3.50	3.692	3.890	0.992	0.00
34.4	圆锥形	小	浅	光滑	白	细	6	N	中	999.00	MR	31.49	14.02	4.42	3.257	4.885	0.543	0.00
34.2	纺锤形	小	浅	光滑	白	细	5	LL	较弱	535.00	S	21.16	14.40	3.05	2.969	5.510	3.162	0.00
35.0	纺锤形	大	浅	不光滑	白	细	5	N	较弱	667.00	S	17.28	16.40	2.83	2.542	3.407	1.131	0.00
36.6	圆锥形	大	深	光滑	白	细	7	LL	较弱	934.00	S	16.14	15.20	2.45	4.814	3.838	6.899	0.00
32.5	圆锥形	大	深	光滑	淡黄	细	6	N	较弱	622.00	S	19.03	15.90	3.03	3.469	8.980	1.388	0.00
26.3	纺锤形	中	深	光滑	白	粗	6	LL	中	416.00	S	17.89	14.80	2.65	4.039	5.049	0.938	0.00
37.1	圆锥形	大	浅	光滑	白	细	7	LL	弱	608.00	S	15.41	16.70	2.57	2.030	3.192	0.751	0.00
30.0	纺锤形	小	浅	不光滑	淡黄	粗	6	N	中	626.00	S	19.08	16.00	3.05	2.866	5.155	2.211	0.00
42.8	圆锥形	大	浅	光滑	白	细	6	LL	较旺	996.00	MR	28.30	13.40	3.79	4.633	4.633	1.525	0.00
43.9	圆锥形	小	浅	光滑	白	粗	8	NE	旺	1541.00	HS	51.90	13.39	6.95	3.665	1.877	3.337	0.00
44.6	圆锥形	小	浅	光滑	白	细	6	LL	较旺	1400.00	HS	26.76	12.28	3.29	3.975	5.070	2.263	0.00

统一编号	保存编号	品种名称	品种来源	保存单位	粒性	育性	染色体倍性	花粉量	种株株型	结实密度（粒/10cm）	种子千粒重（g）	子叶大小	下胚轴色	叶色	叶形	叶柄宽	叶柄长	叶丛型
ZT000530	D05029	86–29/10–22	美国	国家甜菜种质资源中期库	多	可育	2*x*	中	多茎	19.7	23.0	大	混	绿	犁铧形	宽	短	匍匐型
ZT000531	D08002	RIEOR	比利时	国家甜菜种质资源中期库	多	可育	2*x*	中	多茎	23.4	38.0	中	混	绿	犁铧形	中	中	斜立型
ZT000532	D13003	SBetaT33/4453	英国	国家甜菜种质资源中期库	多	可育	2*x*	少	多茎	21.0	20.6	中	混	绿	犁铧形	中	短	斜立型
ZT000533	D18007	Bod–165	罗马尼亚	国家甜菜种质资源中期库	多	可育	2*x*	多	混合	25.2	30.0	中	混	绿	犁铧形	中	中	斜立型
ZT000534	D19025	Украна	俄罗斯	国家甜菜种质资源中期库	多	可育	2*x*	中	单茎	19.2	25.0	中	混	淡绿	犁铧形	中	短	斜立型
ZT000535	D19026	Рамонская-931	俄罗斯	国家甜菜种质资源中期库	多	可育	2*x*	中	多茎	21.3	36.0	中	绿	绿	犁铧形	中	中	斜立型
ZT000536	D20002	MonoDORO	瑞典	国家甜菜种质资源中期库	多	可育	2*x*	中	多茎	24.9	35.0	大	混	浓绿	舌形	中	中	斜立型
ZT000537	D22001	Е Н Д Ж Е	保加利亚	国家甜菜种质资源中期库	多	可育	2*x*	多	多茎	17.1	32.0	大	混	绿	舌形	中	中	斜立型
ZT000538	D01179	洮育一号	中国吉林	国家甜菜种质资源中期库	多	可育	2*x*	中	多茎	21.2	28.0	小	混	绿	犁铧形	长	长	直立型
ZT000539	D01180	内五— 58	中国内蒙古	国家甜菜种质资源中期库	多	可育	2*x*	中	单茎	21.2	37.0	中	混	绿	犁铧形	中	中	斜立型
ZT000540	D01181	内五— 23	中国内蒙古	国家甜菜种质资源中期库	多	可育	2*x*	少	混合	31.3	35.0	大	混	绿	犁铧形	长	长	直立型
ZT000541	D01182	内五— 19	中国内蒙古	国家甜菜种质资源中期库	多	可育	2*x*	少	多茎	22.5	40.0	大	混	绿	犁铧形	中	中	斜立型
ZT000542	D01183	M742B	中国黑龙江	国家甜菜种质资源中期库	多	可育	2*x*	少	多茎	19.3	29.0	中	混	绿	犁铧形	中	中	斜立型
ZT000543	D01184	林甸高糖	中国黑龙江	国家甜菜种质资源中期库	多	可育	2*x*	中	多茎	23.9	27.0	中	混	绿	犁铧形	短	短	斜立型
ZT000544	D01185	范 334	中国吉林	国家甜菜种质资源中期库	多	可育	2*x*	中	多茎	25.3	31.0	大	混	绿	犁铧形	中	中	斜立型

（续）

叶数（片）	块根形状	根头大小	根沟深浅	根皮光滑度	根肉色	肉质粗细	维管束环数（个）	经济类型	苗期生长势	幼苗百株重（g）	褐斑病	块根产量（t/hm²）	蔗糖含量（%）	蔗糖产量（t/hm²）	钾含量（mmol/100g）	钠含量（mmol/100g）	氮含量（mmol/100g）	当年抽薹率（%）
42.0	圆锥形	大	浅	光滑	白	细	6	LL	弱	1040.00	HS	24.01	11.95	2.87	5.136	4.848	2.300	0.00
34.7	圆锥形	小	深	光滑	白	细	8	NE	较旺	749.00	S	41.63	14.19	5.91	4.291	3.578	2.300	0.00
34.0	圆锥形	小	浅	光滑	白	细	6	ZZ	中	1098.00	HS	26.04	18.03	4.70	2.904	2.528	1.301	0.00
46.3	圆锥形	小	深	光滑	白	细	10	NZ	中	788.00	S	33.08	16.03	5.30	3.155	2.522	0.783	0.00
41.2	圆锥形	小	浅	光滑	白	细	6	LL	中	748.00	HS	21.44	12.90	2.77	2.630	3.663	0.325	0.00
47.8	圆锥形	大	深	光滑	白	细	8	E	中	1308.01	MS	36.70	12.84	4.72	5.070	5.243	7.944	0.00
39.4	圆锥形	大	深	光滑	白	细	7	E	中	1118.00	R	38.21	13.13	5.02	5.150	6.065	0.665	0.00
35.2	楔形	大	深	光滑	白	细	12	LL	旺	1318.00	S	33.88	10.44	3.54	3.640	1.587	3.696	0.00
40.4	圆锥形	小	深	光滑	白	细	8	LL	旺	1000.00	S	27.88	14.83	4.14	3.384	4.463	3.212	0.00
33.6	圆锥形	大	深	光滑	白	细	7	NZ	旺	1101.00	HS	32.74	17.41	5.70	2.570	3.700	5.706	0.00
34.9	圆锥形	小	浅	光滑	白	细	6	NZ	旺	886.00	HS	35.52	16.36	5.81	2.284	3.090	2.343	0.00
33.3	圆锥形	小	浅	光滑	白	细	5	NZ	中	1076.00	MS	35.34	16.33	5.77	2.840	2.934	4.579	0.00
39.3	纺锤形	小	浅	光滑	白	细	9	LL	中	702.00	MR	21.13	13.66	2.89	2.031	3.873	0.972	0.00
37.4	圆锥形	大	浅	光滑	白	细	6	N	较旺	1053.00	S	35.33	13.20	4.66	2.868	4.426	3.941	0.00
41.9	圆锥形	小	浅	光滑	白	细	7	N	较旺	1516.00	MS	31.38	15.67	4.92	2.077	3.057	2.183	0.00

统一编号	保存编号	品种名称	品种来源	保存单位	粒性	育性	染色体倍性	花粉量	种株株型	结实密度（粒 /10cm）	种子千粒重（g）	子叶大小	下胚轴色	叶色	叶形	叶柄宽	叶柄长	叶丛型
ZT000545	D01186	荷兰十号	中国黑龙江	国家甜菜种质资源中期库	多	可育	2*x*	中	单茎	24.4	36.0	中	混	浓绿	舌形	短	短	斜立型
ZT000546	D01187	780024A/11	中国黑龙江	国家甜菜种质资源中期库	多	可育	2*x*	多	混合	20.7	26.0	大	混	绿	犁铧形	中	中	斜立型
ZT000547	D01188	780012/2	中国黑龙江	国家甜菜种质资源中期库	多	可育	2*x*	多	多茎	20.4	34.0	大	绿	绿	圆扇形	中	中	斜立型
ZT000548	D01189	780020B/9	中国黑龙江	国家甜菜种质资源中期库	多	可育	2*x*	少	多茎	22.4	18.0	中	混	浓绿	犁铧形	中	中	斜立型
ZT000549	D01190	780041B/6	中国黑龙江	国家甜菜种质资源中期库	多	可育	2*x*	中	单茎	24.0	33.0	大	混	浓绿	犁铧形	短	短	斜立型
ZT000550	D01191	$7503/81_1$	中国黑龙江	国家甜菜种质资源中期库	多	可育	2*x*	中	多茎	16.8	30.0	大	混	浓绿	犁铧形	中	长	斜立型
ZT000551	D01192	1403/16	中国黑龙江	国家甜菜种质资源中期库	多	可育	2*x*	多	混合	24.6	21.0	大	混	绿	犁铧形	中	中	斜立型
ZT000552	D02016	单粒光	日本	国家甜菜种质资源中期库	多	可育	2*x*	多	多茎	23.6	24.0	大	混	绿	犁铧形	中	中	斜立型
ZT000553	D02017	本育 398-1	中国内蒙古	国家甜菜种质资源中期库	多	可育	2*x*	中	多茎	21.7	30.0	大	混	淡绿	犁铧形	中	中	斜立型
ZT000554	D05030	US75/ 双粒	美国	国家甜菜种质资源中期库	多	可育	2*x*	多	多茎	29.4	35.0	中	混	绿	犁铧形	中	短	斜立型
ZT000555	D05031	ACH12	美国	国家甜菜种质资源中期库	多	可育	2*x*	少	多茎	24.0	22.0	中	混	浓绿	犁铧形	中	中	斜立型
ZT000556	D05032	751080H	美国	国家甜菜种质资源中期库	多	可育	2*x*	中	混合	21.9	27.0	大	混	绿	舌形	中	中	斜立型
ZT000557	D05033	M167（红）	美国	国家甜菜种质资源中期库	多	可育	2*x*	多	单茎	20.1	37.0	大	混	绿	犁铧形	中	短	斜立型
ZT000558	D05034	$MohoHyZ_1$	美国	国家甜菜种质资源中期库	多	可育	2*x*	中	单茎	27.5	21.0	大	混	浓绿	舌形	中	中	斜立型
ZT000559	D05035	70103	美国	国家甜菜种质资源中期库	多	可育	2*x*	多	多茎	19.1	24.0	大	混	绿	犁铧形	中	短	斜立型

（续）

叶数（片）	块根形状	根头大小	根沟深浅	根皮光滑度	根肉色	肉质粗细	维管束环数（个）	经济类型	苗期生长势	幼苗百株重（g）	褐斑病	块根产量（t/hm^2）	蔗糖含量（%）	蔗糖产量（t/hm^2）	钾含量（mmol/100g）	钠含量（mmol/100g）	氮含量（mmol/100g）	当年抽薹率（%）
42.4	圆锥形	小	浅	光滑	白	细	7	LL	较旺	1083.00	R	32.41	13.32	4.32	4.678	6.710	0.638	0.00
36.1	圆锥形	小	浅	光滑	白	细	6	NZ	中	1345.00	MS	33.11	16.16	5.35	2.717	0.735	9.449	0.00
40.9	纺锤形	小	深	光滑	白	细	6	NZ	中	1109.00	S	34.26	16.03	5.49	2.584	6.528	4.323	0.00
39.4	纺锤形	小	浅	不光	白	细	7	NZ	中	1029.00	MS	34.48	16.06	5.54	2.845	1.747	4.323	0.00
26.2	圆锥形	大	浅	光滑	白	细	8	EZ	中	626.00	MS	37.94	17.14	6.50	2.950	1.280	2.080	0.00
32.9	圆锥状	小	浅	光滑	白	细	10	EZ	中	1009.00	MR	37.83	17.23	6.52	1.804	1.034	3.673	0.00
32.9	纺锤形	大	深	光滑	白	细	7	NZ	旺	1066.00	MS	30.10	19.84	5.97	3.664	1.487	1.004	0.00
47.4	圆锥形	小	浅	光滑	白	细	5	NE	旺	961.00	S	42.44	15.14	6.58	2.293	1.659	0.852	0.00
43.1	纺锤形	小	浅	光滑	白	细	6	LL	中	1569.00	MS	29.45	12.90	3.80	2.744	6.219	2.510	0.00
40.0	圆锥形	小	浅	光滑	白	细	5	N	旺	1286.00	MS	30.50	13.43	4.10	2.985	6.337	2.603	0.00
42.6	圆锥形	小	浅	光滑	白	细	7	NE	中	797.00	HS	40.89	14.52	5.94	2.585	3.256	1.489	0.00
42.5	圆锥形	小	浅	光滑	白	细	7	N	中	1203.00	MR	35.55	14.23	5.03	2.694	3.243	1.792	0.00
33.0	圆锥形	大	浅	光滑	粉红	细	7	LL	较旺	1551.00	HS	25.04	5.00	1.25	3.223	3.084	1.936	0.00
41.0	圆锥形	小	浅	光滑	白	细	6	N	较旺	867.00	MS	33.19	15.41	5.12	3.060	3.292	1.643	0.00
40.0	圆锥形	大	深	光滑	白	细	7	N	较旺	949.00	S	32.46	15.58	5.03	2.102	3.846	2.481	0.00

统一编号	保存编号	品种名称	品种来源	保存单位	粒性	育性	染色体倍性	花粉量	种株株型	结实密度（粒 /10cm）	种子千粒重（g）	子叶大小	下胚轴色	叶色	叶形	叶柄宽	叶柄长	叶丛型
ZT000560	D05036	USH10	美国	国家甜菜种质资源中期库	多	可育	2*x*	少	多茎	26.3	29.0	中	绿	绿	犁铧形	中	短	斜立型
ZT000561	D05037	USH31	美国	国家甜菜种质资源中期库	多	可育	2*x*	中	多茎	25.0	27.0	中	混	绿	舌形	中	短	斜立型
ZT000562	D05038	US215X216	美国	国家甜菜种质资源中期库	多	可育	2*x*	少	单茎	19.3	32.0	小	红	浓绿	犁铧形	窄	短	斜立型
ZT000563	D06003	NOA364	加拿大	国家甜菜种质资源中期库	多	可育	2*x*	中	单茎	24.0	34.0	中	红	浓绿	犁铧形	宽	短	斜立型
ZT000564	D09008	Dobrovicka–A	捷克	国家甜菜种质资源中期库	多	可育	2*x*	多	多茎	18.8	37.0	中	混	绿	犁铧形	中	中	斜立型
ZT000565	D09009	Bucianska–N	捷克	国家甜菜种质资源中期库	多	可育	2*x*	多	多茎	21.2	31.0	大	混	绿	犁铧形	中	短	斜立型
ZT000566	D12006	KLeinwanzleben–CR	德国	国家甜菜种质资源中期库	多	可育	2*x*	多	混合	24.2	31.0	中	混	绿	舌形	中	中	斜立型
ZT000567	D14002	KWS051	德国	国家甜菜种质资源中期库	多	可育	2*x*	多	单茎	32.8	28.0	中	混	绿	犁铧形	中	中	斜立型
ZT000568	D21006	Refer–E	法国	国家甜菜种质资源中期库	多	可育	2*x*	多	混合	24.8	31.0	中	混	绿	犁铧形	中	中	斜立型
ZT000569	D15007	BetaC242/D	匈牙利	国家甜菜种质资源中期库	多	可育	2*x*	多	多茎	27.0	24.0	中	混	浓绿	犁铧形	中	短	斜立型
ZT000570	D17040	Rogow–c	波兰	国家甜菜种质资源中期库	多	可育	2*x*	中	多茎	20.6	23.0	小	混	绿	犁铧形	中	中	斜立型
ZT000571	D17041	Sandomersko–N	波兰	国家甜菜种质资源中期库	多	可育	2*x*	多	多茎	28.9	19.0	大	混	绿	犁铧形	中	中	斜立型
ZT000572	D01184	Урадовская1030	俄罗斯	国家甜菜种质资源中期库	多	可育	2*x*	多	混合	20.8	21.0	大	混	绿	舌形	中	中	斜立型
ZT000573	D01185	Первомойская028	俄罗斯	国家甜菜种质资源中期库	多	可育	2*x*	中	单茎	20.8	22.0	大	混	绿	犁铧形	宽	短	斜立型
ZT000574	D20003	Hilleshog–4209（D）	瑞典	国家甜菜种质资源中期库	多	可育	2*x*	多	多茎	19.2	22.0	大	混	浓绿	犁铧形	宽	短	斜立型

（续）

叶数（片）	块根形状	根头大小	根沟深浅	根皮光滑度	根肉色	肉质粗细	维管束环数（个）	经济类型	苗期生长势	幼苗百株重（g）	褐斑病	块根产量（t/hm²）	蔗糖含量（%）	蔗糖产量（t/hm²）	钾含量（mmol/100g）	钠含量（mmol/100g）	氮含量（mmol/100g）	当年抽薹率（%）
42.2	圆锥形	大	浅	光滑	白	细	8	LL	中	841.00	HS	25.89	10.36	2.68	3.653	5.192	6.757	0.00
49.5	圆锥形	小	浅	光滑	白	细	8	LL	较旺	927.00	HS	30.80	11.78	3.63	4.051	3.609	4.061	0.00
26.6	圆锥形	大	深	光滑	淡黄	细	6	LL	旺	601.00	MR	14.19	12.25	1.74	3.590	6.565	0.090	0.00
25.6	圆锥形	大	深	光滑	白	细	7	LL	弱	753.00	MR	32.28	12.81	4.14	2.500	3.418	9.451	0.00
42.4	楔形	大	深	光滑	白	细	7	NE	中	856.00	MR	37.62	14.09	5.30	3.449	6.306	2.346	0.00
37.0	圆锥形	大	浅	光滑	白	细	8	N	较旺	1689.00	HS	33.97	13.31	4.52	1.976	3.200	2.397	0.00
43.8	圆锥形	小	深	光滑	白	细	7	LL	较弱	1204.00	HS	31.83	12.26	3.90	3.508	4.870	5.597	0.00
29.0	圆锥形	小	浅	光滑	白	细	7	LL	中	569.00	R	22.09	11.37	2.51	5.741	6.506	0.880	0.00
41.2	圆锥形	小	浅	光滑	白	细	6	LL	中	1050.00	S	32.30	11.11	3.59	5.780	9.204	3.284	0.00
29.4	圆锥形	大	浅	光滑	白	细	7	N	较弱	785.00	HS	32.08	14.77	4.74	1.736	3.824	2.380	0.00
41.6	圆锥形	小	浅	光滑	白	细	6	LL	较旺	1324.00	HS	24.35	12.88	3.14	1.736	3.761	2.487	0.00
35.2	圆锥形	小	浅	光滑	白	细	6	LL	较旺	1118.00	S	24.19	14.84	3.59	3.144	3.750	5.524	0.00
39.8	圆锥形	大	浅	光滑	白	细	8	LL	中	1373.00	HS	32.19	11.83	3.81	4.086	4.953	8.427	0.00
39.8	圆锥形	大	深	光滑	白	细	5	LL	较旺	1400.00	MS	29.17	15.08	4.40	3.270	4.483	2.183	0.00
34.2	圆锥形	小	浅	光滑	白	细	7	NZ	较旺	1207.00	HS	33.92	19.42	6.59	2.676	3.969	3.913	0.00

统一编号	保存编号	品种名称	品种来源	保存单位	粒性	育性	染色体倍性	花粉量	种株株型	结实密度（粒/10cm）	种子千粒重（g）	子叶大小	下胚轴色	叶色	叶形	叶柄宽	叶柄长	叶丛型
ZT000575	D23001	058奥地利	奥地利	国家甜菜种质资源中期库	多	可育	2*x*	少	单茎	20.6	30.0	中	混	绿	犁铧形	中	短	斜立型
ZT000576	D01193	Tog–A	奥地利	国家甜菜种质资源中期库	多	可育	2*x*	少	多茎	21.0	30.0	中	混	绿	犁铧形	中	中	斜立型
ZT000577	X09003	Volo	瑞典	新疆维吾尔自治区农业科学院	多	可育	2*x*	较多	多茎	22.0	15.0	大	混	绿	犁铧形	中	长	斜立型
ZT000578	X10001	Refer–ZZ（X）	法国	新疆维吾尔自治区农业科学院	多	可育	2*x*	较多	多茎	19.8	19.0	大	混	绿	犁铧形	宽	长	斜立型
ZT000579	X11001	Bod165（X）	罗马尼亚	新疆维吾尔自治区农业科学院	多	可育	2*x*	较多	混合	19.4	22.0	大	淡绿	浓绿	犁铧形	中	长	直立型
ZT000580	D01194	呼兰一号	中国黑龙江	国家甜菜种质资源中期库	多	可育	2*x*	多	多茎	17.9	32.0	大	混	绿	犁铧形	中	中	匍匐型
ZT000581	D01195	甘肃农家种	中国甘肃	国家甜菜种质资源中期库	多	可育	2*x*	中	多茎	19.7	27.0	中	混	淡绿	犁铧形	中	中	斜立型
ZT000582	D01196	天水大种球（红）	中国甘肃	国家甜菜种质资源中期库	多	可育	2*x*	中	多茎	20.4	35.0	小	红	浅红	犁铧形	宽	短	斜立型
ZT000583	D01197	天水大种球（白）	中国甘肃	国家甜菜种质资源中期库	多	可育	2*x*	多	单茎	19.7	36.0	小	混	浓绿	犁铧形	中	短	斜立型
ZT000584	D01198	公五一Z	中国吉林	国家甜菜种质资源中期库	多	可育	2*x*	多	单茎	17.8	40.0	大	红	绿	犁铧形	宽	中	斜立型
ZT000585	D01199	六八六优	中国江苏	国家甜菜种质资源中期库	多	可育	2*x*	多	混合	19.6	45.0	小	混	浓绿	犁铧形	宽	中	斜立型
ZT000586	D01200	洮育203	中国吉林	国家甜菜种质资源中期库	多	可育	2*x*	多	单茎	19.3	45.0	大	混	绿	犁铧形	宽	中	斜立型
ZT000587	D01201	7301/83–1	中国黑龙江	国家甜菜种质资源中期库	多	可育	2*x*	中	多茎	19.3	27.0	大	混	绿	犁铧形	窄	中	斜立型
ZT000588	D01202	7412/合	中国黑龙江	国家甜菜种质资源中期库	多	可育	2*x*	多	单茎	19.3	32.0	大	混	浓绿	犁铧形	中	长	斜立型
ZT000589	D01203	7501A/BCE	中国黑龙江	国家甜菜种质资源中期库	多	可育	2*x*	中	混合	20.4	28.0	中	红	淡绿	犁铧形	中	中	斜立型

（续）

叶数（片）	块根形状	根头大小	根沟深浅	根皮光滑度	根肉色	肉质粗细	维管束环数（个）	经济类型	苗期生长势	幼苗百株重（g）	褐斑病	块根产量（t/hm²）	蔗糖含量（%）	蔗糖产量（t/hm²）	钾含量（mmol/100g）	钠含量（mmol/100g）	氮含量（mmol/100g）	当年抽薹率（%）
32.2	圆锥形	小	深	光滑	白	细	6	LL	中	1106.00	S	29.34	15.83	4.65	3.135	3.561	2.873	0.00
49.0	圆锥形	小	浅	光滑	白	细	7	LL	中	1030.00	MS	26.05	15.10	3.93	2.250	1.612	6.558	0.00
42.0	圆锥形	小	深	光滑	淡黄	细	6	NE	较旺	1100.00	HS	106.00	14.50	15.37	5.430	4.500	5.860	0.00
28.4	圆锥形	小	浅	光滑	白	细	6	LL	较旺	1280.00	HS	78.60		14.60	7.010	4.000	4.500	0.00
28.2	楔形	小	浅	较光滑	淡黄	细	7	NZ	旺	880.00	HS	66.24	18.30	12.12	5.100	3.920	3.800	0.00
39.7	圆锥形	小	浅	光滑	白	细	8	N	中	724.00	HS	32.00	12.83	4.11	2.667	5.149	1.936	0.00
28.9	纺锤形	大	深	不光滑	白	细	7	N	中	578.00	HS	28.33	11.63	3.29	2.630	4.789	1.481	0.00
39.2	楔形	小	浅	不光滑	红	粗	7	LL	较弱	557.00	HS	0.97	7.27	0.07	7.108	6.377	3.971	0.00
41.3	楔形	小	中	光滑	白	细	9	LL	中	780.00	HS	14.67	13.86	2.03	3.049	2.376	1.904	0.00
32.5	楔形	小	浅	光滑	白	细	8	N	中	716.00	S	25.94	15.62	4.05	2.078	1.695	1.802	0.00
39.7	圆锥形	小	浅	光滑	白	细	9	LL	较旺	756.00	HS	20.96	13.78	2.89	2.679	2.952	1.555	0.00
39.8	圆锥形	中	浅	光滑	白	细	6	LL	较旺	875.00	HS	24.65	11.09	2.73	2.763	4.962	0.863	0.00
34.6	圆锥形	小	浅	光滑	白	细	7	N	中	649.00	MR	31.57	15.99	5.05	3.070	1.895	1.241	0.00
32.0	圆锥形	小	浅	光滑	白	细	8	N	较弱	537.00	MR	32.10	16.02	5.14	2.983	1.891	1.374	0.00
37.4	圆锥形	小	浅	不光滑	白	细	8	NZ	较弱	534.00	MR	30.48	17.18	5.24	2.999	1.688	1.753	0.00

统一编号	保存编号	品种名称	品种来源	保存单位	粒性	育性	染色体倍性	花粉量	种株株型	结实密度（粒 /10cm）	种子千粒重（g）	子叶大小	下胚轴色	叶色	叶形	叶柄宽	叶柄长	叶丛型
ZT000590	D01204	78005A	中国黑龙江	国家甜菜种质资源中期库	多	可育	2x	多	多茎	16.7	42.0	大	混	浓绿	犁铧形	中	中	斜立型
ZT000591	D01205	78006A	中国黑龙江	国家甜菜种质资源中期库	多	可育	2x	中	多茎	18.7	26.0	大	红	浓绿	犁铧形	中	中	斜立型
ZT000592	D01206	780016B/16	中国黑龙江	国家甜菜种质资源中期库	多	可育	2x	多	混合	15.5	45.0	中	混	绿	犁铧形	中	中	斜立型
ZT000593	D01207	780020B/3	中国黑龙江	国家甜菜种质资源中期库	多	可育	2x	多	单茎	19.7	32.0	中	混	浓绿	犁铧形	中	中	斜立型
ZT000594	D01208	780020B/10	中国黑龙江	国家甜菜种质资源中期库	多	可育	2x	多	多茎	17.5	34.0	大	混	浓绿	犁铧形	中	中	斜立型
ZT000595	D01209	780024A/合	中国黑龙江	国家甜菜种质资源中期库	多	可育	2x	中	多茎	20.1	34.0	中	混	绿	犁铧形	宽	长	斜立型
ZT000596	D01210	780027	中国黑龙江	国家甜菜种质资源中期库	多	可育	2x	中	多茎	18.4	38.0	中	混	绿	犁铧形	中	中	斜立型
ZT000597	D01211	780029A	中国黑龙江	国家甜菜种质资源中期库	多	可育	2x	中	多茎	20.3	34.0	大	混	浓绿	犁铧形	宽	短	斜立型
ZT000598	D01212	82005×7	中国黑龙江	国家甜菜种质资源中期库	多	可育	2x	中	单茎	17.5	39.0	大	混	浓绿	犁铧形	中	中	斜立型
ZT000599	D01213	8206/8	中国黑龙江	国家甜菜种质资源中期库	多	可育	2x	中	单茎	17.9	36.0	大	红	绿	犁铧形	宽	中	斜立型
ZT000600	D01214	8207/3	中国黑龙江	国家甜菜种质资源中期库	多	可育	2x	中	多茎	20.2	42.0	大	混	绿	犁铧形	中	长	斜立型
ZT000601	D01215	8207/合	中国黑龙江	国家甜菜种质资源中期库	多	可育	2x	多	混合	19.9	42.0	大	红	绿	犁铧形	窄	中	斜立型
ZT000602	D01216	84005A	中国黑龙江	国家甜菜种质资源中期库	多	可育	2x	多	多茎	18.9	35.0	中	混	浓绿	犁铧形	窄	中	斜立型
ZT000603	D01217	8416	中国黑龙江	国家甜菜种质资源中期库	多	可育	2x	中	多茎	16.8	46.0	小	混	绿	犁铧形	宽	中	斜立型
ZT000604	D01218	8431	中国黑龙江	国家甜菜种质资源中期库	多	可育	2x	少	单茎	18.5	36.0	大	红	绿	犁铧形	中	短	斜立型

（续）

叶数（片）	块根形状	根头大小	根沟深浅	根皮光滑度	根肉色	肉质粗细	维管束环数（个）	经济类型	苗期生长势	幼苗百株重（g）	褐斑病	块根产量（t/hm²）	蔗糖含量（%）	蔗糖产量（t/hm²）	钾含量（mmol/100g）	钠含量（mmol/100g）	氮含量（mmol/100g）	当年抽薹率（%）
34.9	楔形	小	深	光滑	白	粗	8	NZ	中	621.00	S	29.54	16.50	4.87	2.986	1.358	1.479	0.00
38.0	圆锥形	中	浅	光滑	白	细	9	N	中	515.00	MS	30.13	15.08	4.54	2.601	1.947	1.180	0.00
35.7	圆锥形	小	浅	光滑	白	细	9	N	中	741.00	S	27.68	13.26	3.67	3.181	1.904	1.170	0.00
36.7	圆锥形	小	浅	光滑	白	细	8	N	中	659.00	MR	28.60	16.32	4.67	2.945	1.284	0.879	0.00
33.0	圆锥形	小	浅	光滑	淡黄	粗	7	NE	中	679.00	R	36.58	14.89	5.45	2.900	2.347	2.234	0.00
41.2	楔形	小	浅	较光滑	白	细	9	N	中	588.00	MS	28.31	14.62	4.14	3.262	1.438	2.218	0.00
47.3	楔形	小	中	光滑	白	细	8	N	中	556.00	S	27.67	12.84	3.55	3.129	2.296	1.534	0.00
32.1	圆锥形	小	浅	光滑	白	细	8	NZ	中	515.00	MR	29.49	16.83	4.96	3.013	1.687	1.335	0.00
35.9	楔形	大	浅	光滑	白	粗	7	N	中	465.00	MS	32.37	15.29	4.95	3.466	2.516	0.763	0.00
40.0	圆锥形	小	深	光滑	白	粗	8	N	中	676.00	MR	25.74	14.87	3.83	3.041	1.984	0.616	0.00
36.0	圆锥形	小	浅	光滑	白	细	6	N	中	567.00	S	29.10	15.77	4.59	2.681	1.964	1.653	0.00
38.5	圆锥形	中	浅	光滑	淡黄	粗	7	N	较旺	476.00	S	28.41	15.53	4.41	2.379	1.739	1.558	0.00
34.4	楔形	中	深	光滑	白	细	7	N	中	514.00	MS	27.32	15.25	4.17	2.775	2.666	0.932	0.00
41.1	楔形	小	中	较光滑	白	细	8	N	较旺	868.00	HS	21.93	14.46	3.17	4.337	1.988	2.719	0.00
40.2	圆锥形	小	浅	光滑	白	细	12	N	中	643.00	S	27.21	15.68	4.27	3.838	2.219	1.201	0.00

统一编号	保存编号	品种名称	品种来源	保存单位	粒性	育性	染色体倍性	花粉量	种株株型	结实密度（粒 /10cm）	种子千粒重（g）	子叶大小	下胚轴色	叶色	叶形	叶柄宽	叶柄长	叶丛型
ZT000605	D01219	8433	中国黑龙江	国家甜菜种质资源中期库	多	可育	2x	多	混合	19.5	40.0	中	混	浓绿	犁铧形	中	长	斜立型
ZT000606	D03002	西鲜二号	朝鲜	国家甜菜种质资源中期库	多	可育	2x	多	混合	20.4	40.0	小	混	淡绿	犁铧形	宽	短	匍匐型
ZT000607	D05039	BGRC53735	美国	国家甜菜种质资源中期库	多	可育	2x	中	多茎	21.4	21.0	小	混	绿	舌形	窄	中	斜立型
ZT000608	D05040	357357（红）	美国	国家甜菜种质资源中期库	多	可育	2x	中	混合	20.5	30.0	中	红	深红	犁铧形	中	中	斜立型
ZT000609	D05041	357357（白）	美国	国家甜菜种质资源中期库	多	可育	2x	中	单茎	20.9	27.0	小	混	浓绿	舌形	宽	中	斜立型
ZT000610	D05042	MS1	美国	国家甜菜种质资源中期库	多	可育	2x	少	混合	19.1	25.0	小	红	绿	舌形	中	短	斜立型
ZT000611	D05043	MS3	美国	国家甜菜种质资源中期库	多	可育	2x	多	混合	26.1	33.0	小	混	绿	犁铧形	宽	中	斜立型
ZT000612	D05044	单 3	美国	国家甜菜种质资源中期库	多	可育	2x	多	混合	19.7	35.0	小	红	绿	犁铧形	宽	短	斜立型
ZT000613	D05045	FC701/2	美国	国家甜菜种质资源中期库	多	可育	2x	少	多茎	20.7	29.0	小	红	绿	舌形	中	短	斜立型
ZT000614	D05046	BGRC10096	美国	国家甜菜种质资源中期库	多	可育	2x	多	混合	19.7	45.0	中	红	淡绿	犁铧形	宽	短	斜立型
ZT000615	D05047	BGRC10099	美国	国家甜菜种质资源中期库	多	可育	2x	多	单茎	20.5	28.0	中	混	绿	犁铧形	宽	中	斜立型
ZT000616	D05048	232894	美国	国家甜菜种质资源中期库	多	可育	2x	多	单茎	20.9	37.0	小	红	浓绿	犁铧形	中	中	斜立型
ZT000617	D05049	6902/984905	美国	国家甜菜种质资源中期库	多	可育	2x	多	单茎	19.4	34.0	大	混	绿	犁铧形	窄	中	匍匐型
ZT000618	D05050	86–29/10–3	美国	国家甜菜种质资源中期库	多	可育	2x	中	混合	25.1	34.0	小	红	绿	犁铧形	窄	短	斜立型
ZT000619	D05051	84110–00（D）	美国	国家甜菜种质资源中期库	多	可育	2x	少	混合	24.3	30.0	中	混	淡绿	犁铧形	中	中	斜立型

（续）

叶数（片）	块根形状	根头大小	根沟深浅	根皮光滑度	根肉色	肉质粗细	维管束环数（个）	经济类型	苗期生长势	幼苗百株重（g）	褐斑病	块根产量（t/hm²）	蔗糖含量（%）	蔗糖产量（t/hm²）	钾含量（mmol/100g）	钠含量（mmol/100g）	氮含量（mmol/100g）	当年抽薹率（%）
37.0	圆锥形	小	深	光滑	白	细	7	N	中	532.00	MS	28.07	14.90	4.18	2.901	3.133	1.556	0.00
48.4	圆锥形	大	中	光滑	白	细	8	LL	较旺	680.00	HS	15.18	7.57	1.15	5.057	5.168	0.420	0.00
36.4	圆锥形	中	中	光滑	白	细	8	LL	较弱	630.00	HS	18.01	4.95	0.89	7.152	9.676	0.965	0.00
34.1	纺锤形	小	浅	光滑	红	细	7	LL	中	486.00	HS	22.31	1.84	0.41	5.958	9.435	1.148	0.00
33.9	楔形	中	深	不光滑	白	细	9	LL	中	611.00	HS	17.73	13.79	2.45	3.451	2.982	0.901	0.00
40.2	圆锥形	中	浅	较光滑	白	细	8	LL	中	656.00	S	15.22	8.37	1.27	5.537	6.349	1.121	0.00
47.5	圆锥形	小	中	不光滑	淡黄	细	10	LL	较弱	488.00	MS	20.06	10.26	2.06	3.769	5.307	1.829	0.00
44.9	圆锥形	小	浅	光滑	白	细	8	LL	较旺	616.00	HS	16.55	10.56	1.75	4.694	5.074	1.765	0.00
45.7	楔形	中	深	光滑	黄	细	7	LL	中	602.00	HS	17.47	10.27	1.79	3.026	5.424	1.764	0.00
36.9	圆锥形	中	中	光滑	白	细	8	LL	较旺	684.00	HS	17.32	6.80	1.18	5.468	6.677	0.953	0.00
37.8	圆锥形	大	浅	光滑	白	细	7	LL	较弱	503.00	HS	13.88	5.13	0.71	7.047	7.681	0.605	0.00
42.2	圆锥形	大	中	光滑	白	细	10	N	较旺	661.00	HS	26.87	13.77	3.70	3.633	3.500	2.704	0.00
34.3	圆锥形	小	深	光滑	白	粗	9	N	中	563.00	MS	29.09	14.70	4.28	3.230	2.498	2.366	0.00
35.6	圆锥形	大	中	光滑	白	细	7	LL	中	706.00	HS	7.66	7.42	0.57	5.619	4.083	0.671	0.00
38.7	楔形	中	深	较光滑	白	细	9	LL	弱	502.00	HS	15.68	10.70	1.68	6.523	4.000	1.370	0.00

统一编号	保存编号	品种名称	品种来源	保存单位	粒性	育性	染色体倍性	花粉量	种株株型	结实密度（粒 /10cm）	种子千粒重（g）	子叶大小	下胚轴色	叶色	叶形	叶柄宽	叶柄长	叶丛型
ZT000620	D05052	84111-00（D）	美国	国家甜菜种质资源中期库	多	可育	2x	多	单茎	18.8	39.0	大	混	淡绿	犁铧形	中	短	匍匐型
ZT000621	D05053	ACH17（D）	美国	国家甜菜种质资源中期库	多	可育	2x	少	多茎	19.4	28.0	大	混	绿	犁铧形	中	中	匍匐型
ZT000622	D05054	ACH136	美国	国家甜菜种质资源中期库	多	可育	2x	中	混合	18.1	32.0	小	混	绿	犁铧形	中	中	直立型
ZT000623	D05055	USH20（D）	美国	国家甜菜种质资源中期库	多	可育	2x	中	多茎	18.0	32.0	大	混	绿	犁铧形	中	中	匍匐型
ZT000624	D05056	MonoHY53（D）	美国	国家甜菜种质资源中期库	多	可育	2x	中	混合	20.4	40.0	大	混	绿	犁铧形	中	短	斜立型
ZT000625	D05057	M167（黄）	美国	国家甜菜种质资源中期库	多	可育	2x	多	多茎	18.8	42.0	中	混	绿	犁铧形	中	中	斜立型
ZT000626	D05058	Beta1230	美国	国家甜菜种质资源中期库	多	可育	2x	多	多茎	22.8	33.0	小	红	淡绿	犁铧形	宽	长	斜立型
ZT000627	D05059	美国甜菜	美国	国家甜菜种质资源中期库	多	可育	2x	多	单茎	21.5	38.0	大	混	浓绿	犁铧形	中	中	匍匐型
ZT000628	D10004	Marib-Magnamono	丹麦	国家甜菜种质资源中期库	多	可育	2x	多	混合	21.4	42.0	小	混	绿	犁铧形	宽	长	斜立型
ZT000629	D14003	1167	德国	国家甜菜种质资源中期库	多	可育	2x	中	多茎	19.0	32.0	大	绿	浓绿	犁铧形	窄	中	斜立型
ZT000630	D14004	1168	德国	国家甜菜种质资源中期库	多	可育	2x	少	多茎	19.2	33.0	大	混	绿	犁铧形	中	中	斜立型
ZT000631	D14005	KWS80	德国	国家甜菜种质资源中期库	多	可育	2x	中	混合	17.3	47.0	小	混	绿	犁铧形	宽	短	斜立型
ZT000632	D14006	S8234CR	德国	国家甜菜种质资源中期库	多	可育	2x	少	单茎	19.3	30.0	小	混	绿	犁铧形	中	中	斜立型
ZT000633	D14007	德国甜菜060	德国	国家甜菜种质资源中期库	多	可育	2x	多	单茎	18.8	40.0	小	混	浓绿	犁铧形	宽	长	斜立型
ZT000634	D15008	Betapolym/102	匈牙利	国家甜菜种质资源中期库	单	可育	2x	多	单茎	23.2	26.0	中	红	淡绿	圆扇形	宽	短	斜立型

（续）

叶数（片）	块根形状	根头大小	根沟深浅	根皮光滑度	根肉色	肉质粗细	维管束环数（个）	经济类型	苗期生长势	幼苗百株重（g）	褐斑病	块根产量（t/hm^2）	蔗糖含量（%）	蔗糖产量（t/hm^2）	钾含量（mmol/100g）	钠含量（mmol/100g）	氮含量（mmol/100g）	当年抽薹率（%）
31.3	圆锥形	小	浅	光滑	白	细	7	LL	中	586.00	HS	29.68	10.92	3.24	4.383	4.425	0.782	0.00
45.7	圆锥形	大	浅	光滑	白	细	7	NE	较旺	986.00	S	40.20	11.76	4.73	2.443	5.263	0.667	0.00
44.3	圆锥形	小	浅	光滑	白	细	7	LL	较弱	630.00	S	19.80	9.73	1.93	5.008	4.180	8.640	0.00
47.3	圆锥形	大	深	光滑	白	细	8	NE	较旺	1348.00	MS	42.07	12.34	5.19	2.310	4.654	1.394	0.00
44.4	纺锤形	大	深	较光滑	白	细	8	N	较旺	558.00	MS	31.98	11.67	3.73	4.069	6.443	1.064	0.00
40.3	纺锤形	大	深	光滑	白	细	7	LL	较旺	884.00	HS	16.36	7.07	1.16	6.243	6.459	1.675	0.00
45.8	圆锥形	中	深	光滑	白	粗	10	LL	中	489.00	HS	16.70	10.00	1.67	5.453	4.307	0.901	0.00
33.3	圆锥形	小	浅	光滑	白	细	8	N	中	553.00	MS	30.66	14.29	4.38	3.556	2.501	2.291	0.00
44.7	圆锥形	大	深	较光滑	白	粗	8	LL	旺	843.00	HS	16.32	10.90	1.78	4.837	3.782	0.933	0.00
36.6	圆锥形	中	浅	光滑	白	细	7	NE	中	796.00	R	47.16	13.89	6.55	3.669	4.046	2.277	0.00
36.4	圆锥形	小	深	光滑	白	细	9	N	中	850.00	S	24.12	13.88	3.35	2.894	3.117	1.050	0.00
40.7	圆锥形	大	深	光滑	白	细	8	LL	中	741.00	HS	19.04	10.67	2.03	3.750	3.582	0.736	0.00
47.0	圆锥形	小	中	光滑	白	细	8	LL	较弱	761.00	HS	20.68	9.09	1.88	4.694	3.646	0.609	0.00
44.9	圆锥形	小	浅	光滑	白	细	7	LL	中	898.00	HS	17.81	8.38	1.49	4.887	4.522	0.803	0.00
38.3	圆锥形	小	浅	较光滑	白	粗	7	LL	较旺	895.00	HS	11.00	3.61	0.40	8.191	5.860	0.208	0.00

统一编号	保存编号	品种名称	品种来源	保存单位	粒性	育性	染色体倍性	花粉量	种株株型	结实密度（粒 /10cm）	种子千粒重（g）	子叶大小	下胚轴色	叶色	叶形	叶柄宽	叶柄长	叶丛型
ZT000635	D17042	波引四号“MS”	波兰	国家甜菜种质资源中期库	多	不育	2x	少	单茎	18.7	35.0	小	红	绿	犁铧形	中	中	斜立型
ZT000636	D17043	波引四号“O”	波兰	国家甜菜种质资源中期库	多	可育	2x	多	单茎	18.7	30.0	小	红	绿	犁铧形	中	短	斜立型
ZT000637	D18008	EPOLi-1	罗马尼亚	国家甜菜种质资源中期库	多	可育	2x	少	混合	19.3	42.0	小	混	绿	犁铧形	中	中	斜立型
ZT000638	D19029	Верхнядская1612	俄罗斯	国家甜菜种质资源中期库	多	可育	2x	中	多茎	18.3	30.0	中	混	绿	犁铧形	中	中	斜立型
ZT000639	D19030	Яогиб	俄罗斯	国家甜菜种质资源中期库	多	可育	2x	中	单茎	24.3	25.0	小	红	绿	犁铧形	中	短	斜立型
ZT000640	D20004	NoMo “MS”	瑞典	国家甜菜种质资源中期库	多	不育	2x	少	混合	19.7	35.0	小	混	绿	犁铧形	宽	中	斜立型
ZT000641	D20005	NoMo “o”	瑞典	国家甜菜种质资源中期库	多	可育	2x	多	混合	19.7	33.0	小	混	绿	犁铧形	宽	中	斜立型
ZT000642	D20006	Carina	瑞典	国家甜菜种质资源中期库	多	可育	2x	中	混合	21.5	26.0	小	红	淡绿	舌形	中	长	斜立型
ZT000643	D20007	Primahill（C）	瑞典	国家甜菜种质资源中期库	多	可育	2x	少	混合	23.3	34.0	中	混	绿	犁铧形	中	中	斜立型
ZT000644	D24001	IC632	伊朗	国家甜菜种质资源中期库	多	可育	2x	多	混合	21.2	37.0	中	混	浓绿	犁铧形	宽	中	斜立型
ZT000645	D01220	TD210	中国黑龙江	国家甜菜种质资源中期库	单	可育	2x	多	混合	29.0	16.0	大	混	浓绿	圆扇形	宽	中	斜立型
ZT000646	D01221	TD213	中国黑龙江	国家甜菜种质资源中期库	单	可育	2x	多	混合	30.0	16.0	大	红	淡绿	犁铧形	中	中	斜立型
ZT000647	D01222	TDm102A	中国黑龙江	国家甜菜种质资源中期库	单	不育	2x	少	单茎	33.0	13.5	大	红	绿	犁铧形	中	中	直立型
ZT000648	D01223	TDm102B	中国黑龙江	国家甜菜种质资源中期库	单	可育	2x	多	单茎	34.0	14.0	大	红	浓绿	圆扇形	中	短	斜立型
ZT000649	D01224	TDm216A-1	中国黑龙江	国家甜菜种质资源中期库	单	不育	2x	中	多茎	40.0	14.0	大	红	绿	犁铧形	中	短	直立型

（续）

叶数（片）	块根形状	根头大小	根沟深浅	根皮光滑度	根肉色	肉质粗细	维管束环数（个）	经济类型	苗期生长势	幼苗百株重（g）	褐斑病	块根产量（t/hm^2）	蔗糖含量（%）	蔗糖产量（t/hm^2）	钾含量（mmol/100g）	钠含量（mmol/100g）	氮含量（mmol/100g）	当年抽薹率（%）
45.2	圆锥形	中	浅	光滑	白	细	7	LL	较旺	861.00	HS	20.17	8.27	1.67	5.851	4.461	1.700	0.00
52.1	圆锥形	中	浅	光滑	白	细	8	LL	中	721.00	HS	16.18	9.48	1.53	4.975	4.223	1.004	0.00
43.7	圆锥形	小	深	光滑	淡黄	细	6	LL	中	726.00	HS	16.16	6.18	1.00	4.634	6.015	0.921	0.00
40.6	圆锥形	小	浅	不光滑	白	粗	6	N	中	541.00	S	33.58	13.09	4.40	5.533	3.803	2.773	0.00
43.1	圆锥形	中	深	光滑	白	细	6	LL	中	730.00	HS	20.38	10.03	2.04	5.629	4.695	2.524	0.00
39.5	楔形	中	中	光滑	白	粗	9	LL	较旺	820.00	HS	16.72	7.17	1.20	5.052	4.945	0.556	0.00
43.0	圆锥形	大	浅	光滑	白	细	8	LL	中	765.00	HS	20.18	6.35	1.28	5.697	5.567	0.602	0.00
34.0	圆锥形	中	中	光滑	白	细	8	LL	中	910.00	HS	13.08	2.26	0.30	0.973	3.878	0.889	0.00
40.1	圆锥形	中	浅	光滑	白	细	7	N	中	754.00	S	28.26	11.63	3.29	3.377	4.390	0.834	0.00
49.1	圆锥形	大	浅	光滑	白	细	9	LL	中	679.00	HS	16.84	7.32	1.23	4.450	5.880	3.032	0.00
47.0	圆锥形	中	浅	不光滑	白	细	6	LL	中	550.00	HS	24.60	7.20	1.77	4.830	6.690	1.520	0.00
53.6	圆锥形	小	浅	不光滑	白	细	7	LL	中	464.00	HS	23.17	10.10	2.34	4.220	4.620	2.200	0.00
46.8	圆锥形	中	浅	光滑	白	细	7	LL	较旺	407.00	HS	29.31	9.00	2.64	5.770	6.400	3.450	0.00
51.4	楔形	小	浅	光滑	白	细	6	LL	较旺	414.00	HS	23.92	9.50	2.27	5.090	5.450	2.520	0.00
52.8	圆锥形	中	浅	较光滑	白	粗	7	LL	较旺	370.00	HS	31.17	10.60	3.30	6.170	6.040	4.800	0.00

统一编号	保存编号	品种名称	品种来源	保存单位	粒性	育性	染色体倍性	花粉量	种株株型	结实密度（粒 /10cm）	种子千粒重（g）	子叶大小	下胚轴色	叶色	叶形	叶柄宽	叶柄长	叶丛型
ZT000650	D01225	TDm216B-1	中国黑龙江	国家甜菜种质资源中期库	单	可育	2*x*	多	混合	34.0	15.0	大	红	浓绿	犁铧形	中	短	直立型
ZT000651	D01226	TDm216A-2	中国黑龙江	国家甜菜种质资源中期库	单	不育	2*x*	中	单茎	41.0	14.0	大	混	绿	犁铧形	中	中	直立型
ZT000652	D01227	TDm216B-2	中国黑龙江	国家甜菜种质资源中期库	单	可育	2*x*	多	单茎	44.0	11.0	中	红	绿	舌形	中	中	斜立型
ZT000653	D01228	TDm101A	中国黑龙江	国家甜菜种质资源中期库	单	不育	2*x*	少	单茎	39.0	16.0	大	红	浓绿	犁铧形	中	中	斜立型
ZT000654	D01229	TDm101B	中国黑龙江	国家甜菜种质资源中期库	单	可育	2*x*	多	单茎	37.0	17.0	大	红	绿	犁铧形	中	中	直立型
ZT000655	D01230	TDm106A-1	中国黑龙江	国家甜菜种质资源中期库	单	不育	2*x*	少	混合	31.0	17.0	大	红	绿	犁铧形	中	短	斜立型
ZT000656	D01231	TDm106B-1	中国黑龙江	国家甜菜种质资源中期库	单	可育	2*x*	多	单茎	30.0	17.0	大	红	绿	犁铧形	中	中	斜立型
ZT000657	D01232	TDm106A-2	中国黑龙江	国家甜菜种质资源中期库	单	不育	2*x*	少	单茎	29.0	13.0	大	红	绿	犁铧形	中	短	斜立型
ZT000658	D01233	TDm106B-2	中国黑龙江	国家甜菜种质资源中期库	单	可育	2*x*	多	单茎	34.0	17.0	大	红	绿	圆扇形	中	短	斜立型
ZT000659	D01234	TDm217A	中国黑龙江	国家甜菜种质资源中期库	单	不育	2*x*	少	单茎	33.0	16.0	大	红	绿	犁铧形	中	短	斜立型
ZT000660	D01235	TDm217B	中国黑龙江	国家甜菜种质资源中期库	单	可育	2*x*	多	单茎	33.0	17.0	大	红	绿	犁铧形	中	短	斜立型
ZT000661	D01236	TDm218A	中国黑龙江	国家甜菜种质资源中期库	单	不育	2*x*	中	单茎	26.0	16.0	大	红	绿	犁铧形	中	短	斜立型
ZT000662	D01237	TDm218B	中国黑龙江	国家甜菜种质资源中期库	单	可育	2*x*	多	单茎	31.0	17.0	大	红	绿	犁铧形	中	短	斜立型
ZT000663	D01238	TDm219A	中国黑龙江	国家甜菜种质资源中期库	单	不育	2*x*	少	单茎	27.0	16.0	大	红	绿	犁铧形	宽	中	斜立型
ZT000664	D01239	TDm219B	中国黑龙江	国家甜菜种质资源中期库	单	可育	2*x*	多	混合	30.0	18.0	大	红	绿	犁铧形	中	中	斜立型

（续）

叶数（片）	块根形状	根头大小	根沟深浅	根皮光滑度	根肉色	肉质粗细	维管束环数（个）	经济类型	苗期生长势	幼苗百株重（g）	褐斑病	块根产量（t/hm²）	蔗糖含量（%）	蔗糖产量（t/hm²）	钾含量（mmol/100g）	钠含量（mmol/100g）	氮含量（mmol/100g）	当年抽薹率（%）
51.6	圆锥形	小	浅	较光滑	白	细	7	LL	中	408.00	HS	33.71	10.00	3.37	5.970	5.030	3.680	0.00
52.0	圆锥形	中	浅	较光滑	白	粗	7	E	较旺	363.00	HS	36.02	10.50	3.78	5.000	6.730	5.100	0.00
50.4	圆锥形	小	浅	不光滑	白	粗	7	E	中	500.00	HS	37.62	9.80	3.69	4.380	6.580	3.880	0.00
38.4	圆锥形	小	浅	光滑	白	细	7	LL	中	367.00	HS	18.12	7.50	1.36	5.980	6.750	1.090	0.00
43.4	楔形	小	浅	较光滑	淡黄	细	8	LL	较旺	296.00	HS	17.10	8.50	1.45	5.610	4.680	1.840	0.00
41.4	楔形	小	浅	较光滑	白	细	7	LL	旺	433.00	HS	17.44	7.90	1.38	3.520	6.740	0.850	0.00
46.0	楔形	小	浅	光滑	白	细	7	LL	较旺	364.00	HS	27.65	7.00	1.94	4.160	6.750	0.510	0.00
49.0	圆锥形	小	浅	光滑	白	粗	8	LL	较旺	361.00	HS	24.12	8.10	1.95	5.060	6.750	1.520	0.00
45.0	圆锥形	小	深	较光滑	白	细	8	N	中	375.00	HS	24.96	11.20	2.80	4.960	5.900	2.550	0.00
46.6	圆锥形	小	深	较光滑	白	细	6	LL	较旺	346.00	HS	27.18	8.80	2.39	3.960	6.000	1.580	0.00
50.2	圆锥形	小	浅	光滑	白	粗	7	N	中	548.00	HS	26.94	11.20	3.02	4.770	5.140	3.510	0.00
51.2	楔形	小	浅	光滑	白	细	7	LL	旺	471.00	HS	24.06	9.30	2.24	4.590	6.010	1.660	0.00
46.6	圆锥形	小	浅	较光滑	白	粗	7	LL	旺	538.00	HS	19.90	10.70	2.13	3.630	6.020	1.900	0.00
35.8	圆锥形	小	深	光滑	白	细	7	LL	旺	404.00	HS	34.60	10.10	3.49	4.060	6.070	2.000	0.00
40.2	楔形	小	浅	不光滑	白	细	9	LL	旺	531.00	HS	27.67	9.90	2.74	3.830	5.910	1.530	0.00

统一编号	保存编号	品种名称	品种来源	保存单位	粒性	育性	染色体倍性	花粉量	种株株型	结实密度（粒 /10cm）	种子千粒重（g）	子叶大小	下胚轴色	叶色	叶形	叶柄宽	叶柄长	叶丛型
ZT000665	D01240	TDm221A-1	中国黑龙江	国家甜菜种质资源中期库	单	不育	2x	少	单茎	24.0	15.0	大	混	绿	犁铧形	中	短	直立型
ZT000666	D01241	TDm221B-1	中国黑龙江	国家甜菜种质资源中期库	单	可育	2x	多	单茎	34.0	19.0	大	红	浓绿	圆扇形	中	短	直立型
ZT000667	D01242	TDm221A-2	中国黑龙江	国家甜菜种质资源中期库	单	不育	2x	少	单茎	36.0	15.0	大	混	绿	圆扇形	中	短	直立型
ZT000668	D01243	TDm221B-2	中国黑龙江	国家甜菜种质资源中期库	单	可育	2x	多	单茎	32.0	17.0	大	红	绿	圆扇形	中	短	直立型
ZT000669	D01244	TDm221A-3	中国黑龙江	国家甜菜种质资源中期库	单	不育	2x	少	单茎	29.0	15.0	大	混	绿	犁铧形	中	短	斜立型
ZT000670	D01245	TDm221B-3	中国黑龙江	国家甜菜种质资源中期库	单	可育	2x	多	单茎	36.0	18.0	大	红	绿	犁铧形	中	短	直立型
ZT000671	D02018	JV819	日本	国家甜菜种质资源中期库	单	不育	2x	少	单茎	15.0	14.0	中	绿	浓绿	犁铧形	中	中	直立型
ZT000672	D02019	JV832	日本	国家甜菜种质资源中期库	单	不育	2x	少	混合	16.0	12.0	中	混	淡绿	犁铧形	中	中	直立型
ZT000673	D02020	JV833	日本	国家甜菜种质资源中期库	单	不育	2x	少	混合	17.0	13.0	小	混	绿	舌形	中	中	斜立型
ZT000674	D02021	JV35	日本	国家甜菜种质资源中期库	单	可育	2x	多	混合	16.0	13.0	小	混	绿	犁铧形	宽	中	斜立型
ZT000675	D02022	JV835-3	日本	国家甜菜种质资源中期库	单	不育	2x	少	混合	16.0	13.0	中	混	绿	犁铧形	中	长	斜立型
ZT000676	D02023	JV835-4	日本	国家甜菜种质资源中期库	单	不育	2x	少	混合	17.0	13.0	大	混	绿	犁铧形	中	长	斜立型
ZT000677	D02024	JV204-22	日本	国家甜菜种质资源中期库	单	不育	2x	少	混合	17.0	12.0	大	红	绿	犁铧形	中	中	斜立型
ZT000678	D02025	JV25	日本	国家甜菜种质资源中期库	单	可育	2x	中	单茎	18.0	13.0	大	混	绿	犁铧形	窄	中	斜立型
ZT000679	D02026	JV32	日本	国家甜菜种质资源中期库	单	可育	2x	多	单茎	21.0	13.0	大	混	绿	舌形	中	中	直立型

（续）

叶数（片）	块根形状	根头大小	根沟深浅	根皮光滑度	根肉色	肉质粗细	维管束环数（个）	经济类型	苗期生长势	幼苗百株重（g）	褐斑病	块根产量（t/hm²）	蔗糖含量（%）	蔗糖产量（t/hm²）	钾含量（mmol/100g）	钠含量（mmol/100g）	氮含量（mmol/100g）	当年抽薹率（%）
43.0	圆锥形	中	浅	较光滑	白	细	6	N	旺	390.00	HS	26.39	11.20	2.96	4.820	5.820	2.790	0.00
39.2	圆锥形	小	浅	较光滑	白	细	7	LL	旺	591.00	HS	26.38	10.10	2.66	4.240	6.630	0.460	0.00
40.4	圆锥形	小	深	较光滑	白	粗	7	N	旺	580.00	HS	35.12	11.20	3.93	3.680	6.700	1.730	0.00
34.8	圆锥形	中	深	较光滑	白	细	7	LL	旺	600.00	HS	27.94	10.20	2.85	3.660	5.750	2.250	0.00
38.8	圆锥形	小	浅	较光滑	白	粗	8	LL	旺	625.00	HS	25.63	9.80	2.51	4.330	5.720	2.630	0.00
44.4	圆锥形	小	浅	较光滑	白	粗	7	LL	中	576.00	HS	26.52	10.30	2.73	4.970	6.290	3.050	0.00
34.0	圆锥形	中	浅	光滑	白	粗	6	N	旺	950.00	MR	38.22	16.70	6.38	4.790	1.740	2.750	0.00
52.6	圆锥形	小	深	不光滑	白	粗	7	LL	较旺	882.00	HS	15.41	7.08	1.09	3.130	6.500	0.675	0.00
48.8	楔形	中	深	不光滑	白	粗	6	LL	较旺	705.00	HS	13.62	8.02	1.09	3.168	6.750	0.729	0.00
55.4	圆锥形	大	深	较光滑	白	粗	5	LL	中	705.00	HS	16.52	9.89	1.63	2.429	3.157	0.803	0.00
42.0	圆锥形	小	浅	光滑	白	细	5	N	旺	870.00	MR	37.50	17.05	6.39	5.490	1.520	1.675	0.00
41.0	圆锥形	小	浅	光滑	白	细	5	N	旺	860.00	MR	38.22	16.70	6.38	4.500	1.590	1.920	0.00
42.9	楔形	大	深	光滑	白	粗	5	LL	较旺	350.00	HS	31.92	11.14	3.55	2.529	4.737	0.919	0.00
46.3	圆锥形	大	深	光滑	白	粗	5	LL	较旺	400.00	HS	13.39	6.65	0.89	4.750	6.750	0.332	0.00
46.0	圆锥形	中	深	不光滑	淡黄	粗	7	LL	较旺	101.60	HS	9.71	3.75	0.36	3.617	6.750	0.604	0.00

统一编号	保存编号	品种名称	品种来源	保存单位	粒性	育性	染色体倍性	花粉量	种株株型	结实密度（粒 /10cm）	种子千粒重（g）	子叶大小	下胚轴色	叶色	叶形	叶柄宽	叶柄长	叶丛型
ZT000680	D02027	JV29	日本	国家甜菜种质资源中期库	单	可育	2x	多	单茎	20.0	13.0	小	混	绿	犁铧形	中	中	直立型
ZT000681	D02028	JV34–3	日本	国家甜菜种质资源中期库	单	可育	2x	多	混合	22.0	13.0	大	绿	绿	犁铧形	中	长	斜立型
ZT000682	D02029	JV34–4	日本	国家甜菜种质资源中期库	多	可育	2x	多	混合	21.0	13.0	大	混	绿	犁铧形	中	长	斜立型
ZT000683	D17044	P–06–3	波兰	国家甜菜种质资源中期库	单	可育	2x	多	单茎	19.0	13.0	中	混	淡绿	犁铧形	中	中	直立型
ZT000684	D17045	P–06	波兰	国家甜菜种质资源中期库	双	可育	2x	多	单茎	18.0	20.0	中	混	淡绿	犁铧形	中	长	直立型
ZT000685	D17046	Psm–1–1	波兰	国家甜菜种质资源中期库	单	不育	2x	少	单茎	20.0	13.0	大	红	绿	犁铧形	中	中	直立型
ZT000686	D17047	Psm–3	波兰	国家甜菜种质资源中期库	多	不育	2x	少	单茎	18.0	24.0	中	红	绿	犁铧形	中	中	直立型
ZT000687	D01246	依安 1 号	中国黑龙江	国家甜菜种质资源中期库	多	可育	2x	多	多茎	19.1	37.0	中	混	淡绿	犁铧形	中	中	斜立型
ZT000688	D01247	范育 2 号	中国吉林	国家甜菜种质资源中期库	多	可育	2x	多	混合	19.5	36.0	大	混	绿	犁铧形	中	中	斜立型
ZT000689	D01248	双 1–2（D）	中国黑龙江	国家甜菜种质资源中期库	多	可育	2x	多	多茎	20.0	40.0	大	混	浓绿	犁铧形	宽	长	斜立型
ZT000690	D01249	57–1/87	中国黑龙江	国家甜菜种质资源中期库	多	可育	2x	多	多茎	20.4	40.0	中	混	浓绿	犁铧形	中	中	斜立型
ZT000691	D01250	57–2/87	中国黑龙江	国家甜菜种质资源中期库	多	可育	2x	中	混合	22.6	27.0	大	混	绿	犁铧形	中	长	斜立型
ZT000692	D01251	57–3/87	中国黑龙江	国家甜菜种质资源中期库	多	可育	2x	多	多茎	20.4	23.0	大	混	浓绿	犁铧形	中	长	斜立型
ZT000693	D01252	57–4/87	中国黑龙江	国家甜菜种质资源中期库	多	可育	2x	中	多茎	17.0	36.0	大	混	浓绿	犁铧形	中	长	斜立型
ZT000694	D01253	57–5/87	中国黑龙江	国家甜菜种质资源中期库	多	可育	2x	多	混合	17.4	29.0	中	混	浓绿	犁铧形	宽	长	斜立型

（续）

叶数（片）	块根形状	根头大小	根沟深浅	根皮光滑度	根肉色	肉质粗细	维管束环数（个）	经济类型	苗期生长势	幼苗百株重（g）	褐斑病	块根产量（t/hm²）	蔗糖含量（%）	蔗糖产量（t/hm²）	钾含量（mmol/100g）	钠含量（mmol/100g）	氮含量（mmol/100g）	当年抽薹率（%）
51.2	楔形	中	浅	不光滑	黄	粗	5	LL	较旺	825.00	HS	9.38	4.20	0.39	3.327	6.749	0.495	0.00
40.0	圆锥形	小	浅	光滑	白	细	6	N	较旺	910.00	MS	37.98	17.30	6.57	4.740	1.940	2.684	0.00
41.0	圆锥形	小	浅	光滑	白	细	5	LL	较旺	920.00	MS	30.58	8.08	2.47	4.670	7.604	6.502	0.00
39.0	圆锥形	小	浅	光滑	白	粗	6	N	旺	1190.00	MS	38.22	17.05	6.39	5.490	1.590	1.670	0.00
46.2	圆锥形	中	浅	光滑	白	细	6	LL	旺	250.00	HS	32.59	7.52	2.45	3.445	6.157	0.574	0.00
49.6	楔形	大	浅	光滑	白	细	5	E	较旺	400.00	HS	36.38	8.67	3.15	3.312	5.745	1.489	0.00
44.8	楔形	大	深	较光滑	白	细	6	LL	较旺	550.00	HS	30.58	7.95	2.43	3.870	5.829	0.340	0.00
38.9	圆锥形	大	浅	光滑	白	细	7	LL	中	622.00	HS	26.65	10.17	2.71	4.188	6.519	2.084	0.00
41.1	圆锥形	中	浅	光滑	白	细	8	N	较旺	741.00	HS	32.92	16.05	5.28	3.150	3.035	2.250	0.00
30.6	圆锥形	小	浅	光滑	淡黄	细	8	EZ	中	895.00	MR	42.50	19.49	8.28	4.363	0.780	4.693	0.00
36.0	圆锥形	小	浅	光滑	白	粗	8	N	中	738.00	MS	36.62	15.80	5.79	2.887	1.856	1.517	0.00
37.3	楔形	小	浅	光滑	白	细	7	N	较旺	661.00	MS	32.64	14.90	4.86	2.629	2.478	1.578	0.00
43.3	楔形	小	浅	光滑	淡黄	粗	9	N	中	780.00	HS	30.49	15.74	4.80	3.185	2.932	1.572	0.00
38.4	圆锥形	中	浅	光滑	白	细	7	N	中	771.00	S	32.11	15.99	5.13	2.889	2.711	0.999	0.00
39.5	圆锥形	小	浅	光滑	淡黄	粗	8	N	中	447.00	MR	32.51	15.60	5.07	2.776	1.743	1.375	0.00

统一编号	保存编号	品种名称	品种来源	保存单位	粒性	育性	染色体倍性	花粉量	种株株型	结实密度（粒/10cm）	种子千粒重（g）	子叶大小	下胚轴色	叶色	叶形	叶柄宽	叶柄长	叶丛型
ZT000695	D01254	7301/83-2	中国黑龙江	国家甜菜种质资源中期库	多	可育	2x	多	多茎	17.2	35.0	大	混	绿	犁铧形	窄	中	斜立型
ZT000696	D01255	7301/134AB	中国黑龙江	国家甜菜种质资源中期库	多	可育	2x	少	多茎	15.9	29.0	大	混	绿	犁铧形	窄	中	斜立型
ZT000697	D01256	7412	中国黑龙江	国家甜菜种质资源中期库	多	可育	2x	多	多茎	21.7	26.0	大	混	绿	犁铧形	宽	长	斜立型
ZT000698	D01257	7412/83合	中国黑龙江	国家甜菜种质资源中期库	多	可育	2x	多	多茎	17.8	26.0	大	混	淡绿	犁铧形	中	长	直立型
ZT000699	D01258	7504/128	中国黑龙江	国家甜菜种质资源中期库	多	可育	2x	多	多茎	19.2	31.0	大	混	绿	犁铧形	窄	中	斜立型
ZT000700	D01259	78001B	中国黑龙江	国家甜菜种质资源中期库	多	可育	2x	中	多茎	18.8	31.0	大	混	浓绿	犁铧形	中	短	斜立型
ZT000701	D01260	780012/合	中国黑龙江	国家甜菜种质资源中期库	多	可育	2x	中	混合	17.5	39.0	大	绿	绿	舌形	中	短	斜立型
ZT000702	D01261	780016B/19	中国黑龙江	国家甜菜种质资源中期库	多	可育	2x	多	混合	22.8	31.0	大	绿	绿	犁铧形	中	中	斜立型
ZT000703	D01262	780020B/5	中国黑龙江	国家甜菜种质资源中期库	多	可育	2x	多	多茎	20.2	24.0	小	红	绿	犁铧形	中	短	斜立型
ZT000704	D01263	780020B/11	中国黑龙江	国家甜菜种质资源中期库	多	可育	2x	中	单茎	16.8	37.0	大	混	绿	犁铧形	宽	中	斜立型
ZT000705	D01264	780020B/13	中国黑龙江	国家甜菜种质资源中期库	多	可育	2x	中	多茎	23.0	27.0	小	混	绿	犁铧形	中	短	斜立型
ZT000706	D01265	780024A/1	中国黑龙江	国家甜菜种质资源中期库	多	可育	2x	中	多茎	17.9	32.0	大	绿	淡绿	犁铧形	宽	中	斜立型
ZT000707	D01266	780024B/2	中国黑龙江	国家甜菜种质资源中期库	多	可育	2x	中	多茎	18.2	39.0	大	混	淡绿	犁铧形	窄	短	匍匐型
ZT000708	D01267	780024B/3	中国黑龙江	国家甜菜种质资源中期库	多	可育	2x	多	多茎	20.1	23.0	大	混	绿	犁铧形	中	中	斜立型
ZT000709	D01268	780024B/4	中国黑龙江	国家甜菜种质资源中期库	多	可育	2x	中	多茎	18.3	42.0	大	绿	绿	犁铧形	中	中	斜立型

（续）

叶数（片）	块根形状	根头大小	根沟深浅	根皮光滑度	根肉色	肉质粗细	维管束环数（个）	经济类型	苗期生长势	幼苗百株重（g）	褐斑病	块根产量（t/hm²）	蔗糖含量（%）	蔗糖产量（t/hm²）	钾含量（mmol/100g）	钠含量（mmol/100g）	氮含量（mmol/100g）	当年抽薹率（%）
44.9	圆锥形	中	深	光滑	白	细	7	N	中	773.00	R	35.95	14.68	5.28	2.864	2.377	1.199	0.00
28.4	圆锥形	小	浅	光滑	白	细	7	N	中	451.00	MS	28.67	13.92	3.99	3.514	2.622	0.764	0.00
30.0	圆锥形	小	浅	光滑	白	粗	7	EZ	较旺	1194.00	MR	44.02	19.01	8.37	3.633	0.800	2.424	0.00
27.1	圆锥形	小	深	光滑	白	细	11	EZ	中	833.00	R	46.52	19.52	9.08	4.000	1.041	2.076	0.00
37.5	圆锥形	小	浅	光滑	白	粗	8	N	中	554.00	MS	32.46	14.44	4.69	3.219	2.626	1.403	0.00
36.4	圆锥形	小	浅	光滑	淡黄	粗	8	N	中	636.00	MR	30.81	15.43	4.75	2.549	2.225	2.041	0.00
25.1	楔形	中	浅	较光滑	白	细	9	EZ	较旺	761.00	R	44.73	19.71	8.82	3.303	0.375	1.808	0.00
28.6	圆锥形	小	浅	光滑	白	细	7	EZ	较旺	983.00	MS	41.70	19.26	8.03	3.988	0.748	2.688	0.00
33.8	楔形	中	深	不光滑	白	中	9	NZ	中	845.00	HR	25.62	18.53	4.93	3.133	1.347	1.805	0.00
26.8	圆锥形	小	浅	光滑	白	细	7	NE	较旺	1033.00	R	46.61	15.99	7.45	4.929	1.408	4.133	0.00
35.1	圆锥形	小	浅	光滑	白	细	9	NZ	中	668.00	R	27.27	17.82	4.86	2.942	1.018	1.802	0.00
28.7	楔形	小	深	光滑	白	细	7	EZ	较旺	831.00	R	39.82	18.56	7.39	3.950	0.525	2.501	0.00
39.3	楔形	小	浅	光滑	淡黄	粗	9	N	中	659.00	MS	26.94	16.04	4.32	2.556	2.689	1.575	0.00
34.6	楔形	中	中	光滑	白	中	6	NZ	中	1018.00	R	33.31	17.20	5.73	2.093	1.012	1.512	0.00
34.5	圆锥形	小	深	光滑	淡黄	粗	8	NZ	中	574.00	MR	33.76	16.40	5.50	3.143	1.955	2.021	0.00

统一编号	保存编号	品种名称	品种来源	保存单位	粒性	育性	染色体倍性	花粉量	种株株型	结实密度（粒/10cm）	种子千粒重（g）	子叶大小	下胚轴色	叶色	叶形	叶柄宽	叶柄长	叶丛型
ZT000710	D01269	780029B	中国黑龙江	国家甜菜种质资源中期库	多	可育	2x	中	多茎	16.2	36.0	大	混	绿	犁铧形	中	中	斜立型
ZT000711	D01270	8202/合	中国黑龙江	国家甜菜种质资源中期库	多	可育	2x	多	混合	18.7	30.0	中	混	绿	犁铧形	中	中	斜立型
ZT000712	D01271	8205	中国黑龙江	国家甜菜种质资源中期库	多	可育	2x	中	混合	15.9	32.0	大	混	淡绿	犁铧形	窄	中	斜立型
ZT000713	D01272	8205/14，16	中国黑龙江	国家甜菜种质资源中期库	多	可育	2x	中	混合	16.3	37.0	大	混	浓绿	犁铧形	宽	中	斜立型
ZT000714	D01273	8205/合	中国黑龙江	国家甜菜种质资源中期库	多	可育	2x	中	混合	18.4	46.0	大	混	浓绿	犁铧形	中	长	斜立型
ZT000715	D01274	8206	中国黑龙江	国家甜菜种质资源中期库	多	可育	2x	多	混合	15.3	32.0	中	红	浓绿	犁铧形	中	中	斜立型
ZT000716	D01275	8206/合	中国黑龙江	国家甜菜种质资源中期库	多	可育	2x	中	多茎	17.6	29.0	大	红	绿	犁铧形	宽	中	斜立型
ZT000717	D01276	8207	中国黑龙江	国家甜菜种质资源中期库	多	可育	2x	多	混合	17.6	31.0	大	混	绿	犁铧形	中	中	斜立型
ZT000718	D01277	8207/2	中国黑龙江	国家甜菜种质资源中期库	多	可育	2x	中	混合	20.8	32.0	大	红	绿	犁铧形	窄	短	斜立型
ZT000719	D01278	8428	中国黑龙江	国家甜菜种质资源中期库	多	可育	2x	中	单茎	19.9	31.0	中	混	绿	犁铧形	宽	中	斜立型
ZT000720	D01279	8430	中国黑龙江	国家甜菜种质资源中期库	多	可育	2x	多	单茎	19.0	36.0	大	混	绿	犁铧形	中	短	斜立型
ZT000721	D01280	8432	中国黑龙江	国家甜菜种质资源中期库	多	可育	2x	中	多茎	16.4	20.0	中	混	浓绿	犁铧形	中	中	斜立型
ZT000722	D01281	840043×7	中国黑龙江	国家甜菜种质资源中期库	多	可育	2x	中	多茎	16.6	27.0	大	混	绿	犁铧形	宽	中	斜立型
ZT000723	D05060	GW62	美国	国家甜菜种质资源中期库	多	可育	2x	多	混合	20.8	34.0	中	混	绿	犁铧形	宽	中	斜立型
ZT000724	D05061	ACH31	美国	国家甜菜种质资源中期库	多	可育	2x	多	混合	27.1	18.0	中	混	绿	犁铧形	中	中	斜立型

（续）

叶数（片）	块根形状	根头大小	根沟深浅	根皮光滑度	根肉色	肉质粗细	维管束环数（个）	经济类型	苗期生长势	幼苗百株重（g）	褐斑病	块根产量（t/hm^2）	蔗糖含量（%）	蔗糖产量（t/hm^2）	钾含量（mmol/100g）	钠含量（mmol/100g）	氮含量（mmol/100g）	当年抽薹率（%）
31.1	圆锥形	小	深	光滑	淡黄	粗	8	N	较旺	744.00	S	30.91	15.45	4.78	2.822	2.292	1.345	0.00
42.2	圆锥形	中	浅	光滑	白	细	7	N	中	683.00	MS	28.29	12.95	3.66	3.020	3.546	0.711	0.00
29.8	圆锥形	小	浅	光滑	白	细	8	EZ	中	965.00	S	38.30	20.38	7.81	3.706	0.481	3.341	0.00
36.6	圆锥形	小	浅	不光滑	白	粗	9	N	中	590.00	HS	29.36	16.01	4.70	3.053	2.848	0.964	0.00
35.8	圆锥形	小	深	光滑	白	细	9	N	中	574.00	S	26.49	14.05	3.72	3.050	3.085	0.958	0.00
34.9	楔形	小	浅	光滑	白	细	7	N	中	638.00	MS	29.92	14.97	4.48	2.596	1.535	1.309	0.00
35.8	圆锥形	中	浅	光滑	白	粗	7	N	较旺	631.00	HS	28.44	15.35	4.37	3.023	1.455	0.684	0.00
41.5	楔形	小	浅	光滑	白	细	7	N	中	564.00	HS	23.21	15.01	3.48	3.020	2.442	1.190	0.00
44.3	圆锥形	小	中	光滑	淡黄	中	8	NZ	中	816.00	MS	29.55	16.60	4.91	3.809	0.463	3.561	0.00
39.1	圆锥形	大	深	光滑	白	粗	7	N	较旺	859.00	MS	32.94	15.74	5.18	2.615	1.744	1.572	0.00
38.7	楔形	小	深	光滑	白	粗	6	N	中	648.00	MS	28.98	16.15	4.68	2.791	1.253	0.988	0.00
36.3	圆锥形	中	浅	光滑	白	粗	7	N	中	581.00	HS	26.86	14.39	3.87	2.521	3.463	0.702	0.00
30.8	圆锥形	大	深	光滑	白	粗	7	Z	较旺	572.00	S	26.15	16.64	4.35	2.951	3.795	1.036	0.00
38.2	圆锥形	中	浅	不光滑	白	细	8	NE	较旺	599.00	MS	48.57	15.50	7.53	4.881	2.638	4.029	0.00
30.3	楔形	大	深	不光滑	白	细	8	NE	中	900.00	R	38.51	15.33	5.90	7.222	3.260	1.177	0.00

统一编号	保存编号	品种名称	品种来源	保存单位	粒性	育性	染色体倍性	花粉量	种株株型	结实密度（粒 /10cm）	种子千粒重（g）	子叶大小	下胚轴色	叶色	叶形	叶柄宽	叶柄长	叶丛型
ZT000725	D05062	MonoHyb2（D）	美国	国家甜菜种质资源中期库	多	可育	2*x*	多	单茎	18.8	33.0	大	混	淡绿	舌形	中	短	斜立型
ZT000726	D05063	BGRC16130	美国	国家甜菜种质资源中期库	多	可育	2*x*	中	多茎	19.3	19.0	中	红	淡绿	犁铧形	中	中	斜立型
ZT000727	D05064	BGRC16137	美国	国家甜菜种质资源中期库	多	可育	2*x*	多	混合	19.8	23.0	中	混	绿	犁铧形	中	短	匍匐型
ZT000728	D11002	ZWAANESSE Ⅰ	荷兰	国家甜菜种质资源中期库	多	可育	2*x*	多	多茎	19.2	33.0	大	红	绿	犁铧形	中	长	斜立型
ZT000729	D11003	ZWAANESSE Ⅲ	荷兰	国家甜菜种质资源中期库	多	可育	2*x*	多	多茎	18.9	40.0	中	红	浓绿	犁铧形	中	中	斜立型
ZT000730	D11004	Gro	荷兰	国家甜菜种质资源中期库	多	可育	2*x*	多	混合	18.6	34.0	大	混	绿	犁铧形	宽	长	斜立型
ZT000731	D11005	Nemee（红）	荷兰	国家甜菜种质资源中期库	多	可育	2*x*	多	混合	18.8	25.0	中	混	绿	舌形	中	短	斜立型
ZT000732	D11006	Hilleshoegs	荷兰	国家甜菜种质资源中期库	多	可育	2*x*	少	多茎	22.0	21.0	小	红	绿	犁铧形	中	中	斜立型
ZT000733	D11007	880261	荷兰	国家甜菜种质资源中期库	多	可育	2*x*	多	混合	19.4	27.0	中	混	绿	犁铧形	宽	短	斜立型
ZT000734	D11008	880263	荷兰	国家甜菜种质资源中期库	多	可育	2*x*	中	混合	20.9	24.0	中	混	浓绿	舌形	宽	中	直立型
ZT000735	D13004	B1253	英国	国家甜菜种质资源中期库	多	可育	2*x*	少	多茎	22.9	20.0	大	混	绿	犁铧形	窄	中	斜立型
ZT000736	D14008	1169 “MS”	德国	国家甜菜种质资源中期库	多	不育	2*x*	少	单茎	22.0	21.0	中	红	浓绿	犁铧形	宽	长	斜立型
ZT000737	D14009	1169 “O”	德国	国家甜菜种质资源中期库	多	可育	2*x*	多	单茎	23.3	24.0	中	红	浓绿	犁铧形	中	中	斜立型
ZT000738	D14010	1172	德国	国家甜菜种质资源中期库	多	可育	2*x*	多	多茎	21.9	33.0	大	混	浓绿	犁铧形	宽	长	斜立型
ZT000739	D19031	Рамонская06（红）	俄罗斯	国家甜菜种质资源中期库	多	可育	2*x*	多	混合	22.4	19.0	大	红	深红	犁铧形	中	短	斜立型

（续）

叶数（片）	块根形状	根头大小	根沟深浅	根皮光滑度	根肉色	肉质粗细	维管束环数（个）	经济类型	苗期生长势	幼苗百株重（g）	褐斑病	块根产量（t/hm²）	蔗糖含量（%）	蔗糖产量（t/hm²）	钾含量（mmol/100g）	钠含量（mmol/100g）	氮含量（mmol/100g）	当年抽薹率（%）
37.3	楔形	小	浅	光滑	白	细	8	NE	较旺	737.00	S	52.68	14.03	7.39	5.980	2.145	5.845	0.00
32.8	圆锥形	小	中	光滑	白	细	7	NE	中	850.00	HR	36.11	15.60	5.63	4.873	2.213	2.140	0.00
45.4	楔形	小	浅	光滑	白	细	7	N	中	548.00	HS	26.05	12.00	3.13	2.994	5.496	2.502	0.00
33.0	圆锥形	中	浅	光滑	淡黄	中	7	NE	较旺	948.00	MS	55.09	13.20	7.27	6.004	2.998	4.986	0.00
35.5	圆锥形	中	深	光滑	白	细	8	LL	中	811.00	HS	31.00	10.55	3.27	2.666	5.397	0.958	0.00
33.4	圆锥形	小	浅	光滑	白	细	7	NE	中	686.00	S	50.63	12.83	6.50	5.402	3.286	3.143	0.00
43.4	圆锥形	大	浅	较光滑	浅红	细	8	E	中	823.00	HS	54.02	11.78	6.36	9.257	7.282	5.747	0.00
31.2	楔形	小	浅	较光滑	浅黄	细	7	N	较旺	1583.30	S	39.39	10.70	4.21	4.055	5.985	1.045	0.00
41.3	楔形	大	深	不光滑	白	细	9	NE	中	612.00	HS	35.80	15.03	5.38	5.280	3.281	4.655	0.00
37.7	楔形	大	深	较光滑	白	细	9	NE	中	653.00	HS	40.89	13.62	5.57	5.905	4.173	4.686	0.00
31.2	圆锥形	小	中	光滑	白	细	9	NE	较旺	998.00	R	34.57	14.08	4.87	2.262	4.848	2.388	0.00
28.6	圆锥形	大	深	光滑	白	细	8	NE	较旺	1254.00	S	47.95	15.24	7.31	5.355	2.512	4.040	0.00
30.1	圆锥形	小	浅	光滑	白	细	8	NE	较旺	686.00	HS	51.25	15.50	7.94	3.553	2.865	4.766	0.00
40.3	圆锥形	中	浅	光滑	白	细	8	NE	中	645.00	MR	41.80	13.68	5.72	3.682	3.227	1.061	0.00
21.8	圆锥形	小	无	光滑	紫红	细	5	E	较旺	604.00	S	50.27	6.32	3.18	6.727	3.708	8.718	0.00

统一编号	保存编号	品种名称	品种来源	保存单位	粒性	育性	染色体倍性	花粉量	种株株型	结实密度（粒 /10cm）	种子千粒重（g）	子叶大小	下胚轴色	叶色	叶形	叶柄宽	叶柄长	叶丛型
ZT000740	D19032	利沃夫饲料甜菜	俄罗斯	国家甜菜种质资源中期库	多	可育	2x	多	多茎	19.9	34.0	大	黄	淡绿	犁铧形	中	中	斜立型
ZT000741	D23002	Ovana–Blancd（D）	奥地利	国家甜菜种质资源中期库	多	可育	2x	多	混合	21.3	31.0	大	混	绿	犁铧形	宽	长	斜立型
ZT000742	D01282	TD207	中国黑龙江	国家甜菜种质资源中期库	单	可育	2x	多	多茎	30.0	15.0	大	红	淡绿	犁铧形	窄	中	斜立型
ZT000743	D01283	TD235	中国黑龙江	国家甜菜种质资源中期库	单	可育	2x	多	多茎	25.0	16.0	大	混	淡绿	犁铧形	中	中	直立型
ZT000744	D01284	TD236	中国黑龙江	国家甜菜种质资源中期库	单	可育	2x	多	单茎	40.0	13.0	大	混	绿	犁铧形	中	中	直立型
ZT000745	D01285	TDm203A	中国黑龙江	国家甜菜种质资源中期库	单	不育	2x	少	多茎	25.0	15.0	大	红	绿	犁铧形	中	短	斜立型
ZT000746	D01286	TDm203B	中国黑龙江	国家甜菜种质资源中期库	单	可育	2x	多	多茎	29.0	14.0	大	红	淡绿	圆扇形	中	短	斜立型
ZT000747	D01287	TDm220A	中国黑龙江	国家甜菜种质资源中期库	单	不育	2x	少	多茎	31.0	15.0	大	混	绿	犁铧形	中	中	直立型
ZT000748	D01288	TDm220B	中国黑龙江	国家甜菜种质资源中期库	单	可育	2x	多	多茎	30.0	14.0	大	红	绿	犁铧形	中	中	斜立型
ZT000749	D01289	TDm104A	中国黑龙江	国家甜菜种质资源中期库	单	不育	2x	少	多茎	30.0	13.0	大	混	绿	圆扇形	中	中	直立型
ZT000750	D01290	TDm104B	中国黑龙江	国家甜菜种质资源中期库	单	可育	2x	多	单茎	27.0	13.0	大	红	浓绿	圆扇形	中	中	直立型
ZT000751	D01291	2012–1A	中国黑龙江	国家甜菜种质资源中期库	多	不育	2x	少	多茎	23.0	24.0	大	绿	绿	犁铧形	中	中	斜立型
ZT000752	D01292	2012–1B	中国黑龙江	国家甜菜种质资源中期库	多	可育	2x	多	多茎	23.0	24.0	大	绿	绿	犁铧形	窄	短	斜立型
ZT000753	D01293	2014–3A	中国黑龙江	国家甜菜种质资源中期库	多	不育	2x	少	混合	23.0	32.0	大	红	绿	犁铧形	窄	短	斜立型
ZT000754	D01294	2014–3B	中国黑龙江	国家甜菜种质资源中期库	多	可育	2x	多	混合	23.0	30.0	小	红	绿	犁铧形	中	短	斜立型

（续）

叶数（片）	块根形状	根头大小	根沟深浅	根皮光滑度	根肉色	肉质粗细	维管束环数（个）	经济类型	苗期生长势	幼苗百株重（g）	褐斑病	块根产量（t/hm²）	蔗糖含量（%）	蔗糖产量（t/hm²）	钾含量（mmol/100g）	钠含量（mmol/100g）	氮含量（mmol/100g）	当年抽薹率（%）
34.7	圆锥形	中	不明显	较光滑	白	细	7	E	旺	1007.00	S	75.90	4.32	3.28	7.840	5.587	4.235	0.00
31.4	圆锥形	小	浅	光滑	白	细	7	E	中	775.00	MR	59.82	11.89	7.11	5.899	3.597	3.871	0.00
43.3	圆锥形	小	浅	较光滑	淡黄	细	7	LL	旺	452.00	HS	33.10	7.50	2.48	5.060	6.430	1.270	0.00
49.2	楔形	小	深	较光滑	白	细	8	LL	较旺	438.00	HS	33.68	8.80	2.96	5.350	6.330	1.480	0.00
50.8	圆锥形	小	浅	较光滑	白	细	8	LL	较旺	537.00	HS	33.39	6.60	2.20	3.750	6.150	1.680	0.00
43.2	圆锥形	中	深	较光滑	白	粗	7	LL	旺	455.00	HS	28.81	10.90	3.14	3.770	4.240	1.840	0.00
45.0	圆锥形	小	浅	较光滑	白	粗	8	LL	旺	417.00	HS	21.88	8.70	1.90	3.490	6.070	1.150	0.00
36.8	圆锥形	小	浅	较光滑	白	细	7	LL	旺	610.00	HS	19.09	8.90	1.70	3.880	5.200	1.210	0.00
41.2	圆锥形	小	浅	光滑	白	细	8	E	旺	348.00	HS	37.01	10.28	3.80	6.890	6.750	0.700	0.00
36.4	圆锥形	小	深	光滑	白	粗	8	N	旺	349.00	HS	29.79	11.40	3.40	4.460	5.280	2.180	0.00
44.6	圆锥形	小	浅	较光滑	白	细	7	LL	旺	459.00	HS	29.87	10.20	3.05	4.950	6.340	2.940	0.00
31.4	楔形	小	浅	光滑	白	粗	8	N	中	620.00	R	30.25	15.71	4.75	3.320	1.160	2.440	0.00
27.6	楔形	小	浅	光滑	白	细	7	N	旺	640.00	R	29.91	15.90	4.76	3.060	1.360	1.730	0.00
31.3	楔形	小	浅	较光滑	白	细	8	N	旺	660.00	R	26.78	14.02	3.75	3.060	3.480	3.550	0.00
34.6	楔形	小	浅	不光滑	白	细	9	N	旺	800.00	HR	29.58	14.79	4.37	3.350	3.050	3.730	0.00

统一编号	保存编号	品种名称	品种来源	保存单位	粒性	育性	染色体倍性	花粉量	种株株型	结实密度（粒 /10cm）	种子千粒重（g）	子叶大小	下胚轴色	叶色	叶形	叶柄宽	叶柄长	叶丛型
ZT000755	D01295	2014–4A	中国黑龙江	国家甜菜种质资源中期库	多	不育	2x	少	多茎	21.0	30.0	大	混	绿	犁铧形	中	短	斜立型
ZT000756	D01296	2014–4B	中国黑龙江	国家甜菜种质资源中期库	多	可育	2x	多	多茎	21.0	30.0	大	混	绿	犁铧形	中	短	斜立型
ZT000757	D01297	2016A	中国黑龙江	国家甜菜种质资源中期库	多	不育	2x	少	多茎	22.0	26.0	大	混	绿	犁铧形	窄	中	斜立型
ZT000758	D01298	2016B	中国黑龙江	国家甜菜种质资源中期库	多	可育	2x	多	多茎	22.0	27.0	大	混	绿	犁铧形	中	短	斜立型
ZT000759	D01299	2021–1A	中国黑龙江	国家甜菜种质资源中期库	多	不育	2x	少	混合	22.0	30.0	大	绿	绿	犁铧形	窄	中	直立型
ZT000760	D01300	2021–1B	中国黑龙江	国家甜菜种质资源中期库	多	可育	2x	多	混合	22.0	30.0	大	绿	绿	犁铧形	窄	短	斜立型
ZT000761	D01301	2021–2A	中国黑龙江	国家甜菜种质资源中期库	多	不育	2x	少	混合	23.0	30.0	大	绿	绿	犁铧形	中	短	斜立型
ZT000762	D01302	2021–2B	中国黑龙江	国家甜菜种质资源中期库	多	可育	2x	多	混合	23.0	29.0	中	混	绿	犁铧形	中	中	斜立型
ZT000763	D01313	2022–1A	中国黑龙江	国家甜菜种质资源中期库	多	不育	2x	少	多茎	20.0	25.0	大	绿	绿	犁铧形	窄	短	斜立型
ZT000764	D01304	2022–1B	中国黑龙江	国家甜菜种质资源中期库	多	可育	2x	多	多茎	20.0	29.0	大	绿	绿	犁铧形	窄	短	斜立型
ZT000765	D01305	2023–2A	中国黑龙江	国家甜菜种质资源中期库	多	不育	2x	少	多茎	22.0	37.0	大	混	绿	犁铧形	中	短	斜立型
ZT000766	D01306	2023–2B	中国黑龙江	国家甜菜种质资源中期库	多	可育	2x	多	多茎	22.0	37.0	中	混	绿	犁铧形	中	短	斜立型
ZT000767	D01307	2023–3A	中国黑龙江	国家甜菜种质资源中期库	多	不育	2x	少	多茎	23.0	31.0	大	绿	绿	犁铧形	中	短	斜立型
ZT000768	D01308	2023–3B	中国黑龙江	国家甜菜种质资源中期库	多	可育	2x	多	多茎	23.0	28.0	小	混	绿	犁铧形	中	短	斜立型
ZT000769	D01309	2024–1A	中国黑龙江	国家甜菜种质资源中期库	多	不育	2x	少	多茎	22.0	28.0	大	红	浓绿	犁铧形	窄	中	斜立型

（续）

叶数（片）	块根形状	根头大小	根沟深浅	根皮光滑度	根肉色	肉质粗细	维管束环数（个）	经济类型	苗期生长势	幼苗百株重（g）	褐斑病	块根产量（t/hm²）	蔗糖含量（%）	蔗糖产量（t/hm²）	钾含量（mmol/100g）	钠含量（mmol/100g）	氮含量（mmol/100g）	当年抽薹率（%）
30.3	楔形	小	浅	光滑	白	细	8	NE	旺	720.00	R	36.83	14.47	5.33	3.650	2.830	5.110	0.00
35.2	楔形	小	浅	光滑	白	细	7	N	旺	720.00	R	34.09	14.32	4.88	3.100	3.130	3.250	0.00
30.9	楔形	小	浅	光滑	白	细	7	N	弱	320.00	HR	34.00	14.25	4.84	4.850	3.270	4.610	0.00
28.9	圆锥形	小	浅	光滑	白	粗	7	N	较弱	360.00	HR	34.33	12.63	4.33	4.320	3.030	3.480	0.00
34.1	楔形	小	浅	光滑	白	粗	7	N	中	600.00	HR	33.82	15.68	5.30	3.080	1.150	2.920	0.00
26.3	楔形	小	浅	光滑	白	粗	9	N	较弱	500.00	R	30.25	14.95	4.52	3.570	1.310	3.200	0.00
28.5	楔形	中	浅	光滑	白	粗	7	NE	较弱	560.00	HR	36.07	15.10	5.45	3.125	1.510	2.890	0.00
27.8	楔形	小	浅	光滑	白	粗	8	N	弱	400.00	R	35.72	15.00	5.36	3.620	2.090	4.090	0.00
33.4	楔形	小	不明显	较光滑	白	粗	8	NE	中	400.00	HR	37.95	15.72	5.97	3.710	2.380	2.510	0.00
35.4	楔形	小	不明显	较光滑	白	粗	10	N	弱	340.00	R	27.91	15.05	4.20	3.300	1.930	2.840	0.00
33.9	圆锥形	小	浅	光滑	白	细	8	N	旺	750.00	R	33.48	14.79	4.95	3.830	3.370	3.850	0.00
27.2	圆锥形	小	浅	光滑	白	细	9	N	较弱	590.00	MR	29.47	13.65	4.02	3.960	3.910	3.990	0.00
29.9	楔形	小	浅	较光滑	白	粗	6	N	较弱	550.00	HR	33.26	14.81	4.93	3.380	1.800	2.130	0.00
30.8	圆锥形	小	浅	光滑	白	粗	10	N	中	600.00	R	32.81	15.17	4.98	3.170	2.310	2.910	0.00
36.5	纺锤形	中	不明显	光滑	白	粗	8	NE	中	440.00	HR	39.02	15.50	6.05	2.990	2.230	2.600	0.00

统一编号	保存编号	品种名称	品种来源	保存单位	粒性	育性	染色体倍性	花粉量	种株株型	结实密度（粒/10cm）	种子千粒重（g）	子叶大小	下胚轴色	叶色	叶形	叶柄宽	叶柄长	叶丛型
ZT000770	D01310	2024–1B	中国黑龙江	国家甜菜种质资源中期库	多	可育	2*x*	多	多茎	22.0	27.0	大	红	绿	犁铧形	中	中	斜立型
ZT000771	D01311	2024–2A	中国黑龙江	国家甜菜种质资源中期库	多	不育	2*x*	少	多茎	22.0	26.0	大	混	浓绿	犁铧形	窄	短	斜立型
ZT000772	D01312	2024–2B	中国黑龙江	国家甜菜种质资源中期库	多	可育	2*x*	多	多茎	22.0	24.0	大	红	绿	犁铧形	中	短	斜立型
ZT000773	D01313	2025–2A	中国黑龙江	国家甜菜种质资源中期库	多	不育	2*x*	少	多茎	24.0	26.0	中	混	绿	犁铧形	中	中	斜立型
ZT000774	D01314	2025–2B	中国黑龙江	国家甜菜种质资源中期库	多	可育	2*x*	多	多茎	24.0	20.0	大	混	绿	犁铧形	宽	短	斜立型
ZT000775	D01315	2031A	中国黑龙江	国家甜菜种质资源中期库	多	不育	2*x*	少	多茎	21.0	33.0	大	绿	绿	犁铧形	窄	短	斜立型
ZT000776	D01316	2031B	中国黑龙江	国家甜菜种质资源中期库	多	可育	2*x*	多	多茎	21.0	30.0	大	绿	绿	犁铧形	中	短	斜立型
ZT000777	D01317	2033A	中国黑龙江	国家甜菜种质资源中期库	多	不育	2*x*	少	多茎	24.0	28.0	大	红	绿	犁铧形	窄	短	斜立型
ZT000778	D01318	2033B	中国黑龙江	国家甜菜种质资源中期库	多	可育	2*x*	多	多茎	24.0	31.0	大	混	绿	犁铧形	窄	短	斜立型
ZT000779	D01319	2041–2A	中国黑龙江	国家甜菜种质资源中期库	多	不育	2*x*	少	多茎	21.0	30.0	中	混	淡绿	犁铧形	中	短	斜立型
ZT000780	D01320	2041–2B	中国黑龙江	国家甜菜种质资源中期库	多	可育	2*x*	多	多茎	21.0	31.0	大	混	淡绿	犁铧形	中	短	斜立型
ZT000781	D01321	2042A	中国黑龙江	国家甜菜种质资源中期库	多	不育	2*x*	少	多茎	23.0	30.0	大	红	淡绿	犁铧形	窄	短	斜立型
ZT000782	D01322	2042B	中国黑龙江	国家甜菜种质资源中期库	多	可育	2*x*	多	多茎	23.0	30.0	大	混	淡绿	犁铧形	窄	短	斜立型
ZT000783	D01323	2043–3A	中国黑龙江	国家甜菜种质资源中期库	多	不育	2*x*	少	多茎	22.0	25.0	大	混	绿	犁铧形	窄	短	斜立型
ZT000784	D01324	2043–3B	中国黑龙江	国家甜菜种质资源中期库	多	可育	2*x*	多	多茎	22.0	25.0	大	红	绿	犁铧形	窄	短	斜立型

（续）

叶数（片）	块根形状	根头大小	根沟深浅	根皮光滑度	根肉色	肉质粗细	维管束环数（个）	经济类型	苗期生长势	幼苗百株重（g）	褐斑病	块根产量（t/hm²）	蔗糖含量（%）	蔗糖产量（t/hm²）	钾含量（mmol/100g）	钠含量（mmol/100g）	氮含量（mmol/100g）	当年抽薹率（%）
32.0	圆锥形	中	不明显	光滑	白	粗	8	N	弱	360.00	HR	31.92	15.39	4.91	3.450	3.490	2.050	0.00
31.0	圆锥形	小	浅	光滑	白	粗	9	N	弱	240.00	HR	32.41	15.77	5.11	3.180	3.160	2.210	0.00
29.4	圆锥形	小	浅	不光滑	白	粗	8	N	弱	320.00	HR	28.13	15.54	4.37	3.500	3.600	2.860	0.00
31.8	楔形	中	浅	光滑	白	细	9	N	中	600.00	R	31.81	13.24	4.21	4.330	3.390	3.490	0.00
27.6	圆锥形	小	浅	光滑	白	细	9	N	旺	650.00	S	24.48	13.70	3.35	3.260	3.680	4.660	0.00
32.7	圆锥形	小	浅	光滑	白	细	8	N	弱	400.00	MR	25.45	14.07	3.58	3.890	2.840	2.780	0.00
32.2	楔形	小	浅	光滑	白	粗	9	N	旺	640.00	HR	26.00	15.20	3.95	4.020	2.210	2.940	0.00
37.0	楔形	小	浅	光滑	白	粗	8	NE	弱	480.00	MR	37.06	15.95	5.91	3.330	1.910	3.020	0.00
32.2	圆锥形	中	浅	光滑	白	粗	9	NE	中	610.00	R	36.39	13.90	5.06	3.080	3.320	2.950	0.00
28.2	圆锥形	小	浅	光滑	淡黄	粗	8	N	旺	580.00	HR	31.92	16.35	5.22	2.910	1.410	1.950	0.00
35.6	圆锥形	小	浅	光滑	白	粗	7	NZ	旺	550.00	HR	26.91	16.53	4.45	2.650	2.140	1.590	0.00
37.7	楔形	小	浅	较光滑	白	细	8	N	弱	300.00	R	26.20	14.20	3.72	2.800	4.230	1.410	0.00
36.5	圆锥形	小	浅	较光滑	淡黄	细	8	N	中	400.00	HR	27.64	15.60	4.31	2.610	2.660	1.960	0.00
33.0	圆锥形	小	浅	光滑	白	粗	10	N	中	400.00	HR	27.01	15.80	4.27	3.730	1.470	2.810	0.00
33.1	圆锥形	小	浅	光滑	白	粗	9	N	旺	580.00	R	29.91	16.20	4.85	3.820	1.800	3.440	0.00

统一编号	保存编号	品种名称	品种来源	保存单位	粒性	育性	染色体倍性	花粉量	种株株型	结实密度（粒/10cm）	种子千粒重（g）	子叶大小	下胚轴色	叶色	叶形	叶柄宽	叶柄长	叶丛型
ZT000785	D01325	2044-3A	中国黑龙江	国家甜菜种质资源中期库	多	不育	2*x*	少	多茎	24.0	35.0	大	混	淡绿	犁铧形	窄	短	斜立型
ZT000786	D01326	2044-3B	中国黑龙江	国家甜菜种质资源中期库	多	可育	2*x*	多	多茎	24.0	38.0	大	混	绿	犁铧形	中	中	斜立型
ZT000787	D01327	2045A	中国黑龙江	国家甜菜种质资源中期库	多	不育	2*x*	少	多茎	21.0	28.0	小	混	淡绿	犁铧形	窄	短	斜立型
ZT000788	D01328	2045B	中国黑龙江	国家甜菜种质资源中期库	多	可育	2*x*	多	多茎	21.0	24.0	中	混	淡绿	犁铧形	中	中	斜立型
ZT000789	D01329	MP206	中国黑龙江	国家甜菜种质资源中期库	多	可育	2*x*	多	多茎	24.0	28.0	中	混	绿	犁铧形	窄	短	斜立型
ZT000790	D01330	MP206-1	中国黑龙江	国家甜菜种质资源中期库	多	可育	2*x*	多	多茎	23.0	20.0	大	混	绿	犁铧形	中	短	斜立型
ZT000791	D01331	MP207-3	中国黑龙江	国家甜菜种质资源中期库	多	可育	2*x*	多	多茎	23.0	28.0	大	混	绿	犁铧形	窄	短	斜立型
ZT000792	D01332	MP207-4	中国黑龙江	国家甜菜种质资源中期库	多	可育	2*x*	多	多茎	24.0	29.0	大	混	绿	犁铧形	中	短	斜立型
ZT000793	D01333	MP208-1	中国黑龙江	国家甜菜种质资源中期库	多	可育	2*x*	多	多茎	25.0	21.0	大	混	绿	犁铧形	中	中	斜立型
ZT000794	D01334	MP208-4	中国黑龙江	国家甜菜种质资源中期库	多	可育	2*x*	多	多茎	23.0	25.0	大	红	绿	犁铧形	中	中	斜立型
ZT000795	D01335	MP211-1	中国黑龙江	国家甜菜种质资源中期库	多	可育	2*x*	多	多茎	21.0	20.0	中	绿	绿	犁铧形	窄	中	斜立型
ZT000796	D01336	MP212-1	中国黑龙江	国家甜菜种质资源中期库	多	可育	2*x*	多	多茎	21.0	24.0	中	红	绿	犁铧形	窄	短	斜立型
ZT000797	D01337	MP215-1	中国黑龙江	国家甜菜种质资源中期库	多	可育	2*x*	多	多茎	22.0	20.0	大	混	绿	犁铧形	中	短	斜立型
ZT000798	D01338	MP215-2	中国黑龙江	国家甜菜种质资源中期库	多	可育	2*x*	多	多茎	22.0	24.0	大	混	绿	犁铧形	窄	短	斜立型
ZT000799	D01339	MP216-2	中国黑龙江	国家甜菜种质资源中期库	多	可育	2*x*	多	多茎	24.0	30.0	中	红	绿	犁铧形	窄	短	斜立型

（续）

叶数（片）	块根形状	根头大小	根沟深浅	根皮光滑度	根肉色	肉质粗细	维管束环数（个）	经济类型	苗期生长势	幼苗百株重（g）	褐斑病	块根产量（t/hm^2）	蔗糖含量（%）	蔗糖产量（t/hm^2）	钾含量（mmol/100g）	钠含量（mmol/100g）	氮含量（mmol/100g）	当年抽薹率（%）
36.2	圆锥形	中	浅	光滑	淡黄	粗	9	NZ	旺	580.00	MR	33.73	16.60	5.60	2.740	1.690	3.170	0.00
33.3	圆锥形	小	不明显	光滑	白	细	8	N	中	400.00	R	25.89	15.54	4.02	3.190	1.870	3.730	0.00
34.9	圆锥形	小	浅	较光滑	白	细	8	NE	较弱	320.00	R	38.80	15.20	5.90	3.320	2.870	3.700	0.00
32.4	楔形	小	浅	较光滑	白	细	7	N	较弱	315.00	HR	30.76	15.10	4.64	3.430	2.590	2.600	0.00
36.5	圆锥形	小	浅	光滑	白	细	9	NE	中	650.00	MR	38.06	14.20	5.40	4.250	3.700	2.570	0.00
34.3	圆锥形	小	浅	光滑	白	粗	8	NE	中	630.00	R	36.97	14.65	5.42	3.170	3.240	4.350	0.00
34.4	圆锥形	小	浅	光滑	白	粗	7	N	中	600.00	R	35.61	15.60	5.56	3.800	2.140	3.530	0.00
36.4	楔形	小	浅	较光滑	白	细	8	NE	较弱	550.00	HR	37.95	13.30	5.05	4.660	4.380	2.920	0.00
32.6	圆锥形	小	浅	光滑	白	细	8	NE	旺	750.00	MR	37.28	14.30	5.33	3.450	2.910	2.630	0.00
27.7	圆锥形	小	浅	光滑	白	细	8	N	中	640.00	MR	33.82	15.00	5.07	3.330	2.290	6.310	0.00
34.4	圆锥形	小	浅	光滑	白	细	9	NE	弱	400.00	HR	38.51	14.40	5.55	3.530	2.140	2.920	0.00
32.4	圆锥形	小	浅	光滑	白	细	7	N	弱	400.00	MR	35.38	14.80	5.24	3.600	2.900	2.880	0.00
35.1	楔形	中	浅	光滑	白	粗	8	N	弱	430.00	R	31.92	13.60	4.34	4.310	2.500	4.280	0.00
34.3	楔形	小	浅	光滑	白	细	7	NE	中	570.00	R	39.85	13.50	5.38	3.270	3.540	3.060	0.00
36.6	圆锥形	小	浅	光滑	白	细	8	NE	弱	500.00	HR	38.28	14.05	5.39	3.750	2.420	4.870	0.00

统一编号	保存编号	品种名称	品种来源	保存单位	粒性	育性	染色体倍性	花粉量	种株株型	结实密度（粒/10cm）	种子千粒重（g）	子叶大小	下胚轴色	叶色	叶形	叶柄宽	叶柄长	叶丛型
ZT000800	D01340	MP216-3	中国黑龙江	国家甜菜种质资源中期库	多	可育	$2x$	多	多茎	22.0	24.0	中	混	绿	犁铧形	窄	短	斜立型
ZT000801	D01341	OV-1	中国黑龙江	国家甜菜种质资源中期库	多	可育	$2x$	中	多茎	23.0	50.0	大	红	浓绿	犁铧形	宽	中	直立型
ZT000802	D01342	OV-2	中国黑龙江	国家甜菜种质资源中期库	多	可育	$2x$	多	多茎	19.0	32.0	大	红	绿	圆扇形	中	中	直立型
ZT000803	D01343	OV-3	中国黑龙江	国家甜菜种质资源中期库	多	可育	$2x$	多	多茎	17.0	29.0	中	红	绿	舌形	中	中	直立型
ZT000804	D01344	OV-4	中国黑龙江	国家甜菜种质资源中期库	多	可育	$2x$	多	多茎	24.0	35.4	大	混	浓绿	舌形	宽	短	直立型
ZT000805	D01345	OV-5	中国黑龙江	国家甜菜种质资源中期库	多	可育	$2x$	多	多茎	18.0	29.0	中	红	绿	舌形	中	中	直立型
ZT000806	D01346	OV-6	中国黑龙江	国家甜菜种质资源中期库	多	可育	$2x$	多	多茎	22.0	32.0	大	绿	绿	犁铧形	中	中	直立型
ZT000807	D01347	PO-1	中国黑龙江	国家甜菜种质资源中期库	多	可育	$2x$	多	多茎	26.0	30.0	大	红	绿	犁铧形	中	中	直立型
ZT000808	D01348	PO-2	中国黑龙江	国家甜菜种质资源中期库	多	可育	$2x$	多	多茎	20.0	27.0	大	混	浓绿	犁铧形	中	中	直立型
ZT000809	D01349	PO-3	中国黑龙江	国家甜菜种质资源中期库	多	可育	$2x$	多	多茎	19.0	30.0	大	混	绿	舌形	窄	中	直立型
ZT000810	D01350	PO-4	中国黑龙江	国家甜菜种质资源中期库	多	可育	$2x$	多	多茎	19.0	33.0	大	混	淡绿	舌形	窄	中	直立型
ZT000811	D01351	PO-5	中国黑龙江	国家甜菜种质资源中期库	多	可育	$2x$	多	多茎	21.0	37.0	中	混	绿	犁铧形	窄	中	直立型
ZT000812	D01352	PO-6	中国黑龙江	国家甜菜种质资源中期库	多	可育	$2x$	中	多茎	23.0	40.0	中	红	绿	圆扇形	宽	长	直立型
ZT000813	D01353	PO-7	中国黑龙江	国家甜菜种质资源中期库	多	可育	$2x$	多	多茎	30.0	30.0	大	绿	绿	舌形	宽	中	直立型
ZT000814	D01354	PO-8	中国黑龙江	国家甜菜种质资源中期库	多	可育	$2x$	多	多茎	18.0	27.0	中	红	淡绿	犁铧形	中	中	直立型

（续）

叶数（片）	块根形状	根头大小	根沟深浅	根皮光滑度	根肉色	肉质粗细	维管束环数（个）	经济类型	苗期生长势	幼苗百株重（g）	褐斑病	块根产量（t/hm²）	蔗糖含量（%）	蔗糖产量（t/hm²）	钾含量（mmol/100g）	钠含量（mmol/100g）	氮含量（mmol/100g）	当年抽薹率（%）
32.9	圆锥形	小	浅	光滑	白	细	8	N	弱	350.00	R	31.47	13.80	4.34	4.310	3.040	4.050	0.00
38.0	圆锥形	中	浅	较光滑	淡黄	细	8	N	旺	860.00	HR	33.89	14.80	5.02	4.070	2.730	1.380	0.00
32.0	圆锥形	小	浅	较光滑	白	中	7	N	中	344.00	R	35.48	13.90	4.93	2.930	2.530	2.050	0.00
31.0	圆锥形	中	浅	光滑	白	细	6	NE	中	312.00	R	46.05	15.50	7.14	3.300	1.830	2.290	0.00
35.0	圆锥形	中	深	光滑	白	粗	8	NE	较旺	264.00	R	37.88	14.20	5.38	3.010	2.560	2.360	0.00
42.0	圆锥形	中	深	光滑	白	粗	6	NE	中	209.00	R	37.57	15.75	5.92	3.230	2.100	2.640	0.00
29.0	圆锥形	中	浅	较光滑	白	粗	9	N	较旺	288.00	MR	31.82	14.00	4.45	3.290	4.500	3.020	0.00
32.0	圆锥形	中	浅	光滑	白	细	6	N	较旺	960.00	HR	31.07	14.30	4.44	4.090	2.950	1.250	0.00
27.0	纺锤形	中	不明显	光滑	白	细	6	N	较旺	755.00	R	33.86	14.70	4.98	3.230	2.840	1.270	0.00
38.0	圆锥形	中	深	光滑	白	细	7	NE	旺	434.00	HR	40.45	15.40	6.23	3.320	2.800	1.890	0.00
29.0	圆锥形	中	深	光滑	白	细	8	NE	中	307.00	R	39.96	13.20	5.27	2.840	4.450	0.910	0.00
35.0	圆锥形	大	深	光滑	淡黄	粗	9	NE	较旺	275.00	MR	38.22	12.10	4.62	4.160	4.730	1.150	0.00
34.0	圆锥形	中	深	光滑	白	细	8	NE	较旺	336.00	R	41.86	13.90	5.82	2.850	3.880	1.730	0.00
40.0	圆锥形	中	深	较光滑	白	粗	7	NE	较旺	389.00	MR	36.71	15.80	5.80	3.240	1.510	3.260	0.00
34.0	圆锥形	中	深	较光滑	白	细	7	N	中	238.00	R	36.05	15.80	5.70	3.020	1.950	1.010	0.00

统一编号	保存编号	品种名称	品种来源	保存单位	粒性	育性	染色体倍性	花粉量	种株株型	结实密度（粒 /10cm）	种子千粒重（g）	子叶大小	下胚轴色	叶色	叶形	叶柄宽	叶柄长	叶丛型
ZT000815	D01355	PO–9	中国黑龙江	国家甜菜种质资源中期库	多	可育	2x	多	多茎	19.0	39.0	大	混	绿	犁铧形	中	中	直立型
ZT000816	D01356	PO–10	中国黑龙江	国家甜菜种质资源中期库	多	可育	2x	多	多茎	19.0	34.0	大	混	绿	圆扇形	中	中	直立型
ZT000817	D01357	PO–11	中国黑龙江	国家甜菜种质资源中期库	多	可育	2x	多	多茎	19.0	37.0	中	红	绿	舌形	宽	中	直立型
ZT000818	D01358	PO–12	中国黑龙江	国家甜菜种质资源中期库	多	可育	2x	多	多茎	19.0	40.0	大	红	绿	犁铧形	宽	长	直立型
ZT000819	D01359	PO–13	中国黑龙江	国家甜菜种质资源中期库	多	可育	2x	多	多茎	17.0	27.0	中	红	浓绿	犁铧形	中	短	直立型
ZT000820	D01360	PO–14	中国黑龙江	国家甜菜种质资源中期库	多	可育	2x	多	多茎	25.0	24.0	小	混	浓绿	舌形	中	中	直立型
ZT000821	D01361	PO–15	中国黑龙江	国家甜菜种质资源中期库	多	可育	2x	多	多茎	15.0	35.0	大	混	绿	犁铧形	中	中	直立型
ZT000822	D01362	PR–1	中国黑龙江	国家甜菜种质资源中期库	多	可育	2x	多	多茎	18.0	34.0	大	混	浓绿	舌形	中	长	直立型
ZT000823	D01363	PR–2	中国黑龙江	国家甜菜种质资源中期库	多	可育	2x	多	多茎	18.0	34.0	大	红	浓绿	舌形	中	中	直立型
ZT000824	D01364	PR–3	中国黑龙江	国家甜菜种质资源中期库	多	可育	2x	多	多茎	20.0	27.0	大	混	浓绿	舌形	中	中	直立型
ZT000825	D01365	PR–4	中国黑龙江	国家甜菜种质资源中期库	多	可育	2x	多	多茎	17.0	22.0	大	混	浓绿	犁铧形	中	中	直立型
ZT000826	D01366	PR–5	中国黑龙江	国家甜菜种质资源中期库	多	可育	2x	多	多茎	16.0	30.0	大	混	浓绿	犁铧形	宽	短	直立型
ZT000827	D01367	PR–6	中国黑龙江	国家甜菜种质资源中期库	多	可育	2x	中	多茎	25.0	39.0	大	混	绿	犁铧形	中	中	直立型
ZT000828	D01368	PR–7	中国黑龙江	国家甜菜种质资源中期库	多	可育	2x	多	多茎	15.0	37.0	大	红	绿	犁铧形	中	中	直立型
ZT000829	D01369	PR–8	中国黑龙江	国家甜菜种质资源中期库	多	可育	2x	多	多茎	13.0	32.0	大	绿	绿	舌形	中	中	直立型

（续）

叶数（片）	块根形状	根头大小	根沟深浅	根皮光滑度	根肉色	肉质粗细	维管束环数（个）	经济类型	苗期生长势	幼苗百株重（g）	褐斑病	块根产量（t/hm²）	蔗糖含量（%）	蔗糖产量（t/hm²）	钾含量（mmol/100g）	钠含量（mmol/100g）	氮含量（mmol/100g）	当年抽薹率（%）
42.0	圆锥形	中	深	光滑	白	细	9	N	旺	496.00	R	34.62	16.20	5.61	2.750	1.690	1.070	0.00
34.0	圆锥形	中	浅	光滑	白	细	7	N	中	303.00	MR	35.68	13.00	4.64	3.000	5.070	1.350	0.00
49.0	楔形	中	浅	较光滑	白	粗	7	E	中	484.00	R	39.02	11.10	4.33	4.950	3.270	1.800	0.00
29.0	圆锥形	中	浅	光滑	白	粗	7	N	中	281.00	HR	39.85	16.40	6.54	3.240	1.580	2.080	0.00
36.0	圆锥形	中	浅	较光滑	白	细	10	NE	中	189.00	R	37.17	15.50	5.76	3.310	3.510	1.880	0.00
40.0	圆锥形	中	深	光滑	白	粗	6	N	中	166.00	R	36.17	15.30	5.53	3.790	3.190	1.320	0.00
40.0	圆锥形	中	深	光滑	白	粗	7	NE	中	238.00	MR	42.56	16.20	6.89	3.620	2.340	2.490	0.00
43.0	纺锤形	大	深	较光滑	白	细	7	N	较旺	700.00	R	27.08	13.30	3.60	3.520	3.990	0.960	0.00
40.0	纺锤形	大	深	较光滑	白	细	8	N	较旺	540.00	MR	27.86	12.60	3.51	3.570	5.110	0.760	0.00
40.0	纺锤形	大	深	较光滑	白	细	7	N	较旺	610.00	R	29.07	13.10	3.81	2.970	4.480	1.130	0.00
45.0	圆锥形	大	深	较光滑	淡黄	细	7	N	较旺	655.00	R	27.92	11.90	3.32	3.060	5.210	0.560	0.00
39.0	圆锥形	中	深	较光滑	淡黄	细	6	N	旺	965.00	R	29.24	11.60	3.39	3.170	5.330	0.620	0.00
43.0	纺锤形	中	深	较光滑	白	细	6	N	较旺	660.00	HR	34.76	13.30	4.62	3.890	4.390	0.850	0.00
45.0	纺锤形	大	深	不光滑	白	粗	7	N	较旺	515.00	R	30.18	13.70	4.13	4.110	3.990	1.390	0.00
48.0	纺锤形	大	深	较光滑	白	细	6	N	较旺	620.00	R	26.61	14.30	3.81	3.720	3.440	0.990	0.00

统一编号	保存编号	品种名称	品种来源	保存单位	粒性	育性	染色体倍性	花粉量	种株株型	结实密度（粒 /10cm）	种子千粒重（g）	子叶大小	下胚轴色	叶色	叶形	叶柄宽	叶柄长	叶丛型
ZT000830	D01370	PR–9	中国黑龙江	国家甜菜种质资源中期库	多	可育	$2x$	多	多茎	20.0	24.0	大	绿	绿	舌形	中	中	斜立型
ZT000831	D01371	Ⅱ 78–10	中国黑龙江	国家甜菜种质资源中期库	多	可育	$2x$	中	多茎	16.1	18.0	大	混	淡绿	舌形	宽	中	斜立型
ZT000832	D01372	Ⅱ 80611	中国黑龙江	国家甜菜种质资源中期库	多	可育	$2x$	中	单茎	18.6	23.0	大	混	绿	舌形	窄	长	斜立型
ZT000833	D01373	Ⅱ 80613	中国黑龙江	国家甜菜种质资源中期库	多	可育	$2x$	多	混合	17.8	25.0	大	混	浓绿	舌形	中	中	斜立型
ZT000834	D01374	Ⅱ 80632	中国黑龙江	国家甜菜种质资源中期库	多	可育	$2x$	多	单茎	19.8	22.0	大	红	绿	圆扇形	中	中	斜立型
ZT000835	D01375	Ⅱ 80634	中国黑龙江	国家甜菜种质资源中期库	多	可育	$2x$	多	混合	23.8	24.0	大	红	浓绿	舌形	中	短	斜立型
ZT000836	D01376	Ⅱ 80636	中国黑龙江	国家甜菜种质资源中期库	多	可育	$2x$	多	混合	19.9	23.0	大	混	绿	舌形	中	中	斜立型
ZT000837	D01377	Ⅱ 80643	中国黑龙江	国家甜菜种质资源中期库	多	可育	$2x$	中	单茎	18.4	18.0	中	红	浓绿	舌形	宽	中	斜立型
ZT000838	D01378	Ⅱ 82721	中国黑龙江	国家甜菜种质资源中期库	多	可育	$2x$	多	混合	19.1	24.0	大	混	浓绿	舌形	窄	短	斜立型
ZT000839	D01379	Ⅱ 84821	中国黑龙江	国家甜菜种质资源中期库	多	可育	$2x$	多	混合	20.4	20.0	大	混	浓绿	舌形	宽	短	斜立型
ZT000840	D01380	103–8041	中国黑龙江	国家甜菜种质资源中期库	多	可育	$2x$	中	混合	20.4	19.0	大	混	绿	舌形	中	中	斜立型
ZT000841	D01381	Ⅲ 7415	中国黑龙江	国家甜菜种质资源中期库	多	可育	$2x$	中	单茎	19.3	21.0	大	混	绿	舌形	宽	中	斜立型
ZT000842	D01382	Ⅲ 7417	中国黑龙江	国家甜菜种质资源中期库	多	可育	$2x$	中	混合	20.3	18.0	大	绿	淡绿	舌形	宽	长	斜立型
ZT000843	D01383	Ⅲ 74176	中国黑龙江	国家甜菜种质资源中期库	多	可育	$2x$	中	混合	20.0	20.0	大	混	绿	舌形	中	中	斜立型
ZT000844	D01384	Ⅲ 80423	中国黑龙江	国家甜菜种质资源中期库	多	可育	$2x$	中	单茎	20.2	19.0	大	红	浓绿	舌形	中	短	斜立型

（续）

叶数（片）	块根形状	根头大小	根沟深浅	根皮光滑度	根肉色	肉质粗细	维管束环数（个）	经济类型	苗期生长势	幼苗百株重（g）	褐斑病	块根产量（t/hm^2）	蔗糖含量（%）	蔗糖产量（t/hm^2）	钾含量（mmol/100g）	钠含量（mmol/100g）	氮含量（mmol/100g）	当年抽薹率（%）
29.0	纺锤形	大	深	不光滑	白	粗	7	N	中	660.00	R	26.19	14.60	3.82	3.580	3.220	1.140	0.00
34.5	圆锥形	中	中	较光滑	白	细	9	N	中	1096.00	MR	31.80	15.80	5.02	3.490	1.500	1.400	0.00
28.0	圆锥形	大	深	光滑	白	细	8	EZ	旺	792.00	HR	41.77	18.02	7.53	4.107	0.811	4.141	0.00
25.6	圆锥形	中	深	光滑	白	细	9	ZZ	旺	861.00	HR	28.87	19.60	5.66	4.217	0.601	3.799	0.00
34.5	圆锥形	中	中	较光滑	白	中	8	N	中	1131.00	S	33.50	14.60	4.89	3.630	1.650	1.280	0.00
34.5	圆锥形	中	中	较光滑	白	细	10	N	中	913.00	HS	29.10	14.20	4.13	2.580	1.330	0.790	0.00
23.2	圆锥形	中	深	光滑	淡黄	细	8	ZZ	旺	910.00	HR	31.23	19.76	6.17	4.520	0.431	2.875	0.00
37.8	圆锥形	中	中	较光滑	白	细	9	N	较弱	851.00	S	31.40	15.10	4.74	3.640	1.900	1.230	0.00
25.8	圆锥形	大	浅	光滑	白	细	10	ZZ	较旺	1125.00	HR	35.83	19.91	7.13	4.011	0.400	2.550	0.00
31.6	圆锥形	中	浅	光滑	白	细	11	ZZ	较旺	588.00	HR	32.91	19.17	6.31	4.194	0.238	1.224	0.00
23.8	圆锥形	中	浅	光滑	白	细	10	Z	较旺	871.00	HR	36.46	18.92	6.90	4.154	0.531	1.869	0.00
25.4	圆锥形	大	深	光滑	白	细	8	EZ	旺	1360.00	HR	41.78	17.76	7.42	4.605	0.797	2.040	0.00
35.6	圆锥形	中	中	较光滑	淡黄	中	10	N	较旺	1637.00	HS	34.10	13.80	4.71	3.050	3.130	1.470	0.00
46.2	圆锥形	中	中	较光滑	白	细	10	N	中	1180.00	MS	34.00	15.90	5.41	3.410	1.910	4.650	0.00
34.5	圆锥形	中	中	较光滑	白	细	10	N	中	913.00	HS	29.10	14.20	4.13	2.580	1.330	0.790	0.00

统一编号	保存编号	品种名称	品种来源	保存单位	粒性	育性	染色体倍性	花粉量	种株株型	结实密度（粒/10cm）	种子千粒重（g）	子叶大小	下胚轴色	叶色	叶形	叶柄宽	叶柄长	叶丛型
ZT000845	D01385	Ⅲ 80434	中国黑龙江	国家甜菜种质资源中期库	多	可育	2x	多	混合	20.3	22.0	大	混	浓绿	舌形	宽	长	斜立型
ZT000846	D01386	Ⅲ 82561	中国黑龙江	国家甜菜种质资源中期库	多	可育	2x	中	混合	18.9	18.0	大	混	绿	舌形	宽	中	斜立型
ZT000847	D01387	Ⅳ 79412	中国黑龙江	国家甜菜种质资源中期库	多	可育	2x	中	混合	21.2	21.0	大	混	浓绿	舌形	中	中	直立型
ZT000848	D01388	Ⅳ 79421	中国黑龙江	国家甜菜种质资源中期库	多	可育	2x	多	单茎	19.7	19.0	中	绿	淡绿	舌形	中	中	斜立型
ZT000849	D01389	Ⅳ 7945-1	中国黑龙江	国家甜菜种质资源中期库	多	可育	2x	多	混合	19.9	17.0	大	混	绿	舌形	中	中	斜立型
ZT000850	D01390	Ⅴ 8243B	中国黑龙江	国家甜菜种质资源中期库	多	可育	2x	中	多茎	19.9	16.0	大	混	浓绿	舌形	中	长	斜立型
ZT000851	D01391	Ⅴ 8243C	中国黑龙江	国家甜菜种质资源中期库	多	可育	2x	少	多茎	23.6	16.0	大	绿	浓绿	舌形	中	短	斜立型
ZT000852	D01392	Ⅴ 8243D	中国黑龙江	国家甜菜种质资源中期库	多	可育	2x	中	混合	17.0	22.0	大	绿	浓绿	舌形	中	中	斜立型
ZT000853	D01393	Ⅵ 78161	中国黑龙江	国家甜菜种质资源中期库	多	可育	2x	多	混合	18.9	24.0	中	红	绿	舌形	中	中	斜立型
ZT000854	D01394	Ⅵ 82433B	中国黑龙江	国家甜菜种质资源中期库	多	可育	2x	中	混合	19.3	27.0	大	绿	浓绿	犁铧形	中	中	斜立型
ZT000855	D01395	Ⅵ 82435	中国黑龙江	国家甜菜种质资源中期库	多	可育	2x	多	混合	20.6	21.0	大	混	绿	舌形	中	中	斜立型
ZT000856	D01396	1403/1	中国黑龙江	国家甜菜种质资源中期库	多	可育	2x	多	单茎	20.2	20.0	大	红	绿	舌形	宽	长	斜立型
ZT000857	D01397	1403/5	中国黑龙江	国家甜菜种质资源中期库	多	可育	2x	中	多茎	16.2	26.0	大	红	绿	舌形	中	中	斜立型
ZT000858	D01398	1503	中国黑龙江	国家甜菜种质资源中期库	多	可育	2x	中	混合	17.6	24.0	大	混	绿	舌形	中	中	斜立型
ZT000859	D01399	1508/323	中国黑龙江	国家甜菜种质资源中期库	多	可育	2x	中	混合	20.2	19.0	大	混	淡绿	圆扇形	中	中	直立型

（续）

叶数（片）	块根形状	根头大小	根沟深浅	根皮光滑度	根肉色	肉质粗细	维管束环数（个）	经济类型	苗期生长势	幼苗百株重（g）	褐斑病	块根产量（t/hm^2）	蔗糖含量（%）	蔗糖产量（t/hm^2）	钾含量（mmol/100g）	钠含量（mmol/100g）	氮含量（mmol/100g）	当年抽薹率（%）
22.6	圆锥形	小	深	光滑	白	细	7	EZ	旺	843.00	HR	41.27	19.54	8.06	6.528	0.746	2.652	0.00
33.8	圆锥形	中	中	光滑	白	细	9	N	旺	2094.00	MS	32.40	15.30	4.96	2.270	3.200	1.600	0.00
31.4	圆锥形	小	深	光滑	白	细	8	Z	较旺	1299.00	HR	34.62	18.57	6.43	5.121	0.753	2.670	0.00
32.1	圆锥形	中	中	不光滑	白	细	10	LL	中	1275.00	S	20.60	13.80	2.84	3.480	3.250	1.170	0.00
26.2	圆锥形	中	深	不光滑	白	细	9	EZ	中	560.00	HR	44.66	18.14	8.10	5.386	0.793	4.957	0.00
30.5	圆锥形	中	中	较光滑	白	细	9	N	旺	1096.00	MS	28.70	15.80	4.53	2.770	2.190	1.050	0.00
32.6	圆锥形	中	深	光滑	白	细	10	N	中	1064.00	MS	31.70	13.80	4.37	3.550	1.880	1.140	0.00
31.8	圆锥形	小	中	较光滑	淡黄	中	8	NZ	较旺	942.00	MS	30.70	16.80	5.16	3.460	1.970	1.430	0.00
29.3	圆锥形	小	中	不光滑	白	细	11	NE	中	762.00	MR	42.20	14.50	6.12	3.640	1.540	2.470	0.00
32.0	圆锥形	大	深	较光滑	白	细	11	EZ	较旺	525.00	MR	37.90	16.70	6.33	2.870	2.480	1.620	0.00
28.8	圆锥形	中	深	光滑	白	细	9	Z	中	665.00	HR	29.10	19.05	5.54	3.772	0.285	2.023	0.00
32.7	圆锥形	大	中	不光滑	白	中	10	NE	较旺	1403.00	MR	38.00	15.10	5.74	3.850	2.510	1.720	0.00
29.9	圆锥形	大	中	不光滑	白	细	11	N	较旺	1413.00	MR	35.00	14.70	5.15	2.860	2.750	4.200	0.00
34.6	圆锥形	小	深	较光滑	白	细	10	NE	较旺	1048.00	MS	39.80	15.00	5.97	3.280	4.570	1.510	0.00
51.3	圆锥形	大	中	较光滑	淡黄	中	9	LL	较旺	1074.00	S	19.60	15.60	3.06	3.470	1.670	1.480	0.00

统一编号	保存编号	品种名称	品种来源	保存单位	粒性	育性	染色体倍性	花粉量	种株株型	结实密度（粒 /10cm）	种子千粒重（g）	子叶大小	下胚轴色	叶色	叶形	叶柄宽	叶柄长	叶丛型
ZT000860	D01400	1903	中国黑龙江	国家甜菜种质资源中期库	多	可育	2*x*	多	混合	18.4	19.0	大	混	绿	舌形	中	短	斜立型
ZT000861	D01401	1906	中国黑龙江	国家甜菜种质资源中期库	多	可育	2*x*	多	混合	19.3	21.0	大	混	绿	舌形	宽	中	斜立型
ZT000862	D01402	1906/1–3	中国黑龙江	国家甜菜种质资源中期库	多	可育	2*x*	多	混合	20.6	18.0	大	混	绿	舌形	窄	长	斜立型
ZT000863	D01403	7917/2–9	中国黑龙江	国家甜菜种质资源中期库	多	可育	2*x*	中	多茎	19.4	22.0	大	混	浓绿	舌形	中	中	斜立型
ZT000864	D01404	7917/2–13–1	中国黑龙江	国家甜菜种质资源中期库	多	可育	2*x*	中	多茎	19.6	19.0	大	红	浓绿	舌形	中	中	斜立型
ZT000865	D01405	8029/–1	中国黑龙江	国家甜菜种质资源中期库	多	可育	2*x*	多	混合	21.6	21.0	大	混	绿	舌形	中	短	斜立型
ZT000866	D01406	A8044–2	中国黑龙江	国家甜菜种质资源中期库	多	可育	2*x*	多	混合	20.0	20.0	大	混	绿	舌形	中	短	斜立型
ZT000867	D01407	A8243	中国黑龙江	国家甜菜种质资源中期库	多	可育	2*x*	中	单茎	21.8	13.0	大	混	浓绿	舌形	宽	长	斜立型
ZT000868	D01408	B8032	中国黑龙江	国家甜菜种质资源中期库	多	可育	2*x*	多	混合	18.3	24.0	大	混	绿	舌形	中	长	斜立型
ZT000869	D01409	F7823	中国黑龙江	国家甜菜种质资源中期库	多	可育	2*x*	多	混合	19.1	19.0	大	混	绿	舌形	宽	中	斜立型
ZT000870	D01410	F88–4211	中国黑龙江	国家甜菜种质资源中期库	多	可育	2*x*	多	混合	17.1	20.0	大	混	绿	舌形	中	长	斜立型
ZT000871	D01411	G8171	中国黑龙江	国家甜菜种质资源中期库	多	可育	2*x*	多	混合	18.3	20.0	大	红	浓绿	舌形	窄	长	斜立型
ZT000872	D01412	J80423	中国黑龙江	国家甜菜种质资源中期库	多	可育	2*x*	中	混合	17.6	19.0	中	混	浓绿	舌形	窄	中	斜立型
ZT000873	D01413	J8045	中国黑龙江	国家甜菜种质资源中期库	多	可育	2*x*	多	混合	18.8	18.0	大	红	绿	舌形	窄	长	斜立型
ZT000874	D01414	J84622	中国黑龙江	国家甜菜种质资源中期库	多	可育	2*x*	中	混合	19.9	16.0	大	混	浓绿	舌形	窄	长	斜立型

（续）

叶数（片）	块根形状	根头大小	根沟深浅	根皮光滑度	根肉色	肉质粗细	维管束环数（个）	经济类型	苗期生长势	幼苗百株重（g）	褐斑病	块根产量（t/hm^2）	蔗糖含量（%）	蔗糖产量（t/hm^2）	钾含量（mmol/100g）	钠含量（mmol/100g）	氮含量（mmol/100g）	当年抽薹率（%）
29.2	圆锥形	小	深	光滑	淡黄	细	9	ZZ	旺	709.00	HR	35.58	19.20	6.83	4.572	0.489	2.181	0.00
25.6	圆锥形	中	深	光滑	白	细	9	ZZ	较旺	1127.00	HR	35.69	19.54	6.97	4.550	0.264	1.350	0.00
27.4	圆锥形	中	浅	光滑	白	细	8	EZ	较旺	1374.00	HR	41.43	19.27	7.98	3.588	0.285	1.689	0.00
49.6	圆锥形	小	中	不光滑	白	细	11	NZ	中	1328.00	MS	34.40	16.70	5.74	2.560	1.910	1.190	0.00
39.1	圆锥形	小	中	不光滑	白	细	11	N	较旺	1061.00	HS	32.20	15.50	4.99	2.620	1.700	1.350	0.00
29.4	圆锥形	中	深	光滑	白	细	9	EZ	较旺	1217.00	HR	50.16	19.27	9.67	6.517	0.628	2.119	0.00
23.2	圆锥形	大	深	光滑	白	细	9	Z	旺	760.00	HR	29.61	17.79	5.27	4.220	0.855	1.952	0.00
24.6	圆锥形	中	深	光滑	白	细	11	ZZ	旺	1608.00	HR	30.91	19.85	6.14	4.068	0.357	2.815	0.00
24.0	圆锥形	大	浅	光滑	白	细	8	ZZ	较旺	1195.00	HR	31.35	20.02	6.28	4.298	0.141	2.498	0.00
33.0	圆锥形	小	中	较光滑	白	细	8	N	中	1241.00	S	28.80	15.80	4.55	2.550	2.200	1.530	0.00
22.4	楔形	中	浅	光滑	白	粗	8	EZ	旺	1096.00	HR	41.71	18.57	7.73	5.379	0.655	3.527	0.00
29.4	圆锥形	大	深	光滑	白	细	10	EZ	较旺	698.00	HR	41.80	20.07	8.39	4.142	0.184	3.912	0.00
24.8	圆锥形	中	浅	光滑	白	细	10	EZ	较旺	991.00	HR	40.54	19.11	7.75	3.493	0.387	2.052	0.00
29.2	圆锥形	中	浅	光滑	白	粗	10	ZZ	中	1166.00	HR	36.49	20.43	7.46	5.012	0.239	2.681	0.00
30.6	圆锥形	大	深	光滑	白	细	8	ZZ	中	1051.00	HR	33.09	19.21	6.36	3.295	1.300	3.211	0.00

统一编号	保存编号	品种名称	品种来源	保存单位	粒性	育性	染色体倍性	花粉量	种株株型	结实密度（粒 /10cm）	种子千粒重（g）	子叶大小	下胚轴色	叶色	叶形	叶柄宽	叶柄长	叶丛型
ZT000875	D01415	Ⅱ 785252	中国黑龙江	国家甜菜种质资源中期库	多	可育	2*x*	中	多茎	19.8	22.0	大	混	浓绿	舌形	中	中	斜立型
ZT000876	D01416	Ⅱ 80635	中国黑龙江	国家甜菜种质资源中期库	多	可育	2*x*	中	混合	17.2	28.0	大	混	浓绿	舌形	中	中	斜立型
ZT000877	D01417	Ⅱ 88-8	中国黑龙江	国家甜菜种质资源中期库	多	可育	2*x*	多	混合	18.6	20.0	大	混	绿	舌形	宽	长	斜立型
ZT000878	D01418	Ⅲ 7412	中国黑龙江	国家甜菜种质资源中期库	多	可育	2*x*	多	多茎	19.1	22.0	大	混	绿	舌形	宽	长	直立型
ZT000879	D01419	Ⅲ 74172	中国黑龙江	国家甜菜种质资源中期库	多	可育	2*x*	多	混合	19.4	17.0	大	混	绿	犁铧形	宽	长	斜立型
ZT000880	D01420	Ⅲ 80446	中国黑龙江	国家甜菜种质资源中期库	多	可育	2*x*	中	混合	15.6	19.0	大	绿	浓绿	舌形	中	短	斜立型
ZT000881	D01421	Ⅲ 861-1-1	中国黑龙江	国家甜菜种质资源中期库	多	可育	2*x*	中	单茎	20.2	22.0	大	混	浓绿	舌形	宽	中	斜立型
ZT000882	D01422	Ⅵ 80363	中国黑龙江	国家甜菜种质资源中期库	多	可育	2*x*	中	混合	17.2	28.0	大	混	绿	舌形	中	中	斜立型
ZT000883	D01423	1403/9-8	中国黑龙江	国家甜菜种质资源中期库	多	可育	2*x*	中	单茎	21.9	18.0	大	混	绿	舌形	宽	中	斜立型
ZT000884	D01424	1504	中国黑龙江	国家甜菜种质资源中期库	多	可育	2*x*	中	多茎	17.8	19.0	大	红	绿	舌形	宽	中	斜立型
ZT000885	D01425	1904	中国黑龙江	国家甜菜种质资源中期库	多	可育	2*x*	多	单茎	18.5	24.0	大	绿	绿	舌形	宽	长	斜立型
ZT000886	D01426	7917/2-4	中国黑龙江	国家甜菜种质资源中期库	多	可育	2*x*	多	多茎	20.2	23.0	大	混	浓绿	犁铧形	宽	长	斜立型
ZT000887	D01427	B8241	中国黑龙江	国家甜菜种质资源中期库	多	可育	2*x*	多	单茎	17.3	20.0	大	混	绿	圆扇形	宽	中	斜立型
ZT000888	D01428	C8621	中国黑龙江	国家甜菜种质资源中期库	多	可育	2*x*	中	混合	19.2	28.0	大	混	浓绿	舌形	中	中	斜立型
ZT000889	D01429	F8551	中国黑龙江	国家甜菜种质资源中期库	多	可育	2*x*	多	混合	19.2	25.0	大	混	浓绿	舌形	中	短	斜立型

（续）

叶数（片）	块根形状	根头大小	根沟深浅	根皮光滑度	根肉色	肉质粗细	维管束环数（个）	经济类型	苗期生长势	幼苗百株重（g）	褐斑病	块根产量（t/hm²）	蔗糖含量（%）	蔗糖产量（t/hm²）	钾含量（mmol/100g）	钠含量（mmol/100g）	氮含量（mmol/100g）	当年抽薹率（%）
28.8	圆锥形	中	中	较光滑	白	中	11	NZ	中	649.00	MS	30.00	16.50	4.95	3.000	1.240	2.200	0.00
29.2	圆锥形	大	深	光滑	白	细	10	Z	较旺	1239.00	HR	35.44	18.90	6.70	4.796	0.791	3.704	0.00
28.4	圆锥形	中	深	光滑	白	细	9	ZZ	旺	1346.00	HR	32.34	20.15	6.52	5.095	0.397	2.869	0.00
35.0	圆锥形	大	中	光滑	白	细	9	NE	旺	1688.00	S	39.90	14.70	5.87	3.000	1.120	1.410	0.00
40.9	圆锥形	中	深	光滑	白	细	11	N	较旺	918.00	MS	28.40	15.00	4.26	2.620	2.500	0.870	0.00
23.7	圆锥形	中	浅	较光滑	白	细	11	N	中	580.00	S	25.40	14.60	3.71	2.600	1.490	1.380	0.00
32.5	圆锥形	中	中	较光滑	白	中	8	N	较旺	1450.00	HS	30.10	15.00	4.52	2.760	1.960	2.210	0.00
34.5	楔形	中	深	较光滑	白	中	10	EZ	中	682.00	MS	40.00	16.60	6.64	3.020	1.680	1.390	0.00
25.6	圆锥形	小	浅	光滑	白	细	9	EZ	较旺	906.00	HR	39.90	19.03	7.59	3.881	0.400	1.451	0.00
39.2	楔形	中	深	不光滑	白	中	12	N	中	722.00	S	32.80	15.40	5.05	2.470	1.670	2.100	0.00
26.8	圆锥形	中	深	光滑	白	细	9	EZ	旺	1025.00	HR	41.43	17.81	7.38	3.234	0.526	2.842	0.00
33.6	圆锥形	小	浅	不光滑	白	中	10	N	中	1111.00	R	34.70	16.30	5.66	2.480	0.790	1.090	0.00
30.9	圆锥形	小	深	较光滑	白	细	10	N	较旺	1030.00	MS	27.00	15.90	4.29	2.730	2.890	1.810	0.00
25.8	圆锥形	中	深	不光滑	白	细	10	ZZ	旺	1220.00	HR	30.12	19.18	5.78	3.674	0.210	2.074	0.00
23.2	圆锥形	小	深	光滑	白	细	9	E	旺	969.00	HR	39.48	17.32	6.84	3.420	0.826	2.176	0.00

统一编号	保存编号	品种名称	品种来源	保存单位	粒性	育性	染色体倍性	花粉量	种株株型	结实密度（粒 /10cm）	种子千粒重（g）	子叶大小	下胚轴色	叶色	叶形	叶柄宽	叶柄长	叶丛型
ZT000890	D01430	J86711	中国黑龙江	国家甜菜种质资源中期库	多	可育	2x	少	多茎	14.4	18.0	大	混	浓绿	舌形	中	短	斜立型
ZT000891	D01431	T8141	中国黑龙江	国家甜菜种质资源中期库	多	可育	2x	多	单茎	18.3	21.0	大	混	绿	舌形	中	中	斜立型
ZT000895	D01435	甜 423	中国黑龙江	国家甜菜种质资源中期库	多	可育	4x	多	混合	12.0	35.0	中	红	绿	舌形	宽	中	斜立型
ZT000896	D01436	甜 425–2	中国黑龙江	国家甜菜种质资源中期库	多	可育	4x	多	混合	13.0	35.0	中	红	绿	舌形	宽	中	斜立型
ZT000897	D01437	甜 426	中国黑龙江	国家甜菜种质资源中期库	多	可育	4x	多	混合	11.0	35.0	中	红	绿	舌形	宽	中	斜立型
ZT000898	D01438	甜 427	中国黑龙江	国家甜菜种质资源中期库	多	可育	4x	多	混合	16.0	35.0	大	红	绿	舌形	宽	中	斜立型
ZT000899	D01439	甜 441	中国黑龙江	国家甜菜种质资源中期库	多	可育	4x	多	混合	12.0	34.0	大	红	绿	舌形	宽	中	斜立型
ZT000900	D01440	甜 442	中国黑龙江	国家甜菜种质资源中期库	多	可育	4x	多	混合	12.0	35.0	大	红	淡绿	舌形	宽	短	斜立型
ZT000901	D01441	甜 443	中国黑龙江	国家甜菜种质资源中期库	多	可育	4x	多	混合	12.0	35.0	大	混	绿	舌形	宽	中	斜立型
ZT000902	D02030	TA131–14	日本	国家甜菜种质资源中期库	多	可育	4x	多	混合	16.0	33.0	大	混	绿	犁铧形	宽	中	直立型
ZT000904	D02032	JV22	日本	国家甜菜种质资源中期库	双	不育	2x	无	单茎	18.0	14.0	中	混	绿	犁铧形	中	中	直立型
ZT000906	D02034	JV42	日本	国家甜菜种质资源中期库	单	不育	2x	无	单茎	18.0	13.0	大	绿	绿	舌形	宽	长	直立型
ZT000907	D02035	JV45	日本	国家甜菜种质资源中期库	单	不育	2x	无	单茎	17.0	14.0	大	红	绿	犁铧形	窄	短	斜立型
ZT000908	D02036	JV46	日本	国家甜菜种质资源中期库	单	不育	2x	无	单茎	17.0	13.0	大	红	绿	犁铧形	窄	短	斜立型
ZT000909	D02037	JV47	日本	国家甜菜种质资源中期库	单	不育	2x	无	单茎	22.0	13.0	中	混	绿	犁铧形	中	中	斜立型

（续）

叶数（片）	块根形状	根头大小	根沟深浅	根皮光滑度	根肉色	肉质粗细	维管束环数（个）	经济类型	苗期生长势	幼苗百株重（g）	褐斑病	块根产量（t/hm²）	蔗糖含量（%）	蔗糖产量（t/hm²）	钾含量（mmol/100g）	钠含量（mmol/100g）	氮含量（mmol/100g）	当年抽薹率（%）
30.2	圆锥形	大	浅	不光滑	白	细	8	ZZ	中	486.00	HR	28.92	19.12	5.53	3.846	0.477	3.187	0.00
31.2	圆锥形	中	深	光滑	白	细	9	EZ	旺	1161.00	HR	44.09	17.88	7.88	3.789	0.507	2.863	0.00
35.0	纺锤形	大	深	光滑	白	粗	7	LL	旺	872.00	R	20.98	14.15	2.97	3.334	2.742	0.842	0.00
35.8	圆锥形	中	浅	光滑	白	粗	7	N	旺	855.00	HR	26.34	15.20	4.00	2.935	1.699	1.109	0.00
40.0	圆锥形	中	浅	光滑	白	粗	7	N	旺	878.00	HR	27.68	15.62	4.32	2.322	1.409	1.349	0.00
44.8	圆锥形	小	浅	光滑	淡黄	细	5	N	旺	765.00	HR	29.24	14.95	4.37	3.329	2.139	1.290	0.00
38.4	圆锥形	小	浅	不光滑	白	粗	5	N	旺	735.00	R	28.35	15.09	4.28	2.702	2.134	1.903	0.00
40.4	楔形	中	深	不光滑	白	粗	6	N	较旺	1165.00	R	24.22	13.43	3.25	2.207	2.599	1.279	0.00
40.0	楔形	中	深	不光滑	淡黄	粗	7	N	较旺	920.00	HR	25.90	15.15	3.92	2.502	1.594	1.537	0.00
33.0	楔形	中	浅	光滑	白	粗	6	LL	旺	1120.00	S	25.67	8.23	2.11	2.700	6.815	1.450	0.00
47.8	楔形	中	浅	光滑	白	粗	6	LL	较旺	500.00	S	32.82	11.15	3.66	2.783	5.865	1.828	0.00
39.7	圆锥形	大	浅	较光滑	白	细	8	LL	中	300.00	HS	28.02	9.47	2.65	2.760	5.840	0.724	0.00
43.4	楔形	小	浅	光滑	白	细	8	LL	中	350.00	HS	20.31	9.60	1.95	6.337	4.650	4.365	0.00
41.4	楔形	小	深	不光滑	白	细	5	LL	中	350.00	HS	18.75	9.83	1.84	6.409	5.184	3.364	0.00
39.0	楔形	中	浅	较光滑	白	细	6	LL	较旺	680.00	S	17.86	6.42	0.95	2.600	7.600	1.800	0.00

统一编号	保存编号	品种名称	品种来源	保存单位	粒性	育性	染色体倍性	花粉量	种株株型	结实密度（粒 /10cm）	种子千粒重（g）	子叶大小	下胚轴色	叶色	叶形	叶柄宽	叶柄长	叶丛型
ZT000910	D02038	JV48	日本	国家甜菜种质资源中期库	单	不育	2x	无	单茎	20.0	13.0	大	绿	绿	犁铧形	中	长	直立型
ZT000911	D02039	JV814	日本	国家甜菜种质资源中期库	单	不育	2x	无	单茎	21.0	14.0	中	混	绿	犁铧形	中	中	直立型
ZT000913	D02041	EJV32	日本	国家甜菜种质资源中期库	单	可育	2x	中	单茎	19.0	13.0	中	混	绿	舌形	中	中	直立型
ZT000915	D02043	NK212	日本	国家甜菜种质资源中期库	多	可育	2x	中	单茎	18.0	24.0	大	绿	绿	舌形	宽	中	直立型
ZT000916	D17048	Pms-3-1	波兰	国家甜菜种质资源中期库	单	不育	2x	无	多茎	19.0	13.0	中	混	绿	犁铧形	中	中	直立型
ZT000917	D01442	双 1-3（D）	中国黑龙江	国家甜菜种质资源中期库	多	可育	2x	多	混合	16.7	21.0	大	红	浓绿	犁铧形	中	长	直立型
ZT000918	D01443	红胚轴 408	中国黑龙江	国家甜菜种质资源中期库	多	可育	4x	多	混合	16.0	34.0	大	混	浓绿	犁铧形	宽	短	斜立型
ZT000919	D01444	绿胚轴 408	中国黑龙江	国家甜菜种质资源中期库	多	可育	4x	多	混合	17.0	34.0	大	绿	绿	圆扇形	宽	短	斜立型
ZT000920	D01445	红胚轴 424	中国黑龙江	国家甜菜种质资源中期库	多	可育	4x	多	混合	15.0	35.0	大	红	绿	犁铧形	宽	中	斜立型
ZT000921	D01601	233	中国吉林	吉林省农业科学院	多	可育	2x	多	混合	20.4	16.0	大	混	浓绿	犁铧形	中	中	斜立型
ZT000922	D01602	144	中国吉林	吉林省农业科学院	多	可育	2x	多	多茎	17.9	18.0	大	混	绿	犁铧形	中	中	斜立型
ZT000923	D01603	166	中国吉林	吉林省农业科学院	多	可育	2x	多	单茎	15.3	22.0	大	混	浓绿	犁铧形	中	中	斜立型
ZT000924	D01604	320	中国吉林	吉林省农业科学院	多	可育	2x	多	单茎	20.1	21.0	大	红	淡绿	犁铧形	中	中	斜立型
ZT000925	D01605	85 × 65	中国吉林	吉林省农业科学院	多	可育	2x	多	单茎	19.0	19.0	大	混	浓绿	犁铧形	中	中	斜立型
ZT000926	D01606	450	中国吉林	吉林省农业科学院	多	可育	2x	中	混合	20.1	20.0	大	红	绿	犁铧形	中	中	斜立型

（续）

叶数（片）	块根形状	根头大小	根沟深浅	根皮光滑度	根肉色	肉质粗细	维管束环数（个）	经济类型	苗期生长势	幼苗百株重（g）	褐斑病	块根产量（t/hm²）	蔗糖含量（%）	蔗糖产量（t/hm²）	钾含量（mmol/100g）	钠含量（mmol/100g）	氮含量（mmol/100g）	当年抽薹率（%）
46.3	圆锥形	中	浅	不光滑	白	粗	6	LL	较旺	450.00	HS	22.09	10.29	2.27	3.239	6.743	1.319	0.00
38.0	楔形	中	浅	较光滑	白	粗	6	N	旺	980.00	MR	38.22	16.70	6.38	4.780	6.195	1.950	0.00
40.0	圆锥形	小	浅	光滑	白	粗	5	LL	旺	780.00	S	26.79	8.59	2.30	3.910	5.710	1.100	0.00
38.0	圆锥形	中	浅	光滑	白	粗	6	LL	旺	860.00	S	27.46	6.18	1.69	3.510	5.614	1.920	0.00
38.0	圆锥形	中	浅	光滑	白	粗	6	N	旺	900.00	MR	38.22	17.05	6.39	5.400	1.600	1.750	0.00
30.0	楔形	小	浅	光滑	白	细	7	ZZ	中	733.00	S	29.82	20.77	6.19	4.022	0.587	2.920	0.00
26.6	圆锥形	中	中	较光滑	白	细	8	EZ	中	975.00	R	39.98	18.82	7.52	6.328	1.055	1.962	0.00
26.1	楔形	中	中	较光滑	白	细	10	EZ	中	1338.00	R	34.51	18.88	6.52	6.233	0.958	1.102	0.00
26.0	圆锥形	中	浅	较光滑	白	粗	7	N	旺	1200.00	R	23.89	14.25	3.40	4.150	2.860	1.960	0.00
52.0	楔形	大	深	光滑	白	细	9	N	较旺	806.00	HR	40.28	17.50	7.05	2.925	1.230	0.600	0.00
45.5	圆锥形	大	浅	光滑	白	细	10	NZ	中	699.00	HR	38.19	18.30	6.95	3.095	0.860	1.205	0.00
47.1	楔形	大	深	光滑	白	细	9	NE	中	952.00	HR	45.48	17.35	7.89	4.327	1.207	2.020	0.00
39.6	圆锥形	大	浅	光滑	白	细	10	NE	较旺	710.00	HR	46.87	16.75	7.85	3.690	0.920	0.567	0.00
41.0	楔形	中	深	光滑	白	细	11	N	较旺	587.00	HR	38.89	17.60	6.84	3.710	0.465	0.460	0.00
41.3	楔形	中	浅	光滑	白	细	10	NE	中	873.00	R	44.44	17.05	7.58	4.413	0.993	1.213	0.00

统一编号	保存编号	品种名称	品种来源	保存单位	粒性	育性	染色体倍性	花粉量	种株株型	结实密度（粒 /10cm）	种子千粒重（g）	子叶大小	下胚轴色	叶色	叶形	叶柄宽	叶柄长	叶丛型
ZT000927	D01607	64A	中国吉林	吉林省农业科学院	多	不育	2*x*	无	混合	22.2	20.0	大	混	浓绿	犁铧形	中	中	斜立型
ZT000928	D01608	64B	中国吉林	吉林省农业科学院	多	可育	2*x*	多	混合	22.3	19.0	大	混	浓绿	舌形	中	中	斜立型
ZT000929	D01609	66A	中国吉林	吉林省农业科学院	多	不育	2*x*	无	混合	22.5	16.0	大	混	绿	舌形	中	长	斜立型
ZT000930	D01610	66B	中国吉林	吉林省农业科学院	多	可育	2*x*	多	混合	21.8	18.0	大	混	绿	舌形	中	长	斜立型
ZT000931	D01611	68/144A	中国吉林	吉林省农业科学院	多	不育	2*x*	无	混合	23.3	18.0	大	混	浓绿	犁铧形	中	中	斜立型
ZT000932	D01612	68/144B	中国吉林	吉林省农业科学院	多	可育	2*x*	多	混合	15.8	15.0	大	混	浓绿	犁铧形	中	中	斜立型
ZT000933	D01613	735A（D）	中国吉林	吉林省农业科学院	多	不育	2*x*	少	混合	18.7	20.0	大	混	绿	犁铧形	中	中	斜立型
ZT000934	D01614	735B（D）	中国吉林	吉林省农业科学院	多	可育	2*x*	中	混合	17.8	17.0	大	混	绿	犁铧形	中	中	斜立型
ZT000935	D01615	73 测交	中国吉林	吉林省农业科学院	多	可育	2*x*	多	多茎	24.1	25.0	大	混	浓绿	圆扇形	中	中	直立型
ZT000936	D01616	183–4	中国吉林	吉林省农业科学院	多	可育	2*x*	多	多茎	21.8	22.0	大	混	绿	圆扇形	中	中	直立型
ZT000937	D01617	484–3784	中国吉林	吉林省农业科学院	多	可育	2*x*	中	混合	21.4	23.0	大	混	绿	圆扇形	中	长	直立型
ZT000938	D01618	US–8916	中国吉林	吉林省农业科学院	多	可育	2*x*	多	多茎	21.9	25.0	大	混	绿	圆扇形	中	中	直立型
ZT000939	D01619	L62–1128	中国吉林	吉林省农业科学院	多	可育	2*x*	多	多茎	23.9	21.0	大	混	浓绿	圆扇形	中	中	直立型
ZT000940	D01620	8871	中国吉林	吉林省农业科学院	多	可育	2*x*	少	混合	20.7	23.0	大	混	绿	圆扇形	中	中	直立型
ZT000941	D01621	4–8–9007	中国吉林	吉林省农业科学院	多	可育	2*x*	多	多茎	18.0	29.0	大	混	绿	圆扇形	中	中	直立型

（续）

叶数（片）	块根形状	根头大小	根沟深浅	根皮光滑度	根肉色	肉质粗细	维管束环数（个）	经济类型	苗期生长势	幼苗百株重（g）	褐斑病	块根产量（t/hm²）	蔗糖含量（%）	蔗糖产量（t/hm²）	钾含量（mmol/100g）	钠含量（mmol/100g）	氮含量（mmol/100g）	当年抽薹率（%）
42.0	圆锥形	大	深	不光滑	白	细	10	NE	较旺	795.00	HR	46.52	17.85	8.30	3.680	0.870	1.773	0.00
46.0	楔形	中	浅	光滑	白	细	9	NE	较旺	635.00	HR	44.44	16.50	7.33	4.227	0.685	1.850	0.00
45.1	楔形	中	浅	光滑	白	细	9	N	较旺	611.00	HR	42.01	17.50	7.35	3.567	1.800	0.880	0.00
47.0	楔形	大	浅	光滑	白	细	10	LL	较旺	710.00	HR	35.76	17.80	6.37	4.520	0.830	1.395	0.00
45.2	楔形	中	浅	光滑	白	细	10	NZ	较旺	736.00	R	40.62	18.25	7.41	3.550	0.465	1.157	0.00
47.1	圆锥形	中	深	光滑	白	细	10	Z	较旺	663.00	R	32.64	18.75	6.12	3.337	0.847	0.550	0.00
40.6	楔形	大	深	光滑	白	细	9	LL	较旺	705.00	HR	33.33	17.65	5.88	3.437	0.757	1.107	0.00
49.2	楔形	大	深	光滑	白	细	9	LL	中	603.00	HR	26.39	16.10	4.25	3.313	1.360	0.917	0.00
36.3	楔形	中	深	较光滑	淡黄	粗	8	NZ	中	767.00	HR	43.58	18.57	8.09	3.223	1.143	1.047	0.00
41.2	楔形	中	浅	光滑	淡黄	细	11	NZ	中	767.00	HR	40.88	18.07	7.39	3.753	1.023	0.720	0.00
35.8	楔形	中	浅	光滑	淡黄	粗	10	NE	较旺	1112.00	HR	46.35	16.50	7.65	3.870	3.045	1.500	0.00
36.2	楔形	中	浅	较光滑	淡黄	粗	11	NE	较旺	637.00	HR	45.66	17.80	8.13	3.763	1.243	1.557	0.00
34.0	楔形	中	浅	光滑	淡黄	细	10	NZ	旺	923.00	HR	42.54	18.70	7.95	2.470	0.833	0.417	0.00
39.2	圆锥形	中	浅	光滑	黄	细	9	NE	旺	969.00	HR	46.01	17.83	8.20	3.650	1.073	1.240	0.00
31.7	楔形	中	浅	光滑	白	细	11	EZ	旺	1047.00	HR	44.96	18.90	8.50	3.703	1.067	1.257	0.00

统一编号	保存编号	品种名称	品种来源	保存单位	粒性	育性	染色体倍性	花粉量	种株株型	结实密度（粒 /10cm）	种子千粒重（g）	子叶大小	下胚轴色	叶色	叶形	叶柄宽	叶柄长	叶丛型
ZT000942	D01622	71–8–8	中国吉林	吉林省农业科学院	多	可育	2*x*	多	多茎	21.3	19.0	大	混	绿	圆扇形	中	中	直立型
ZT000943	D01623	75–2–6	中国吉林	吉林省农业科学院	多	可育	2*x*	多	多茎	24.3	20.0	大	混	绿	圆扇形	中	中	直立型
ZT000944	D01624	712	中国吉林	吉林省农业科学院	单	可育	2*x*	多	单茎	23.5	11.0	大	红	淡绿	圆扇形	中	中	直立型
ZT000945	D01625	784	中国吉林	吉林省农业科学院	单	可育	2*x*	多	混合	22.8	12.0	大	混	淡绿	圆扇形	中	中	直立型
ZT000946	D01626	724	中国吉林	吉林省农业科学院	单	可育	2*x*	少	多茎	23.6	12.0	大	混	绿	圆扇形	中	中	直立型
ZT000947	D01627	四1–519	中国吉林	吉林省农业科学院	多	可育	4*x*	中	混合	21.2	31.0	大	红	淡绿	圆扇形	中	短	直立型
ZT000948	D01628	四3–4234	中国吉林	吉林省农业科学院	多	可育	4*x*	少	多茎	17.9	21.0	大	混	浓绿	圆扇形	中	中	直立型
ZT000949	D01629	四1–1989	中国吉林	吉林省农业科学院	多	可育	4*x*	中	多茎	12.2	28.0	大	红	淡绿	圆扇形	宽	中	斜立型
ZT000950	D01630	CT34洮	中国吉林	吉林省农业科学院	多	可育	2*x*	多	混合	20.9	23.0	大	混	绿	舌形	中	中	直立型
ZT000951	D01631	65A	中国吉林	吉林省农业科学院	多	不育	2*x*	少	多茎	24.5	19.0	大	混	浓绿	舌形	中	长	直立型
ZT000952	D01632	65B	中国吉林	吉林省农业科学院	多	可育	2*x*	中	多茎	25.6	21.0	大	混	浓绿	舌形	中	中	斜立型
ZT000953	D01633	75–68A	中国吉林	吉林省农业科学院	多	不育	2*x*	无	多茎	22.5	19.0	大	绿	淡绿	舌形	中	中	斜立型
ZT000954	D01634	75–68B	中国吉林	吉林省农业科学院	多	可育	2*x*	多	多茎	20.7	20.0	大	绿	淡绿	舌形	中	中	斜立型
ZT000955	D01635	四3–8277	中国吉林	吉林省农业科学院	多	可育	4*x*	中	多茎	16.9	30.0	大	红	淡绿	圆扇形	宽	中	斜立型
ZT000956	D01636	L62	中国吉林	吉林省农业科学院	多	可育	2*x*	多	多茎	14.1	22.0	大	混	绿	圆扇形	中	中	直立型

（续）

叶数（片）	块根形状	根头大小	根沟深浅	根皮光滑度	根肉色	肉质粗细	维管束环数（个）	经济类型	苗期生长势	幼苗百株重（g）	褐斑病	块根产量（t/hm²）	蔗糖含量（%）	蔗糖产量（t/hm²）	钾含量（mmol/100g）	钠含量（mmol/100g）	氮含量（mmol/100g）	当年抽薹率（%）
33.7	楔形	中	深	光滑	淡黄	细	11	N	中	748.00	R	40.97	16.73	6.85	4.310	0.910	1.220	0.00
29.9	楔形	中	深	光滑	淡黄	粗	11	NZ	中	644.00	HR	39.76	19.23	7.65	3.250	0.703	1.340	0.00
30.7	楔形	中	浅	光滑	淡黄	粗	10	LL	中	644.00	R	32.81	15.57	5.11	2.840	1.337	1.613	0.00
37.2	楔形	中	浅	光滑	白	粗	10	LL	中	728.00	HR	33.16	16.03	5.32	3.090	2.085	2.225	0.00
37.6	楔形	中	浅	光滑	淡黄	细	9	N	中	813.00	HR	39.93	16.63	6.64	3.647	3.220	1.437	0.00
37.3	圆锥形	中	浅	光滑	淡黄	粗	10	E	较旺	767.00	R	48.09	15.90	7.65	4.183	3.193	0.983	0.00
35.8	圆锥形	中	浅	光滑	白	粗	9	NE	旺	1151.00	HR	48.61	17.73	8.62	3.340	1.010	1.307	0.00
43.8	圆锥形	大	浅	光滑	白	细	9	N	较旺	1113.00	R	36.81	17.90	6.59	5.317	1.387	0.983	0.00
47.9	楔形	大	浅	光滑	淡黄	粗	9	LL	较弱	1397.00	MS	32.58	17.70	5.77	2.720	3.420	1.150	0.00
43.7	楔形	中	深	光滑	白	细	10	N	较旺	757.00	HR	42.36	17.30	7.33	3.117	0.923	0.933	0.00
42.2	圆锥形	中	深	光滑	白	细	10	N	较旺	726.00	R	41.66	16.70	6.96	2.970	1.260	2.160	0.00
59.1	楔形	中	深	光滑	白	细	9	N	较旺	785.00	HR	41.66	17.70	7.37	4.000	0.935	0.893	0.00
55.1	楔形	中	深	光滑	白	细	9	E	较旺	726.00	HR	45.83	15.20	6.97	4.273	1.327	0.717	0.00
45.9	圆锥形	大	深	光滑	白	细	10	N	较旺	1155.00	R	37.50	17.10	6.41	6.173	0.743	1.173	0.00
35.1	圆锥形	中	浅	光滑	淡黄	细	10	NZ	中	852.00	HR	38.89	18.40	7.16	3.230	0.360	0.937	0.00

统一编号	保存编号	品种名称	品种来源	保存单位	粒性	育性	染色体倍性	花粉量	种株株型	结实密度（粒/10cm）	种子千粒重（g）	子叶大小	下胚轴色	叶色	叶形	叶柄宽	叶柄长	叶丛型
ZT000957	D01465	甜三优	中国黑龙江	国家甜菜种质资源中期库	多	可育	2x	中	混合	16.3	39.0	大	混	淡绿	犁铧形	中	长	斜立型
ZT000958	D01466	波C甜	中国黑龙江	国家甜菜种质资源中期库	多	可育	2x	中	混合	14.1	35.0	中	混	浓绿	犁铧形	中	中	斜立型
ZT000959	D01467	7301/134B	中国黑龙江	国家甜菜种质资源中期库	多	可育	2x	多	混合	15.3	37.0	大	混	浓绿	犁铧形	宽	短	斜立型
ZT000960	D01468	780041B/1	中国黑龙江	国家甜菜种质资源中期库	多	可育	2x	中	混合	14.2	31.0	中	绿	绿	犁铧形	中	中	斜立型
ZT000961	D01461	79414	中国黑龙江	国家甜菜种质资源中期库	多	可育	4x	中	单茎	17.0	38.0	中	红	绿	圆扇形	中	长	斜立型
ZT000962	D01462	83404	中国黑龙江	国家甜菜种质资源中期库	多	可育	4x	中	单茎	14.0	44.0	大	红	绿	舌形	宽	中	斜立型
ZT000963	D01463	甜416	中国黑龙江	国家甜菜种质资源中期库	多	可育	4x	中	单茎	14.0	43.0	小	红	淡绿	舌形	中	中	斜立型
ZT000964	D01464	甜438	中国黑龙江	国家甜菜种质资源中期库	多	可育	4x	中	单茎	13.0	45.0	中	混	绿	圆扇形	宽	长	直立型
ZT000965	D02050	JV9尖N	日本	国家甜菜种质资源中期库	多	可育	2x	中	混合	17.0	27.0	大	绿	绿	舌形	中	中	斜立型
ZT000966	D02051	JV9尖Z	日本	国家甜菜种质资源中期库	多	可育	2x	中	混合	17.0	26.0	大	混	绿	舌形	中	中	斜立型
ZT000967	D02052	JV11-1ZF4	日本	国家甜菜种质资源中期库	多	可育	2x	中	单茎	17.0	26.0	大	混	绿	舌形	中	中	斜立型
ZT000968	D02053	JV15	日本	国家甜菜种质资源中期库	多	可育	2x	多	单茎	19.0	24.0	中	混	淡绿	犁铧形	宽	中	直立型
ZT000969	D02054	JV21N	日本	国家甜菜种质资源中期库	多	可育	2x	中	单茎	18.0	26.0	大	混	绿	舌形	中	中	直立型
ZT000970	D02055	JV21Z	日本	国家甜菜种质资源中期库	多	可育	2x	中	单茎	18.0	27.0	中	混	绿	犁铧形	中	中	直立型
ZT000971	H01036	内蒙古七号20/63	中国内蒙古	内蒙古自治区农牧业科学院	多	可育	2x	多	多茎	21.4	29.0	中	绿	淡绿	犁铧形	中	中	斜立型

（续）

叶数（片）	块根形状	根头大小	根沟深浅	根皮光滑度	根肉色	肉质粗细	维管束环数（个）	经济类型	苗期生长势	幼苗百株重（g）	褐斑病	块根产量（t/hm^2）	蔗糖含量（%）	蔗糖产量（t/hm^2）	钾含量（mmol/100g）	钠含量（mmol/100g）	氮含量（mmol/100g）	当年抽薹率（%）
35.2	圆锥形	中	中	光滑	白	细	7	NE	旺	913.00	MS	34.47	15.91	5.48	4.448	3.154	1.600	0.00
38.7	圆锥形	中	浅	光滑	白	中	8	N	中	721.00	HS	24.74	15.46	3.82	5.775	3.888	2.697	0.00
30.0	圆锥形	中	浅	光滑	白	细	7	NE	较旺	1000.00	MS	35.88	16.80	6.02	4.607	2.138	1.080	0.00
33.2	楔形	中	深	光滑	白	细	9	NZ	较旺	740.00	MS	33.59	17.85	6.00	4.279	2.112	2.199	0.00
39.3	楔形	中	浅	较光滑	淡黄	细	6	LL	较旺	465.00	R	18.57	9.30	1.73	4.020	6.750	2.030	0.00
40.6	圆锥形	中	浅	不光滑	白	粗	6	LL	较旺	655.00	MR	20.87	13.45	2.81	2.680	3.307	1.287	0.00
42.6	圆锥形	小	浅	光滑	淡黄	粗	5	N	较旺	868.00	HR	23.89	14.25	3.40	3.387	1.825	1.485	0.00
35.8	楔形	中	深	较光滑	白	粗	6	LL	较旺	780.00	MR	18.57	12.30	2.28	4.050	5.750	2.550	0.00
33.6	楔形	中	深	较光滑	白	粗	5	EZ	较旺	830.00	MR	41.83	17.80	7.44	3.910	1.370	2.630	0.00
38.6	楔形	中	浅	较光滑	白	细	6	EZ	较旺	940.00	MR	48.32	17.20	8.31	4.120	1.670	1.890	0.00
37.3	圆锥形	小	浅	较光滑	白	粗	6	EZ	较旺	840.00	S	37.98	17.30	6.57	4.630	1.820	2.670	0.00
46.8	圆锥形	小	深	较光滑	黄	细	7	LL	旺	698.00	HS	12.84	4.39	0.56	3.489	6.750	0.372	0.00
31.3	圆锥形	小	浅	较光滑	淡黄	细	6	N	较旺	990.00	MS	36.38	15.85	5.77	5.855	1.990	2.065	0.00
30.0	圆锥形	中	浅	较光滑	白	粗	6	N	中	570.00	MR	38.25	16.55	6.33	5.465	1.455	2.600	0.00
25.0	楔形	大	深	不光滑	白	细	7	N	弱	1027.00	MR	54.23	16.10	8.73	4.180	1.960	1.430	0.00

统一编号	保存编号	品种名称	品种来源	保存单位	粒性	育性	染色体倍性	花粉量	种株株型	结实密度（粒 /10cm）	种子千粒重（g）	子叶大小	下胚轴色	叶色	叶形	叶柄宽	叶柄长	叶丛型
ZT000972	H01037	内蒙古五号 65/60	中国内蒙古	内蒙古自治区农牧业科学院	多	可育	2x	中	多茎	22.3	21.0	大	绿	淡绿	犁铧形	窄	长	斜立型
ZT000973	H01038	内蒙古五号 19/62	中国内蒙古	内蒙古自治区农牧业科学院	多	可育	2x	中	多茎	21.7	17.0	大	绿	绿	犁铧形	中	中	斜立型
ZT000974	H01039	内蒙古七号 129/64	中国内蒙古	内蒙古自治区农牧业科学院	多	可育	2x	多	多茎	20.8	19.0	中	淡绿	绿	舌形	窄	长	直立型
ZT000975	H01040	内蒙古三号 109/61	中国内蒙古	内蒙古自治区农牧业科学院	多	可育	2x	中	多茎	22.1	17.0	中	绿	绿	舌形	中	长	直立型
ZT000976	H01041	内蒙古一号 22/60	中国内蒙古	内蒙古自治区农牧业科学院	多	可育	2x	中	多茎	21.8	18.0	中	绿	绿	犁铧形	窄	长	直立型
ZT000977	H01042	内蒙古三号 92/61	中国内蒙古	内蒙古自治区农牧业科学院	多	可育	2x	中	多茎	20.7	17.0	中	绿	绿	犁铧形	中	长	直立型
ZT000978	H01043	内蒙古七号 21/13	中国内蒙古	内蒙古自治区农牧业科学院	多	可育	2x	多	多茎	21.2	21.0	大	绿	绿	犁铧形	窄	长	斜立型
ZT000979	H06005	日撒布（H）	日本	内蒙古自治区农牧业科学院	多	可育	2x	中	单茎	19.7	29.0	中	绿	淡绿	犁铧形	宽	长	斜立型
ZT000980	H01045	内蒙古五号 23/62	中国内蒙古	内蒙古自治区农牧业科学院	多	可育	2x	中	多茎	20.2	19.0	大	绿	绿	犁铧形	宽	长	斜立型
ZT000981	H01046	内蒙古三号 125/61	中国内蒙古	内蒙古自治区农牧业科学院	多	可育	2x	中	多茎	21.4	25.0	中	绿	绿	犁铧形	窄	长	直立型
ZT000982	H01047	内蒙古七号 19/63	中国内蒙古	内蒙古自治区农牧业科学院	多	可育	2x	多	多茎	19.8	24.0	小	绿	绿	犁铧形	宽	长	直立型
ZT000983	H01048	内蒙古六号 401/62	中国内蒙古	内蒙古自治区农牧业科学院	多	可育	2x	中	多茎	21.5	23.0	小	淡绿	绿	犁铧形	中	长	直立型
ZT000984	H01049	内蒙古一号 38/62	中国内蒙古	内蒙古自治区农牧业科学院	多	可育	2x	中	多茎	20.6	17.0	大	绿	绿	犁铧形	中	长	直立型
ZT000985	H01050	内蒙古一号 187/61	中国内蒙古	内蒙古自治区农牧业科学院	多	可育	2x	中	多茎	21.4	18.0	小	绿	绿	舌形	宽	长	直立型
ZT000986	H01051	内蒙古六号 402/62	中国内蒙古	内蒙古自治区农牧业科学院	多	可育	2x	中	多茎	22.1	23.0	小	绿	绿	舌形	中	长	直立型

（续）

叶数（片）	块根形状	根头大小	根沟深浅	根皮光滑度	根肉色	肉质粗细	维管束环数（个）	经济类型	苗期生长势	幼苗百株重（g）	褐斑病	块根产量（t/hm²）	蔗糖含量（%）	蔗糖产量（t/hm²）	钾含量（mmol/100g）	钠含量（mmol/100g）	氮含量（mmol/100g）	当年抽薹率（%）
48.0	纺锤形	大	浅	光滑	白	细	8	NE	中	973.00	MR	58.27	16.30	9.50	4.260	1.470	1.320	0.00
38.0	楔形	大	深	光滑	白	细	10	N	中	872.00	MR	50.05	16.30	8.16	3.760	1.230	1.120	0.00
61.0	纺锤形	小	浅	光滑	白	细	7	NE	中	1144.00	MR	60.33	15.80	9.53	3.960	1.640	1.030	0.00
59.0	楔形	大	深	光滑	白	细	8	NE	中	1211.00	MR	63.76	15.30	9.76	4.240	2.060	1.930	0.00
57.0	纺锤形	大	浅	不光滑	白	细	8	N	中	598.00	MS	43.19	15.10	6.52	5.140	2.160	1.820	0.00
61.0	纺锤形	小	浅	光滑	白	细	8	N	中	832.00	MR	54.84	15.40	8.45	4.120	1.730	1.540	0.00
48.0	纺锤形	小	浅	不光滑	白	细	7	N	旺	1117.00	MR	44.56	16.20	7.22	3.910	1.420	1.210	0.00
48.0	纺锤形	小	浅	不光滑	白	细	7	LL	旺	634.00	MS	50.73	13.10	6.65	3.410	5.830	1.920	0.00
42.0	纺锤形	小	浅	光滑	白	细	7	NE	旺	953.00	MR	63.75	15.90	10.14	4.030	2.110	1.640	0.00
53.0	纺锤形	小	浅	光滑	白	细	5	N	弱	998.00	MR	51.72	15.70	8.12	5.170	3.020	1.240	0.00
58.0	纺锤形	小	浅	不光滑	白	细	7	LL	中	863.00	MR	39.76	15.90	6.32	3.880	2.030	1.230	0.00
62.0	楔形	大	深	光滑	白	细	6	N	旺	730.00	MR	53.47	16.00	8.56	4.050	1.400	0.980	0.00
44.0	楔形	大	深	光滑	白	细	8	N	旺	790.00	MS	50.05	14.80	7.41	5.080	3.310	1.430	0.00
32.0	纺锤形	小	浅	不光滑	白	细	6	N	旺	592.00	MS	46.62	14.90	6.95	4.920	3.330	1.460	0.00
47.0	纺锤形	小	浅	光滑	白	细	7	LL	旺	857.00	MS	36.33	15.80	5.74	3.640	2.600	1.820	0.00

统一编号	保存编号	品种名称	品种来源	保存单位	粒性	育性	染色体倍性	花粉量	种株株型	结实密度（粒/10cm）	种子千粒重（g）	子叶大小	下胚轴色	叶色	叶形	叶柄宽	叶柄长	叶丛型
ZT000987	H01052	内蒙古六号 403/61	中国内蒙古	内蒙古自治区农牧业科学院	多	可育	2x	中	多茎	21.8	23.0	大	绿	绿	犁铧形	窄	长	斜立型
ZT000988	H01053	内蒙古六号 402/67	中国内蒙古	内蒙古自治区农牧业科学院	多	可育	2x	中	多茎	20.9	22.0	小	绿	绿	犁铧形	窄	长	直立型
ZT000989	H01054	内蒙古七号 18/63	中国内蒙古	内蒙古自治区农牧业科学院	多	可育	2x	多	多茎	21.7	29.0	中	绿	绿	犁铧形	中	中	直立型
ZT000990	H01055	内蒙古一号 182/61	中国内蒙古	内蒙古自治区农牧业科学院	多	可育	2x	中	多茎	20.6	17.0	大	混	绿	犁铧形	宽	中	直立型
ZT000991	H01056	内蒙古三号 70/40	中国内蒙古	内蒙古自治区农牧业科学院	多	可育	2x	多	多茎	20.4	15.0	大	混	绿	犁铧形	中	长	直立型
ZT000992	H01057	内蒙古一号 26/60	中国内蒙古	内蒙古自治区农牧业科学院	多	可育	2x	多	多茎	21.2	19.0	小	混	淡绿	犁铧形	宽	长	直立型
ZT000993	H01058	内蒙古七号 60/63	中国内蒙古	内蒙古自治区农牧业科学院	多	可育	2x	多	多茎	21.8	21.0	大	淡绿	绿	犁铧形	中	中	斜立型
ZT000994	H01059	内蒙古二号 303/61	中国内蒙古	内蒙古自治区农牧业科学院	多	可育	2x	多	多茎	19.8	14.0	小	绿	淡绿	舌形	中	长	斜立型
ZT000995	H01060	内蒙古五号 58/60	中国内蒙古	内蒙古自治区农牧业科学院	多	可育	2x	多	多茎	21.2	19.0	小	混	绿	舌形	宽	长	直立型
ZT000996	H01061	内蒙古七号 36/63	中国内蒙古	内蒙古自治区农牧业科学院	多	可育	2x	多	多茎	20.9	20.0	大	混	绿	犁铧形	宽	长	直立型
ZT000997	H01062	内蒙古二号 101/61	中国内蒙古	内蒙古自治区农牧业科学院	多	可育	2x	多	多茎	20.8	19.0	中	混	绿	舌形	宽	长	斜立型
ZT000998	H01063	和林单粒种	中国内蒙古	内蒙古自治区农牧业科学院	多	可育	2x	多	多茎	19.6	19.0	中	绿	绿	犁铧形	宽	长	直立型
ZT000999	H02008	西德一号	德国	内蒙古自治区农牧业科学院	多	可育	2x	多	多茎	18.7	26.0	大	混	绿	犁铧形	宽	长	直立型
ZT001000	H01084	双 3–2–2	中国内蒙古	内蒙古自治区农牧业科学院	多	可育	2x	中	多茎	19.1	29.0	中	混	绿	犁铧形	宽	长	直立型
ZT001001	H01070	AG8221–23	中国内蒙古	内蒙古自治区农牧业科学院	多	可育	2x	多	多茎	21.2	27.0	大	混	淡绿	犁铧形	宽	长	直立型

（续）

叶数（片）	块根形状	根头大小	根沟深浅	根皮光滑度	根肉色	肉质粗细	维管束环数（个）	经济类型	苗期生长势	幼苗百株重（g）	褐斑病	块根产量（t/hm²）	蔗糖含量（%）	蔗糖产量（t/hm²）	钾含量（mmol/100g）	钠含量（mmol/100g）	氮含量（mmol/100g）	当年抽薹率（%）
52.0	楔形	大	深	不光滑	白	细	6	N	中	1018.00	MS	54.16	15.90	8.61	4.720	1.760	1.130	0.00
43.0	楔形	大	浅	光滑	白	细	7	N	中	1432.00	MR	53.07	16.10	8.54	4.410	1.540	1.430	0.00
51.0	楔形	大	深	不光滑	白	细	8	NE	中	977.00	MR	57.12	15.80	9.02	3.640	1.770	1.360	0.00
37.0	楔形	大	浅	不光滑	白	细	8	LL	旺	877.00	MS	35.65	15.40	5.50	5.410	2.320	1.620	0.00
51.0	纺锤形	小	浅	光滑	白	细	7	NE	中	1221.00	MS	56.90	16.00	9.10	4.640	2.130	1.460	0.00
47.0	纺锤形	小	浅	不光滑	白	细	9	LL	中	964.00	MS	32.91	14.70	4.84	5.060	1.980	1.640	0.00
53.0	楔形	大	浅	光滑	白	细	7	E	旺	816.00	MR	75.41	15.90	11.99	3.970	1.420	1.320	0.00
49.0	纺锤形	小	浅	不光滑	白	细	7	LL	旺	994.00	MS	37.71	16.70	6.30	4.130	1.270	0.980	0.00
57.0	纺锤形	小	深	不光滑	白	细	6	NE	中	1003.00	MR	56.90	16.20	9.22	3.750	1.240	1.380	0.00
46.0	纺锤形	小	浅	光滑	白	细	8	N	弱	664.00	MR	53.47	15.90	8.50	4.170	1.830	1.410	0.00
46.0	纺锤形	小	浅	不光滑	白	细	7	NE	中	790.00	MS	56.90	15.40	8.76	4.280	2.140	1.390	0.00
46.0	纺锤形	小	浅	光滑	白	细	6	LL	中	871.00	S	53.47	13.20	7.06	5.420	2.840	1.760	0.00
37.0	纺锤形	小	深	光滑	白	细	6	LL	中	1311.00	S	39.76	14.10	5.61	4.960	1.920	2.170	0.00
42.0	纺锤形	小	深	不光滑	白	细	7	LL	旺	1040.00	HS	55.53	14.30	7.94	4.110	1.230	1.170	0.00
42.0	纺锤形	小	浅	光滑	白	细	7	N	旺	930.00	MR	46.62	15.90	7.41	3.270	1.390	1.380	0.00

统一编号	保存编号	品种名称	品种来源	保存单位	粒性	育性	染色体倍性	花粉量	种株株型	结实密度（粒 /10cm）	种子千粒重（g）	子叶大小	下胚轴色	叶色	叶形	叶柄宽	叶柄长	叶丛型
ZT001002	H01069	CLR8220-5	中国内蒙古	内蒙古自治区农牧业科学院	多	可育	2x	多	多茎	22.1	23.0	中	混	绿	犁铧形	中	长	直立型
ZT001003	H01066	CP-1	中国内蒙古	内蒙古自治区农牧业科学院	多	可育	2x	多	多茎	20.9	23.0	小	绿	绿	舌形	宽	长	直立型
ZT001004	H01067	CLR8103-11	中国内蒙古	内蒙古自治区农牧业科学院	多	可育	2x	多	多茎	20.6	21.0	大	混	绿	舌形	中	长	斜立型
ZT001005	H01068	660-4-3	中国内蒙古	内蒙古自治区农牧业科学院	多	可育	2x	多	多茎	18.9	23.0	中	混	绿	犁铧形	宽	长	斜立型
ZT001006	H01085	A2（H）	中国内蒙古	内蒙古自治区农牧业科学院	多	可育	2x	中	多茎	19.6	21.0	中	混	绿	犁铧形	宽	长	直立型
ZT001007	H04015	US8222	美国	内蒙古自治区农牧业科学院	多	可育	2x	多	多茎	22.1	21.0	大	混	绿	犁铧形	宽	中	直立型
ZT001008	H01083	DCR73236	中国内蒙古	内蒙古自治区农牧业科学院	多	可育	2x	多	多茎	21.3	22.0	大	红	绿	犁铧形	宽	长	直立型
ZT001009	H01064	R73124-5-1-20	中国内蒙古	内蒙古自治区农牧业科学院	多	可育	2x	多	多茎	20.4	21.0	大	混	绿	舌形	宽	中	直立型
ZT001010	H01065	呼 102	中国黑龙江	内蒙古自治区农牧业科学院	多	可育	2x	多	多茎	20.6	19.0	小	混	绿	犁铧形	宽	长	直立型
ZT001011	H01086	AG8211	中国内蒙古	内蒙古自治区农牧业科学院	多	可育	2x	多	多茎	19.8	21.0	小	混	绿	犁铧形	宽	长	直立型
ZT001012	H01087	CP-74	中国内蒙古	内蒙古自治区农牧业科学院	多	可育	2x	多	多茎	21.2	24.0	中	混	绿	犁铧形	中	长	直立型
ZT001013	H01088	工 3G-61	中国内蒙古	内蒙古自治区农牧业科学院	多	可育	2x	中	多茎	20.6	24.0	大	混	绿	犁铧形	宽	长	直立型
ZT001014	H01089	US8222-29-2	中国内蒙古	内蒙古自治区农牧业科学院	多	可育	2x	多	多茎	24.6	21.0	小	混	绿	舌形	中	长	直立型
ZT001015	H01090	CLR8103-9	中国内蒙古	内蒙古自治区农牧业科学院	多	可育	2x	多	多茎	21.4	29.0	小	混	淡绿	舌形	中	长	斜立型
ZT001016	H01091	CLR8220-2	中国内蒙古	内蒙古自治区农牧业科学院	多	可育	2x	多	多茎	19.7	33.0	小	混	绿	犁铧形	中	长	斜立型

（续）

叶数（片）	块根形状	根头大小	根沟深浅	根皮光滑度	根肉色	肉质粗细	维管束环数（个）	经济类型	苗期生长势	幼苗百株重（g）	褐斑病	块根产量（t/hm²）	蔗糖含量（%）	蔗糖产量（t/hm²）	钾含量（mmol/100g）	钠含量（mmol/100g）	氮含量（mmol/100g）	当年抽薹率（%）
45.0	纺锤形	小	浅	光滑	白	细	8	N	旺	774.00	R	52.10	16.60	8.65	3.890	0.940	0.760	0.00
51.0	纺锤形	小	浅	光滑	白	细	7	LL	中	875.00	MR	39.08	15.80	6.17	4.100	1.320	1.080	0.00
43.0	楔形	大	浅	光滑	白	细	7	N	旺	740.00	R	55.52	16.20	8.99	4.080	1.030	1.120	0.00
39.0	纺锤形	小	浅	光滑	白	细	6	N	旺	758.00	MR	53.47	15.90	8.50	3.910	1.020	1.130	0.00
47.0	纺锤形	小	深	不光滑	白	细	7	N	旺	1215.00	R	41.13	15.90	6.54	3.890	1.110	0.830	0.00
41.0	纺锤形	大	深	光滑	白	细	9	N	弱	697.00	R	46.62	16.70	7.79	4.010	0.930	0.870	0.00
44.0	楔形	大	深	光滑	白	细	10	NE	旺	876.00	R	60.33	16.30	9.83	3.780	1.060	0.930	0.00
44.0	纺锤形	小	浅	光滑	白	细	8	NZ	旺	1420.00	R	47.30	16.90	7.99	3.780	0.950	0.780	0.00
46.0	纺锤形	小	浅	不光滑	白	细	8	LL	中	864.00	MR	38.39	16.40	6.30	4.170	1.410	1.230	0.00
50.0	纺锤形	小	浅	光滑	白	细	6	N	中	976.00	MR	46.62	15.90	7.41	3.640	1.630	1.270	0.00
49.0	纺锤形	小	浅	光滑	白	细	7	N	中	984.00	MR	43.88	15.80	6.93	4.070	1.230	1.180	0.00
44.0	纺锤形	小	浅	光滑	白	细	7	N	旺	1018.00	MR	50.05	15.70	7.86	5.460	1.340	1.700	0.00
53.0	纺锤形	小	浅	光滑	白	细	6	NE	中	796.00	R	56.90	16.40	9.33	3.860	1.210	1.410	0.00
39.0	纺锤形	小	深	不光滑	白	细	9	N	中	1417.00	R	43.19	16.50	7.13	4.140	1.470	1.380	0.00
51.0	纺锤形	小	浅	不光滑	白	细	8	NE	旺	879.00	R	60.33	16.20	9.77	4.340	2.220	1.200	0.00

统一编号	保存编号	品种名称	品种来源	保存单位	粒性	育性	染色体倍性	花粉量	种株株型	结实密度（粒 /10cm）	种子千粒重（g）	子叶大小	下胚轴色	叶色	叶形	叶柄宽	叶柄长	叶丛型
ZT001017	H01092	CLR8220-16	中国内蒙古	内蒙古自治区农牧业科学院	多	可育	2x	多	多茎	20.2	20.0	大	混	绿	犁铧形	宽	长	直立型
ZT001018	H01093	CP-96	中国内蒙古	内蒙古自治区农牧业科学院	多	可育	2x	多	多茎	21.2	19.0	小	混	绿	犁铧形	宽	长	直立型
ZT001019	H01094	内五-29-23	中国内蒙古	内蒙古自治区农牧业科学院	多	可育	2x	多	多茎	22.3	19.0	大	混	绿	犁铧形	宽	长	直立型
ZT001020	H01095	CLR7903-128	中国内蒙古	内蒙古自治区农牧业科学院	多	可育	2x	多	多茎	19.9	24.0	中	混	绿	舌形	宽	中	直立型
ZT001021	H01096	CLR7903-130	中国内蒙古	内蒙古自治区农牧业科学院	多	可育	2x	多	多茎	20.6	22.0	小	混	绿	犁铧形	窄	中	直立型
ZT001022	H01097	GW6573157-9	中国内蒙古	内蒙古自治区农牧业科学院	多	可育	2x	多	多茎	21.4	28.0	小	混	绿	犁铧形	宽	长	直立型
ZT001023	H01098	工3G-79	中国内蒙古	内蒙古自治区农牧业科学院	多	可育	2x	中	多茎	23.2	22.0	小	混	绿	犁铧形	中	长	斜立型
ZT001024	H01099	丛88-13	中国内蒙古	内蒙古自治区农牧业科学院	多	可育	2x	多	多茎	20.4	22.0	小	混	绿	舌形	宽	中	斜立型
ZT001025	H01100	CP-78	中国内蒙古	内蒙古自治区农牧业科学院	多	可育	2x	多	多茎	21.3	21.0	小	混	绿	犁铧形	宽	长	直立型
ZT001026	H01101	735A	中国吉林	内蒙古自治区农牧业科学院	多	不育	2x	无	多茎	21.2	22.0	小	混	绿	舌形	窄	长	直立型
ZT001027	H01102	735B	中国吉林	内蒙古自治区农牧业科学院	多	可育	2x	多	多茎	20.6	21.0	中	混	绿	犁铧形	中	长	直立型
ZT001028	H01103	双丰八号（H）	中国黑龙江	内蒙古自治区农牧业科学院	多	可育	2x	多	多茎	19.6	21.0	小	混	绿	舌形	宽	长	斜立型
ZT001029	H01104	内糖401	中国内蒙古	内蒙古自治区农牧业科学院	多	可育	4x	中	多茎	22.3	24.0	大	混	绿	舌形	中	长	直立型
ZT001030	H01105	内糖402	中国内蒙古	内蒙古自治区农牧业科学院	多	可育	4x	中	多茎	21.2	34.0	小	混	绿	犁铧形	宽	长	直立型
ZT001031	H01071	内糖403	中国内蒙古	内蒙古自治区农牧业科学院	多	可育	4x	中	多茎	21.4	21.0	小	混	绿	犁铧形	中	长	直立型

（续）

叶数（片）	块根形状	根头大小	根沟深浅	根皮光滑度	根肉色	肉质粗细	维管束环数（个）	经济类型	苗期生长势	幼苗百株重（g）	褐斑病	块根产量（t/hm²）	蔗糖含量（%）	蔗糖产量（t/hm²）	钾含量（mmol/100g）	钠含量（mmol/100g）	氮含量（mmol/100g）	当年抽薹率（%）
46.0	楔形	大	深	光滑	白	细	7	NE	旺	1231.00	R	65.13	16.30	10.62	4.130	2.180	1.230	0.00
58.0	纺锤形	小	浅	光滑	白	细	9	N	旺	983.00	MR	55.53	15.90	8.83	3.940	1.370	1.410	0.00
53.0	纺锤形	小	浅	光滑	白	细	8	N	旺	1017.00	MR	46.62	16.20	7.55	4.490	1.980	1.620	0.00
47.0	楔形	大	深	光滑	白	细	7	N	中	768.00	MR	53.47	16.10	8.61	3.130	0.980	1.520	0.00
56.0	纺锤形	小	浅	光滑	白	细	6	NE	中	893.00	MR	57.59	16.00	9.21	4.890	2.350	1.420	0.00
42.0	楔形	小	浅	光滑	白	细	9	N	中	964.00	R	53.47	16.40	8.77	3.790	1.030	1.300	0.00
39.0	纺锤形	小	深	光滑	白	细	9	N	旺	956.00	MS	46.62	15.40	7.18	4.270	1.080	1.430	0.00
41.0	楔形	大	深	不光滑	白	细	8	N	旺	1023.00	R	52.10	16.30	8.49	4.380	1.360	1.210	0.00
43.0	纺锤形	小	浅	光滑	白	细	7	N	旺	892.00	MR	53.47	15.40	8.23	4.040	2.120	1.230	0.00
48.0	楔形	大	浅	光滑	白	细	8	NE	旺	1105.00	MR	58.96	16.20	9.55	3.960	2.180	1.410	0.00
51.0	纺锤形	小	深	光滑	白	细	7	NE	旺	1247.00	MR	58.27	16.10	9.38	4.720	1.770	1.380	0.00
39.0	纺锤形	小	深	光滑	白	细	9	N	旺	1276.00	MR	50.05	16.00	8.01	3.810	1.310	1.130	0.00
43.0	楔形	大	浅	光滑	白	细	7	LL	旺	1003.00	MS	46.62	14.20	6.62	4.120	1.440	1.120	0.00
51.0	楔形	大	浅	光滑	白	细	8	E	旺	1433.00	MS	56.90	14.50	8.25	3.930	1.760	1.430	0.00
52.0	楔形	大	浅	光滑	白	细	7	LL	旺	1264.00	MS	44.56	14.40	6.42	3.960	1.820	1.360	0.00

统一编号	保存编号	品种名称	品种来源	保存单位	粒性	育性	染色体倍性	花粉量	种株株型	结实密度（粒/10cm）	种子千粒重（g）	子叶大小	下胚轴色	叶色	叶形	叶柄宽	叶柄长	叶丛型
ZT001032	H01072	内糖 404	中国内蒙古	内蒙古自治区农牧业科学院	多	可育	4*x*	中	多茎	20.3	26.5	大	混	绿	犁铧形	宽	长	直立型
ZT001033	H01073	14404A	中国内蒙古	内蒙古自治区农牧业科学院	多	不育	2*x*	无	多茎	23.4	22.0	小	混	淡绿	舌形	宽	长	直立型
ZT001034	H01074	14404B	中国内蒙古	内蒙古自治区农牧业科学院	多	可育	2*x*	多	多茎	22.8	20.0	中	混	绿	舌形	中	长	斜立型
ZT001035	H01975	334–7	中国吉林	内蒙古自治区农牧业科学院	多	可育	4*x*	中	多茎	24.1	26.0	小	绿	绿	犁铧形	宽	长	斜立型
ZT001036	H01076	234–3	中国吉林	内蒙古自治区农牧业科学院	多	可育	4*x*	中	多茎	21.8	24.0	小	混	绿	犁铧形	宽	长	直立型
ZT001037	H01077	系 5–4	中国内蒙古	内蒙古自治区农牧业科学院	多	可育	2*x*	多	多茎	19.8	24.0	小	混	绿	舌形	窄	长	直立型
ZT001038	H01078	SE8102–5	中国内蒙古	内蒙古自治区农牧业科学院	多	可育	2*x*	多	多茎	21.2	19.0	中	混	绿	犁铧形	宽	长	直立型
ZT001039	H01079	89201–9	中国内蒙古	内蒙古自治区农牧业科学院	多	可育	2*x*	多	多茎	20.4	30.0	大	混	绿	舌形	宽	长	直立型
ZT001040	H01080	CLR7903–149	中国内蒙古	内蒙古自治区农牧业科学院	多	可育	2*x*	多	多茎	21.3	23.0	小	混	绿	犁铧形	中	长	斜立型
ZT001041	H01081	R73124–5–1–27	中国内蒙古	内蒙古自治区农牧业科学院	多	可育	2*x*	多	多茎	20.7	27.0	小	混	绿	犁铧形	宽	长	直立型
ZT001042	H01082	AG8504	中国内蒙古	内蒙古自治区农牧业科学院	多	可育	2*x*	多	多茎	22.2	15.0	小	混	绿	犁铧形	中	长	直立型
ZT001043	H01106	7501A	中国内蒙古	内蒙古自治区农牧业科学院	多	不育	2*x*	无	多茎	19.8	21.0	小	混	绿	舌形	中	中	直立型
ZT001044	H01107	7501B	中国内蒙古	内蒙古自治区农牧业科学院	多	可育	2*x*	多	多茎	20.1	23.0	小	混	绿	舌形	中	长	直立型
ZT001045	H01108	7503A	中国内蒙古	内蒙古自治区农牧业科学院	多	不育	2*x*	无	多茎	21.2	19.0	小	混	淡绿	犁铧形	中	中	直立型
ZT001046	H01109	7503B	中国内蒙古	内蒙古自治区农牧业科学院	多	可育	2*x*	多	多茎	23.4	21.0	小	混	绿	犁铧形	中	长	直立型

（续）

叶数（片）	块根形状	根头大小	根沟深浅	根皮光滑度	根肉色	肉质粗细	维管束环数（个）	经济类型	苗期生长势	幼苗百株重（g）	褐斑病	块根产量（t/hm²）	蔗糖含量（%）	蔗糖产量（t/hm²）	钾含量（mmol/100g）	钠含量（mmol/100g）	氮含量（mmol/100g）	当年抽薹率（%）
47.0	楔形	大	浅	不光滑	白	细	6	N	旺	1247.00	MS	46.62	15.20	7.10	4.770	1.960	1.480	0.00
53.0	楔形	大	深	光滑	白	细	7	N	旺	1163.00	MR	50.05	15.80	7.91	5.080	2.170	1.630	0.00
49.0	楔形	大	深	光滑	白	细	9	N	旺	984.00	MR	46.62	15.70	7.32	4.380	2.060	1.710	0.00
51.0	纺锤形	小	深	光滑	白	细	6	N	旺	1108.00	MR	46.62	15.10	7.04	4.660	1.380	1.640	0.00
47.0	楔形	大	浅	光滑	白	细	8	N	中	843.00	MR	46.62	15.60	7.27	5.030	1.960	2.010	0.00
55.0	纺锤形	小	浅	光滑	白	细	9	NZ	中	975.00	R	45.25	17.10	7.74	3.730	1.400	0.930	0.00
52.0	纺锤形	小	浅	光滑	白	细	7	NE	旺	1018.00	MR	56.90	16.10	9.16	4.680	1.420	1.140	0.00
46.0	纺锤形	小	浅	光滑	白	细	7	N	旺	795.00	R	52.10	15.90	8.28	3.980	1.360	1.730	0.00
47.0	纺锤形	小	浅	光滑	白	细	8	N	旺	893.00	MR	51.42	16.00	8.23	4.680	2.080	1.760	0.00
50.0	纺锤形	小	深	光滑	白	细	6	N	旺	676.00	R	43.19	16.50	7.13	3.830	1.830	0.940	0.00
49.0	纺锤形	小	浅	光滑	白	细	8	N	旺	1440.00	MR	55.53	15.70	8.72	5.120	2.070	1.480	0.00
38.0	楔形	大	浅	光滑	白	细	7	LL	中	650.00	HS	39.58	14.75	5.83	4.340	2.220	1.210	0.00
40.0	楔形	小	浅	不光滑	白	细	10	N	中	1100.00	S	51.39	15.78	8.11	4.280	2.630	1.400	0.00
23.0	纺锤形	小	浅	光滑	白	细	9	N	中	1120.00	MR	42.36	14.98	6.35	4.320	1.500	1.130	0.00
37.0	圆锥形	小	深	光滑	白	细	7	N	旺	1220.00	HS	48.96	15.05	7.37	4.020	1.270	1.120	0.00

统一编号	保存编号	品种名称	品种来源	保存单位	粒性	育性	染色体倍性	花粉量	种株株型	结实密度（粒/10cm）	种子千粒重（g）	子叶大小	下胚轴色	叶色	叶形	叶柄宽	叶柄长	叶丛型
ZT001047	H01110	内甜401	中国内蒙古	内蒙古自治区农牧业科学院	多	可育	4x	多	多茎	19.8	23.0	小	混	淡绿	犁铧形	宽	短	斜立型
ZT001048	H01111	内甜402	中国内蒙古	内蒙古自治区农牧业科学院	多	可育	4x	多	多茎	22.3	24.0	小	混	绿	犁铧形	中	短	斜立型
ZT001049	H01112	内9201	中国内蒙古	内蒙古自治区农牧业科学院	多	可育	4x	中	多茎	22.4	22.0	小	混	浓绿	犁铧形	宽	短	斜立型
ZT001050	H01113	内9202	中国内蒙古	内蒙古自治区农牧业科学院	多	可育	4x	中	多茎	19.8	20.0	小	红	浓绿	犁铧形	宽	中	斜立型
ZT001051	H01114	内9205	中国内蒙古	内蒙古自治区农牧业科学院	多	可育	4x	多	多茎	18.7	20.0	小	红	绿	犁铧形	宽	中	斜立型
ZT001052	H01115	CLR8220-1	中国内蒙古	内蒙古自治区农牧业科学院	多	可育	2x	多	多茎	24.1	21.0	小	混	淡绿	舌形	中	短	直立型
ZT001053	H01116	内五19/62-9	中国内蒙古	内蒙古自治区农牧业科学院	多	可育	2x	多	多茎	22.6	24.0	小	红	绿	犁铧形	宽	中	斜立型
ZT001054	H01117	范8601-7	中国内蒙古	内蒙古自治区农牧业科学院	多	可育	2x	多	多茎	20.6	23.0	小	混	淡绿	犁铧形	宽	宽	斜立型
ZT001055	H01118	范8601-20	中国内蒙古	内蒙古自治区农牧业科学院	多	可育	2x	多	多茎	21.2	25.0	小	混	淡绿	舌形	宽	短	斜立型
ZT001056	H01119	GW65401/62-12	中国内蒙古	内蒙古自治区农牧业科学院	多	可育	2x	多	多茎	19.8	27.0	小	混	淡绿	舌形	中	长	直立型
ZT001057	H01120	GW65401/62-9	中国内蒙古	内蒙古自治区农牧业科学院	多	可育	2x	多	多茎	18.3	20.0	小	混	淡绿	舌形	宽	中	直立型
ZT001058	H01121	工农五号	中国内蒙古	内蒙古自治区农牧业科学院	多	可育	2x	中	多茎	24.1	25.0	小	红	绿	犁铧形	宽	中	斜立型
ZT001059	H01122	工农201	中国内蒙古	内蒙古自治区农牧业科学院	多	可育	2x	中	多茎	22.6	23.0	小	混	淡绿	犁铧形	宽	中	斜立型
ZT001060	H01123	工农202	中国内蒙古	内蒙古自治区农牧业科学院	多	可育	2x	中	多茎	20.6	24.0	中	混	绿	舌形	宽	短	斜立型
ZT001061	H01124	内饲五号	中国内蒙古	内蒙古自治区农牧业科学院	多	可育	2x	多	多茎	25.2	21.0	小	红	浅红	舌形	宽	中	斜立型

（续）

叶数（片）	块根形状	根头大小	根沟深浅	根皮光滑度	根肉色	肉质粗细	维管束环数（个）	经济类型	苗期生长势	幼苗百株重（g）	褐斑病	块根产量（t/hm²）	蔗糖含量（%）	蔗糖产量（t/hm²）	钾含量（mmol/100g）	钠含量（mmol/100g）	氮含量（mmol/100g）	当年抽薹率（%）
31.0	圆锥形	小	浅	不光滑	白	细	10	N	旺	860.00	S	42.36	15.97	6.76	4.030	1.260	1.320	0.00
32.0	圆锥形	小	浅	不光滑	白	细	7	Z	中	1160.00	MS	37.50	16.78	6.29	4.170	1.340	1.310	0.00
21.0	圆锥形	小	深	光滑	白	细	7	Z	弱	1430.00	MS	24.65	17.17	4.23	3.930	1.360	1.760	0.00
27.0	纺锤形	小	深	光滑	白	细	9	N	中	1560.00	MS	44.79	15.95	7.14	4.370	1.130	2.120	0.00
30.0	纺锤形	小	浅	光滑	白	细	9	N	中	760.00	MR	41.67	15.85	6.60	3.860	1.210	1.410	0.00
29.0	楔形	大	深	光滑	白	细	10	N	中	1060.00	MS	43.40	16.78	7.27	3.890	0.940	0.760	0.00
38.0	楔形	大	浅	光滑	白	细	12	Z	中	1020.00	S	34.72	16.67	5.79	3.560	1.170	1.020	0.00
36.0	圆锥形	小	浅	光滑	白	细	12	LL	弱	1120.00	HS	32.99	15.99	5.28	3.920	1.210	1.130	0.00
31.0	纺锤形	小	浅	光滑	白	细	9	LL	中	660.00	S	39.24	16.38	6.42	4.070	2.020	1.240	0.00
29.0	纺锤形	小	浅	光滑	白	细	10	Z	弱	940.00	MS	30.21	16.75	5.06	3.810	1.230	1.860	0.00
27.0	圆锥形	大	浅	光滑	白	细	7	Z	旺	700.00	MS	40.97	17.72	7.26	3.980	1.020	1.620	0.00
34.0	纺锤形	小	深	光滑	白	细	8	N	旺	740.00	S	46.18	16.05	7.41	4.290	1.270	1.620	0.00
33.0	楔形	小	浅	光滑	白	细	9	LL	中	740.00	HS	38.19	15.33	5.85	4.380	1.320	1.540	0.00
27.0	圆锥形	小	浅	光滑	白	细	8	LL	旺	940.00	HS	38.19	15.59	5.96	3.960	1.230	1.830	0.00
25.0	楔形	大	浅	光滑	红	细	4	E	中	720.00	HS	59.03	7.78	4.59	8.000	8.420	2.310	0.00

统一编号	保存编号	品种名称	品种来源	保存单位	粒性	育性	染色体倍性	花粉量	种株株型	结实密度（粒 /10cm）	种子千粒重（g）	子叶大小	下胚轴色	叶色	叶形	叶柄宽	叶柄长	叶丛型
ZT001062	H01125	内五 401/62	中国内蒙古	内蒙古自治区农牧业科学院	多	可育	2x	多	多茎	22.3	21.0	小	红	浓绿	舌形	宽	长	直立型
ZT001063	H01126	范 5608/4	中国内蒙古	内蒙古自治区农牧业科学院	多	可育	2x	多	多茎	21.5	20.0	小	混	浓绿	舌形	中	长	直立型
ZT001064	H01127	呼 734/5	中国内蒙古	内蒙古自治区农牧业科学院	多	可育	2x	多	多茎	20.6	20.0	小	混	浓绿	舌形	中	中	直立型
ZT001065	H01128	工 3–7801	中国内蒙古	内蒙古自治区农牧业科学院	多	可育	2x	中	多茎	23.1	19.0	小	红	浓绿	舌形	中	中	直立型
ZT001066	H01129	狼 9021	中国内蒙古	内蒙古自治区农牧业科学院	多	可育	2x	多	多茎	19.8	23.0	小	红	浓绿	舌形	宽	长	直立型
ZT001067	H01130	AB19/120–17E	中国内蒙古	内蒙古自治区农牧业科学院	多	可育	2x	多	多茎	19.7	22.0	小	红	浓绿	犁铧形	中	中	斜立型
ZT001068	H01131	内 9206	中国内蒙古	内蒙古自治区农牧业科学院	多	可育	4x	中	多茎	21.6	23.0	小	混	浓绿	舌形	宽	中	直立型
ZT001069	H01132	内 9203	中国内蒙古	内蒙古自治区农牧业科学院	多	可育	4x	中	多茎	22.1	21.0	小	混	浓绿	舌形	中	长	直立型
ZT001070	H01133	范 9001	中国内蒙古	内蒙古自治区农牧业科学院	多	可育	2x	多	多茎	20.3	20.0	小	混	绿	舌形	宽	短	斜立型
ZT001071	X01201	石甜 4–1	中国新疆	新疆石河子甜菜研究所	多	可育	4x	中	混合	17.7	45.0	大	红	淡绿	犁铧形	宽	中	斜立型
ZT001072	X01202	石甜 4–2	中国新疆	新疆石河子甜菜研究所	多	可育	4x	中	混合	18.5	39.0	大	红	浓绿	舌形	宽	中	斜立型
ZT001073	X01203	石甜 4–6	中国新疆	新疆石河子甜菜研究所	多	可育	4x	中	混合	16.7	35.0	大	红	淡绿	犁铧形	宽	中	斜立型
ZT001074	X01204	石甜 4–10	中国新疆	新疆石河子甜菜研究所	多	可育	4x	中	多茎	17.5	42.0	大	红	浓绿	舌形	宽	中	斜立型
ZT001075	X01205	石 M203A	中国新疆	新疆石河子甜菜研究所	多	不育	2x	少	混合	26.5	23.0	大	红	绿	舌形	中	长	直立型
ZT001076	X01206	石 M203B	中国新疆	新疆石河子甜菜研究所	多	可育	2x	多	混合	25.5	21.0	大	红	绿	犁铧形	中	中	直立型

（续）

叶数（片）	块根形状	根头大小	根沟深浅	根皮光滑度	根肉色	肉质粗细	维管束环数（个）	经济类型	苗期生长势	幼苗百株重（g）	褐斑病	块根产量（t/hm^2）	蔗糖含量（%）	蔗糖产量（t/hm^2）	钾含量（mmol/100g）	钠含量（mmol/100g）	氮含量（mmol/100g）	当年抽薹率（%）
29.0	圆锥形	小	浅	光滑	白	细	7	N	旺	1060.00	HS	46.88	15.95	7.49	4.170	2.320	1.520	0.00
26.0	楔形	大	深	光滑	白	细	9	LL	弱	900.00	HS	39.58	16.43	6.50	4.140	1.470	1.320	0.00
37.0	圆锥形	大	浅	光滑	白	细	8	N	中	750.00	HS	42.01	16.19	6.80	4.220	1.870	1.380	0.00
26.0	楔形	大	浅	光滑	白	细	8	Z	弱	760.00	MS	39.24	16.69	6.55	4.290	1.620	1.460	0.00
40.0	圆锥形	小	浅	光滑	白	细	8	NZ	中	740.00	HS	50.69	17.52	8.88	3.830	1.320	1.170	0.00
37.0	纺锤形	小	浅	光滑	白	细	8	NZ	弱	830.00	S	43.06	17.10	7.36	3.960	1.690	1.210	0.00
27.0	圆锥形	小	浅	光滑	白	细	10	NZ	中	1200.00	HS	42.36	16.90	7.16	3.320	0.920	1.520	0.00
30.0	纺锤形	小	深	光滑	白	细	9	NZ	中	700.00	S	44.79	17.05	7.64	3.470	1.130	1.610	0.00
37.0	纺锤形	中	浅	不光滑	白	细	8	N	旺	620.00	HS	40.97	14.88	6.10	3.340	1.400	1.230	0.00
25.6	纺锤形	中	浅	较光滑	淡黄	粗	10	N	旺	1519.00	R	35.47	17.12	6.07	7.850	1.460	2.180	0.00
25.8	纺锤形	中	浅	光滑	淡黄	中	10	E	较旺	1211.00	HR	40.67	13.87	5.64	8.650	4.470	4.630	0.00
31.9	圆锥形	中	浅	较光滑	白	中	11	LL	旺	1269.00	R	35.82	10.90	3.90	10.440	5.030	5.120	0.00
27.3	圆锥形	中	中	较光滑	白	粗	10	NE	旺	1627.00	R	38.05	16.62	6.32	7.700	1.650	4.280	0.00
30.8	纺锤形	中	中	不光滑	白	中	11	NE	旺	668.00	R	38.87	18.37	7.14	6.000	1.820	4.000	0.00
29.5	纺锤形	中	中	光滑	白	细	10	NZ	较旺	413.00	HR	34.72	19.15	6.65	6.180	1.460	2.760	0.00

统一编号	保存编号	品种名称	品种来源	保存单位	粒性	育性	染色体倍性	花粉量	种株株型	结实密度（粒/10cm）	种子千粒重（g）	子叶大小	下胚轴色	叶色	叶形	叶柄宽	叶柄长	叶丛型
ZT001077	X01207	石 M201A	中国新疆	新疆石河子甜菜研究所	多	不育	2x	少	混合	25.4	27.0	大	红	绿	犁铧形	中	中	斜立型
ZT001078	X01208	石 M201B	中国新疆	新疆石河子甜菜研究所	多	可育	2x	多	混合	27.7	28.0	大	绿	绿	犁铧形	中	中	斜立型
ZT001079	X01209	石 M202A	中国新疆	新疆石河子甜菜研究所	多	不育	2x	少	混合	28.7	34.0	大	红	浓绿	舌形	中	短	斜立型
ZT001080	X01210	石 M202B	中国新疆	新疆石河子甜菜研究所	多	可育	2x	多	混合	33.4	32.0	大	红	浓绿	舌形	中	中	斜立型
ZT001081	X01211	83–1A	中国吉林	新疆石河子甜菜研究所	多	不育	2x	中	混合	24.2	32.0	大	红	绿	犁铧形	窄	中	斜立型
ZT001082	X01212	83–1B	中国吉林	新疆石河子甜菜研究所	多	可育	2x	中	混合	24.9	30.0	大	绿	绿	犁铧形	窄	中	斜立型
ZT001083	X01213	0–3–3	中国新疆	新疆石河子甜菜研究所	多	可育	2x	多	混合	24.2	30.0	大	绿	绿	犁铧形	窄	中	直立型
ZT001084	X01214	8–67	中国吉林	新疆石河子甜菜研究所	多	可育	2x	多	多茎	23.1	29.0	大	红	淡绿	舌形	中	中	直立型
ZT001085	X01215	Z–2	中国吉林	新疆石河子甜菜研究所	多	可育	2x	多	多茎	27.1	25.0	大	红	浓绿	犁铧形	中	中	直立型
ZT001086	X01216	Z–6	中国吉林	新疆石河子甜菜研究所	多	可育	2x	多	多茎	29.1	25.0	大	红	浓绿	犁铧形	中	中	直立型
ZT001087	X01217	Z–8	中国吉林	新疆石河子甜菜研究所	多	可育	2x	多	多茎	21.2	25.0	大	红	绿	犁铧形	中	中	直立型
ZT001088	X01218	22–2230	中国新疆	新疆石河子甜菜研究所	多	可育	2x	多	多茎	17.3	24.0	大	红	绿	犁铧形	中	中	直立型
ZT001089	X01219	22–2727	中国新疆	新疆石河子甜菜研究所	多	可育	2x	中	混合	21.4	20.0	大	红	绿	犁铧形	中	中	直立型
ZT001090	X01220	工农 S6	中国内蒙古	新疆石河子甜菜研究所	多	可育	2x	多	多茎	21.3	23.0	大	红	绿	舌形	窄	中	直立型
ZT001091	X01221	石甜 4–16	中国新疆	新疆石河子甜菜研究所	多	可育	4x	中	混合	19.7	17.0	大	红	淡绿	犁铧形	中	中	斜立型

（续）

叶数（片）	块根形状	根头大小	根沟深浅	根皮光滑度	根肉色	肉质粗细	维管束环数（个）	经济类型	苗期生长势	幼苗百株重（g）	褐斑病	块根产量（t/hm²）	蔗糖含量（%）	蔗糖产量（t/hm²）	钾含量（mmol/100g）	钠含量（mmol/100g）	氮含量（mmol/100g）	当年抽薹率（%）
28.2	纺锤形	中	中	光滑	白	细	11	NZ	较旺	979.00	R	36.59	19.98	7.31	6.300	1.860	3.110	0.00
27.8	纺锤形	小	中	光滑	白	中	8	N	较旺	607.00	R	37.14	17.97	6.67	7.450	1.420	2.490	0.00
26.3	纺锤形	小	中	较光滑	白	细	12	NZ	较旺	568.00	HR	36.20	20.30	7.35	5.170	0.590	3.000	0.00
31.5	纺锤形	中	浅	较光滑	白	中	12	EZ	旺	476.00	R	38.99	20.00	7.80	5.390	0.740	3.500	0.00
24.0	楔形	中	浅	光滑	淡黄	粗	10	NZ	较旺	534.00	HR	37.10	19.07	7.08	7.090	1.060	2.160	0.00
26.6	纺锤形	小	中	较光滑	白	中	11	NZ	较旺	599.00	HR	33.82	19.62	6.64	6.590	1.070	1.990	0.00
26.6	圆锥形	中	中	不光滑	白	中	11	NE	较旺	554.00	MR	41.89	18.17	7.61	7.300	1.880	3.670	0.00
26.6	纺锤形	小	深	光滑	白	细	11	EZ	较旺	576.00	HR	41.39	19.60	8.11	5.000	0.780	2.710	0.00
24.3	纺锤形	小	中	较光滑	白	中	11	NZ	较旺	572.00	HR	30.49	20.20	6.16	6.100	0.750	4.740	0.00
26.7	纺锤形	小	中	光滑	淡黄	中	11	NZ	较旺	743.00	HR	36.42	20.65	7.52	5.650	0.790	3.960	0.00
26.0	纺锤形	小	中	较光滑	白	中	11	NZ	中	504.00	HR	34.01	20.87	7.10	4.850	0.770	3.710	0.00
28.1	圆锥形	中	浅	较光滑	淡黄	粗	11	NZ	较旺	700.00	HR	32.73	19.13	6.26	5.740	1.600	2.700	0.00
30.2	圆锥形	小	浅	较光滑	白	细	11	NZ	较旺	844.00	HR	30.52	19.68	6.00	5.320	1.220	4.620	0.00
31.5	纺锤形	中	中	较光滑	白	细	11	NZ	较旺	718.00	HR	36.72	19.85	7.29	6.420	1.830	6.480	0.00
28.3	纺锤形	小	浅	光滑	淡黄	细	12	LL	旺	1269.00	HR	18.36	16.70	3.06	4.640	1.190	0.690	0.00

统一编号	保存编号	品种名称	品种来源	保存单位	粒性	育性	染色体倍性	花粉量	种株株型	结实密度（粒/10cm）	种子千粒重（g）	子叶大小	下胚轴色	叶色	叶形	叶柄宽	叶柄长	叶丛型
ZT001092	X01222	石甜4–14	中国新疆	新疆石河子甜菜研究所	多	可育	4x	多	混合	16.6	25.0	大	红	绿	犁铧形	宽	中	斜立型
ZT001093	X01223	8–151	中国新疆	新疆石河子甜菜研究所	多	可育	2x	中	混合	18.1	28.0	大	红	绿	犁铧形	中	长	直立型
ZT001094	X01224	8–96	中国新疆	新疆石河子甜菜研究所	多	可育	2x	中	单茎	18.2	26.0	大	绿	绿	犁铧形	中	中	直立型
ZT001095	X01225	Z–177	中国新疆	新疆石河子甜菜研究所	多	可育	2x	中	混合	15.3	15.0	中	红	浓绿	犁铧形	中	中	斜立型
ZT001096	X01226	8–58	中国新疆	新疆石河子甜菜研究所	多	可育	2x	中	混合	20.0	25.0	大	红	绿	犁铧形	中	中	直立型
ZT001097	X01227	GS5	中国新疆	新疆石河子甜菜研究所	多	可育	2x	多	单茎	19.2	27.0	中	红	浓绿	犁铧形	中	长	直立型
ZT001098	X01228	48–2515	中国新疆	新疆石河子甜菜研究所	多	可育	2x	中	混合	20.2	33.0	中	红	绿	犁铧形	中	中	直立型
ZT001099	X01229	243	中国新疆	新疆石河子甜菜研究所	多	可育	2x	多	混合	23.5	20.0	中	红	浓绿	犁铧形	中	长	直立型
ZT001100	X01230	226	中国新疆	新疆石河子甜菜研究所	多	可育	2x	多	混合	21.8	23.0	中	红	绿	犁铧形	中	中	直立型
ZT001101	X01231	6901	中国新疆	新疆石河子甜菜研究所	多	可育	2x	多	混合	20.5	21.0	大	红	绿	犁铧形	中	中	直立型
ZT001102	X01232	742–1–3A	中国黑龙江	新疆石河子甜菜研究所	多	不育	2x	少	单茎	22.3	22.0	中	混	绿	犁铧形	中	中	直立型
ZT001103	X01233	742–1–3B	中国黑龙江	新疆石河子甜菜研究所	多	可育	2x	中	单茎	19.1	19.0	中	混	绿	犁铧形	中	中	直立型
ZT001104	X01234	石甜4–12	中国新疆	新疆石河子甜菜研究所	多	可育	4x	中	混合	18.7	34.0	大	红	绿	犁铧形	中	短	斜立型
ZT001105	X01235	8–160	中国新疆	新疆石河子甜菜研究所	多	可育	2x	多	混合	24.6	34.0	中	红	绿	犁铧形	中	长	直立型
ZT001106	X01236	石甜4–11	中国新疆	新疆石河子甜菜研究所	多	可育	4x	多	混合	19.3	36.0	大	红	绿	犁铧形	中	中	直立型

（续）

叶数（片）	块根形状	根头大小	根沟深浅	根皮光滑度	根肉色	肉质粗细	维管束环数（个）	经济类型	苗期生长势	幼苗百株重（g）	褐斑病	块根产量（t/hm²）	蔗糖含量（%）	蔗糖产量（t/hm²）	钾含量（mmol/100g）	钠含量（mmol/100g）	氮含量（mmol/100g）	当年抽薹率（%）
28.4	纺锤形	小	不明显	较光滑	淡黄	细	11	N	旺	1043.00	HR	29.54	16.33	4.82	5.170	1.190	0.420	0.00
28.4	纺锤形	中	不明显	较光滑	黄	细	12	N	旺	849.00	HR	24.14	16.73	4.04	4.210	0.840	0.760	0.00
32.2	纺锤形	小	不明显	光滑	白	细	12	N	旺	689.00	HR	25.00	17.15	4.29	4.620	0.980	0.800	0.00
28.1	纺锤形	中	浅	较光滑	淡黄	细	13	N	较旺	625.00	HR	28.19	18.55	5.23	4.910	0.530	0.920	0.00
33.0	圆锥形	小	浅	不光滑	黄	细	12	N	较旺	560.00	HR	23.04	17.30	3.98	4.350	0.830	0.610	0.00
31.2	圆锥形	中	不明显	较光滑	黄	细	11	LL	较旺	561.00	HR	20.88	16.28	3.39	5.900	0.860	0.730	0.00
31.9	纺锤形	大	不明显	较光滑	黄	粗	11	LL	较旺	851.00	HR	19.54	14.70	2.87	6.890	2.270	0.390	0.00
25.8	纺锤形	中	深	较光滑	黄	细	11	N	较旺	509.00	HR	25.07	17.47	4.38	4.950	0.630	0.850	0.00
24.7	纺锤形	中	不明显	较光滑	淡黄	细	11	LL	较旺	373.00	HR	20.14	16.68	3.36	4.960	0.700	0.620	0.00
33.0	纺锤形	中	深	不光滑	黄	细	13	LL	较旺	808.00	HR	22.15	15.63	3.47	5.680	1.180	0.790	0.00
30.0	纺锤形	中	不明显	不光滑	淡黄	细	13	LL	旺	1118.00	HR	20.84	16.51	3.44	4.630	0.720	0.440	0.00
29.2	纺锤形	中	不明显	较光滑	淡黄	细	12	N	较旺	805.00	HR	23.34	17.18	4.00	4.480	1.230	0.480	0.00
27.2	纺锤形	中	浅	光滑	淡黄	粗	12	N	旺	826.00	HR	22.63	16.08	3.63	6.490	1.860	0.580	0.00
30.0	圆锥形	中	不明显	较光滑	淡黄	细	13	N	较旺	504.00	HR	24.14	17.53	4.23	4.210	0.840	0.760	0.00
35.0	纺锤形	中	浅	光滑	淡黄	细	11	N	旺	945.00	S	31.54	17.25	5.44	4.650	0.630	0.570	0.00

统一编号	保存编号	品种名称	品种来源	保存单位	粒性	育性	染色体倍性	花粉量	种株株型	结实密度（粒 /10cm）	种子千粒重（g）	子叶大小	下胚轴色	叶色	叶形	叶柄宽	叶柄长	叶丛型
ZT001107	X01237	9-2663	中国新疆	新疆石河子甜菜研究所	多	可育	2x	中	混合	20.7	33.0	大	红	淡绿	犁铧形	中	中	直立型
ZT001108	X01238	48-2529	中国新疆	新疆石河子甜菜研究所	多	可育	2x	多	单茎	20.6	35.0	大	红	绿	舌形	窄	中	直立型
ZT001109	X01239	2-K-4-2-5-4A	中国新疆	新疆石河子甜菜研究所	多	不育	2x	无	单茎	17.8	37.0	大	红	绿	犁铧形	中	中	直立型
ZT001110	X01240	2-K-4-2-5-4B	中国新疆	新疆石河子甜菜研究所	多	可育	2x	中	混合	18.9	33.0	中	红	绿	犁铧形	中	长	直立型
ZT001111	X01001	甜研三号（X）	中国黑龙江	新疆维吾尔自治区农业科学院	多	可育	2x	多	多茎	17.6	16.0	大	混	绿	犁铧形	中	长	斜立型
ZT001112	X01002	甜研四号（X）	中国黑龙江	新疆维吾尔自治区农业科学院	多	可育	2x	多	混合	15.6	19.0	中	红	绿	犁铧形	中	中	斜立型
ZT001113	X01004	甜 19120	中国黑龙江	新疆维吾尔自治区农业科学院	多	可育	2x	多	多茎	17.2	18.0	小	黄绿	绿	犁铧形	窄	短	斜立型
ZT001114	X01005	3013-16-78-80	中国黑龙江	新疆维吾尔自治区农业科学院	多	可育	2x	中	单茎	20.0	19.0	小	红	绿	犁铧形	中	长	斜立型
ZT001115	X01011	Aj1/74C1/181C1/83	中国黑龙江	新疆维吾尔自治区农业科学院	多	可育	2x	中	单茎	18.0	18.0	大	混	绿	犁铧形	宽	长	斜立型
ZT001116	X01012	Aj1/74C1//78/81	中国黑龙江	新疆维吾尔自治区农业科学院	多	可育	2x	中	混合	17.2	17.0	中	红	绿	犁铧形	宽	长	斜立型
ZT001117	X01015	双丰五号（X）	中国黑龙江	新疆维吾尔自治区农业科学院	多	可育	2x	多	混合	13.6	18.0	小	红	绿	犁铧形	中	中	斜立型
ZT001118	X01016	双丰六号	中国黑龙江	新疆维吾尔自治区农业科学院	多	可育	2x	中	多茎	22.0	18.0	小	红	绿	犁铧形	中	长	斜立型
ZT001119	X01018	双 1-1	中国黑龙江	新疆维吾尔自治区农业科学院	多	可育	2x	中	混合	16.8	14.0	大	红	绿	犁铧形	中	中	斜立型
ZT001120	X01022	双 8-1	中国黑龙江	新疆维吾尔自治区农业科学院	多	可育	2x	多	多茎	17.6	20.0	大	混	浓绿	犁铧形	中	中	斜立型
ZT001121	X01023	双 8-2	中国黑龙江	新疆维吾尔自治区农业科学院	多	可育	2x	多	混合	21.2	15.0	大	红	浓绿	犁铧形	中	中	斜立型

（续）

叶数（片）	块根形状	根头大小	根沟深浅	根皮光滑度	根肉色	肉质粗细	维管束环数（个）	经济类型	苗期生长势	幼苗百株重（g）	褐斑病	块根产量（t/hm²）	蔗糖含量（%）	蔗糖产量（t/hm²）	钾含量（mmol/100g）	钠含量（mmol/100g）	氮含量（mmol/100g）	当年抽薹率（%）
31.7	纺锤形	中	浅	较光滑	淡黄	细	12	LL	较旺	639.00	HR	10.35	13.60	1.41	6.500	2.830	0.780	0.00
27.1	纺锤形	大	不明显	较光滑	淡黄	粗	11	LL	较旺	895.00	HR	11.14	15.77	1.75	5.020	1.220	0.400	0.00
29.7	纺锤形	中	不明显	较光滑	淡黄	细	11	N	较旺	600.00	HR	24.34	16.63	4.04	4.690	0.590	0.540	0.00
29.9	纺锤形	中	不明显	较光滑	淡黄	细	12	N	较旺	656.00	HR	27.64	16.42	4.53	4.630	0.590	0.550	0.00
21.8	圆锥形	中	深	较光滑	白	细	8	EZ	较旺	625.00	R	66.84	18.03	12.05	5.405	1.765	3.220	0.00
30.6	圆锥形	大	深	较光滑	白	细	8	NZ	中	375.00	S	58.40	17.50	10.22	5.145	1.915	5.185	0.00
25.4	圆锥形	小	深	较光滑	白	粗	7	Z	较弱	300.00	S	32.88	18.57	6.11	4.525	1.265	9.365	0.00
31.2	纺锤形	中	深	较光滑	淡黄	细	6	N	较弱	380.00	R	49.61	15.00	7.44	7.940	2.815	5.840	0.00
32.6	圆锥形	大	浅	较光滑	白	细	6	NE	较弱	1200.00	S	71.72	15.03	10.78	9.970	3.290	6.400	0.00
35.8	纺锤形	小	深	较光滑	白	细	7	N	弱	700.00	S	43.72	14.98	6.55	9.750	2.170	9.250	0.00
26.0	圆锥形	小	深	较光滑	白	细	7	N	较弱	420.00	R	47.32	16.60	7.86	6.670	2.300	6.145	0.00
25.8	纺锤形	中	浅	较光滑	淡黄	细	7	NZ	中	440.00	S	49.25	18.62	9.17	6.195	2.135	6.870	0.00
33.6	圆锥形	中	浅	较光滑	白	细	6	NZ	中	440.00	S	48.90	18.40	8.99	5.980	1.460	5.370	0.00
34.2	圆锥形	大	浅	较光滑	白	细	7	LL	中	600.00	S	38.99	15.99	6.24	4.710	0.947	4.285	0.00
34.0	圆锥形	中	深	光滑	白	细	7	NZ	中	640.00	R	49.25	19.00	9.36	4.905	0.935	4.195	0.00

统一编号	保存编号	品种名称	品种来源	保存单位	粒性	育性	染色体倍性	花粉量	种株株型	结实密度（粒 /10cm）	种子千粒重（g）	子叶大小	下胚轴色	叶色	叶形	叶柄宽	叶柄长	叶丛型
ZT001122	X01043	顺天根（X）	中国黑龙江	新疆维吾尔自治区农业科学院	多	可育	2x	较多	多茎	24.0	14.0	大	红	绿	犁铧形	宽	长	斜立型
ZT001123	X01045	公范一号（X）	中国吉林	新疆维吾尔自治区农业科学院	多	可育	2x	较多	多茎	18.6	15.0	大	混	绿	犁铧形	中	中	斜立型
ZT001124	X01046	范育一号（X）	中国吉林	新疆维吾尔自治区农业科学院	多	可育	2x	较多	混合	20.6	19.0	大	红	绿	犁铧形	中	长	斜立型
ZT001125	X01048	洮育一号（X）	中国吉林	新疆维吾尔自治区农业科学院	多	可育	2x	较多	多茎	16.4	16.0	大	红	绿	犁铧形	宽	长	斜立型
ZT001126	X01049	洮育二号（X）	中国吉林	新疆维吾尔自治区农业科学院	多	可育	2x	中	混合	18.2	14.0	大	红	绿	犁铧形	中	长	斜立型
ZT001127	X01050	洮育三号	中国吉林	新疆维吾尔自治区农业科学院	多	可育	2x	较多	混合	17.2	18.0	大	混	绿	犁铧形	宽	长	斜立型
ZT001128	X01051	晋甜一号（X）	中国山西	新疆维吾尔自治区农业科学院	多	可育	2x	较多	多茎	17.2	18.0	大	淡红	绿	犁铧形	宽	长	斜立型
ZT001129	X01053	工农三号（X）	中国内蒙古	新疆维吾尔自治区农业科学院	多	可育	2x	多	多茎	15.2	18.0	大	红	绿	犁铧形	中	中	斜立型
ZT001130	X01065	87–58	中国新疆	新疆维吾尔自治区农业科学院	多	可育	2x	多	多茎	20.4	16.0	大	红	浓绿	犁铧形	宽	长	直立型
ZT001131	X01066	87–60	中国新疆	新疆维吾尔自治区农业科学院	多	可育	2x	多	混合	17.2	17.0	中	黄绿	绿	犁铧形	中	中	斜立型
ZT001132	X01069	87–79	中国新疆	新疆维吾尔自治区农业科学院	多	可育	2x	多	多茎	18.0	19.0	大	红	绿	犁铧形	宽	长	斜立型
ZT001133	X01071	87–81	中国新疆	新疆维吾尔自治区农业科学院	多	可育	2x	中	单茎	18.6	19.0	大	红	绿	犁铧形	中	长	斜立型
ZT001134	X01072	87–82	中国新疆	新疆维吾尔自治区农业科学院	多	可育	2x	中	多茎	21.5	22.0	大	红	绿	犁铧形	中	长	斜立型
ZT001135	X01075	87–90	中国新疆	新疆维吾尔自治区农业科学院	多	可育	2x	多	多茎	22.0	18.0	大	红	绿	犁铧形	宽	长	直立型
ZT001136	X01076	87–91	中国新疆	新疆维吾尔自治区农业科学院	多	可育	2x	中	多茎	17.2	13.0	大	红	绿	犁铧形	中	长	直立型

（续）

叶数（片）	块根形状	根头大小	根沟深浅	根皮光滑度	根肉色	肉质粗细	维管束环数（个）	经济类型	苗期生长势	幼苗百株重（g）	褐斑病	块根产量（t/hm^2）	蔗糖含量（%）	蔗糖产量（t/hm^2）	钾含量（mmol/100g）	钠含量（mmol/100g）	氮含量（mmol/100g）	当年抽薹率（%）
32.2	纺锤形	小	浅	较光滑	淡黄	细	5	N	旺	1300.00	S	42.00	16.00	6.72	8.750	2.140	4.410	0.00
32.0	圆锥形	中	浅	较光滑	淡黄	细	8	NE	中	1000.00	S	65.41	16.20	10.60	8.970	2.900	5.650	0.00
22.4	圆锥形	小	浅	较光滑	白	细	6	N	旺	1300.00	R	49.43	17.00	8.40	8.340	1.590	6.870	0.00
23.6	圆锥形	中	深	较光滑	白	细	6	NZ	较旺	600.00	S	45.72	17.43	7.97	9.650	1.270	5.430	0.00
23.2	纺锤形	中	浅	较光滑	白	细	5	N	较旺	800.00	R	52.86	16.43	8.68	8.830	1.800	5.130	0.00
27.8	纺锤形	小	浅	较光滑	白	细	6	ZZ	旺	1800.00	S	61.43	19.30	11.86	6.790	1.250	4.340	0.00
28.5	楔形	中	深	较光滑	白	细	6	N	旺	1400.00	R	55.72	16.70	9.31	9.620	2.350	5.740	0.00
28.8	楔形	大	浅	较光滑	淡黄	细	7	NE	中	600.00	S	79.33	15.07	11.96	7.645	3.220	6.695	0.00
29.0	楔形	中	深	较光滑	白	粗	7	N	较旺	500.00	R	49.25	16.83	8.29	7.750	3.095	7.385	0.00
31.0	圆锥形	大	深	较光滑	淡黄	细	7	NE	较旺	700.00	S	71.42	15.45	11.03	8.085	3.815	5.675	0.00
36.0	圆锥形	大	深	较光滑	白	细	6	N	旺	840.00	S	60.16	15.73	9.46	7.715	3.100	7.615	0.00
40.0	圆锥形	中	深	较光滑	淡黄	细	6	N	旺	1300.00	S	50.31	15.25	7.67	8.175	3.425	7.095	0.00
36.4	圆锥形	中	深	较光滑	白	细	6	NE	旺	1050.00	S	65.99	16.55	10.92	7.200	3.200	8.160	0.00
31.0	纺锤形	大	深	较光滑	白	细	7	N	较旺	750.00	S	47.32	16.47	7.79	7.445	2.305	6.695	0.00
35.0	纺锤形	大	深	光滑	白	细	6	N	较旺	700.00	S	56.82	17.10	9.72	7.555	2.245	6.660	0.00

统一编号	保存编号	品种名称	品种来源	保存单位	粒性	育性	染色体倍性	花粉量	种株株型	结实密度（粒 /10cm）	种子千粒重（g）	子叶大小	下胚轴色	叶色	叶形	叶柄宽	叶柄长	叶丛型
ZT001137	X01077	新品字Ⅰ	中国新疆	新疆维吾尔自治区农业科学院	多	可育	2x	中	多茎	18.0	15.0	大	红	绿	犁铧形	宽	长	斜立型
ZT001138	X01078	新品字Ⅱ	中国新疆	新疆维吾尔自治区农业科学院	多	可育	2x	中	多茎	16.4	18.0	大	混	绿	犁铧形	宽	长	斜立型
ZT001139	X01079	85-14辐	中国新疆	新疆维吾尔自治区农业科学院	多	可育	2x	中	多茎	20.4	12.0	中	红	绿	犁铧形	中	长	直立型
ZT001140	X01080	丰光（X）	中国黑龙江	新疆维吾尔自治区农业科学院	多	可育	2x	较多	多茎	17.2	14.0	大	混	绿	犁铧形	宽	长	斜立型
ZT001141	X01081	抗白辐	中国新疆	新疆维吾尔自治区农业科学院	多	可育	2x	较多	多茎	18.6	15.0	大	红	绿	犁铧形	宽	长	斜立型
ZT001142	X01087	Y3	中国新疆	新疆维吾尔自治区农业科学院	多	可育	2x	多	多茎	20.0	13.0	中	混	绿	犁铧形	宽	长	斜立型
ZT001143	X05006	合成二号（X）	日本	新疆维吾尔自治区农业科学院	多	可育	2x	多	多茎	17.2	17.0	大	红	浓绿	犁铧形	中	长	斜立型
ZT001144	X17001	西鲜一号（X）	朝鲜	新疆维吾尔自治区农业科学院	多	可育	2x	少	多茎	17.3	8.0	大	红	绿	犁铧形	宽	长	斜立型
ZT001145	X17002	西鲜二号（X）	朝鲜	新疆维吾尔自治区农业科学院	多	可育	2x	少	多茎	17.8	15.0	大	红	绿	犁铧形	宽	长	斜立型
ZT001146	X04038	美国杂交种	美国	新疆维吾尔自治区农业科学院	多	可育	2x	少	混合	18.2	15.0	中	红	浅红	犁铧形	中	中	斜立型
ZT001147	X04029	84109-00	美国	新疆维吾尔自治区农业科学院	单	可育	2x	中	混合	20.0	11.0	小	红	淡绿	犁铧形	宽	长	直立型
ZT001148	X14003	SBetaT33/4453（X）	英国	新疆维吾尔自治区农业科学院	多	可育	2x	多	多茎	20.6	15.0	大	红	绿	犁铧形	宽	长	斜立型
ZT001149	X06005	Beta242/53	匈牙利	新疆维吾尔自治区农业科学院	多	可育	2x	中	单茎	21.4	27.0	大	红	绿	犁铧形	宽	长	斜立型
ZT001150	X06006	Beta242/53/27	匈牙利	新疆维吾尔自治区农业科学院	多	可育	2x	中	单茎	17.4	23.0	大	红	绿	犁铧形	宽	长	斜立型
ZT001151	X03001	Ajanasz-Aj1（X）	波兰	新疆维吾尔自治区农业科学院	多	可育	2x	中	混合	18.4	16.0	小	混	绿	犁铧形	中	中	斜立型

（续）

叶数（片）	块根形状	根头大小	根沟深浅	根皮光滑度	根肉色	肉质粗细	维管束环数（个）	经济类型	苗期生长势	幼苗百株重（g）	褐斑病	块根产量（t/hm²）	蔗糖含量（%）	蔗糖产量（t/hm²）	钾含量（mmol/100g）	钠含量（mmol/100g）	氮含量（mmol/100g）	当年抽薹率（%）
40.0	圆锥形	中	浅	光滑	白	细	7	N	较旺	1400.00	S	55.72	15.35	8.55	10.470	3.690	7.500	0.00
37.0	圆锥形	小	浅	较光滑	白	细	7	LL	旺	1100.00	R	46.86	12.58	5.89	10.560	5.920	8.200	0.00
31.6	圆锥形	大	深	较光滑	白	细	6	N	弱	800.00	R	42.86	14.58	6.25	10.610	2.000	6.110	0.00
30.4	圆锥形	小	深	较光滑	白	细	5	LL	较弱	1000.00	MS	40.57	13.60	5.52	10.650	5.440	4.700	0.00
35.6	圆锥形	小	深	较光滑	白	细	5	N	较旺	875.00	HS	42.36	14.10	5.97	6.830	3.540	5.830	0.00
34.0	纺锤形	小	浅	较光滑	白	细	6	ZZ	旺	1140.00	MR	46.29	19.55	9.05	5.710	1.160	5.100	0.00
35.0	圆锥形	小	浅	不光滑	淡黄	细	6	NE	较旺	700.00	S	69.13	16.52	11.42	7.625	2.705	6.195	0.00
37.0	圆锥形	中	浅	光滑	白	细	5	LL	旺	1600.00	S	48.86	13.40	6.55	10.950	3.950	7.020	0.00
46.0	圆锥形	中	浅	光滑	白	细	6	E	旺	1400.00	MS	74.29	13.93	10.35	10.470	3.060	4.750	0.00
36.2	圆锥形	中	浅	光滑	深红	细	6	LL	旺	1000.00	HS	33.43	10.83	3.62	10.470	4.740	6.800	0.00
37.0	纺锤形	中	深	较光滑	白	细	5	N	旺	1600.00	HS	57.72	15.13	8.73	8.060	4.100	6.020	0.00
40.0	圆锥形	大	浅	光滑	淡黄	细	6	E	旺	1900.00	R	78.86	12.83	10.12	11.290	6.350	4.870	0.00
28.0	圆锥形	中	浅	较光滑	白	细	6	N	旺	1200.00	MR	56.86	14.55	8.27	10.010	5.470	4.440	0.00
33.6	圆锥形	中	浅	较光滑	白	细	5	N	旺	1800.00	S	52.00	16.13	8.39	9.020	3.480	5.090	0.00
30.8	圆锥形	大	深	光滑	白	细	7	N	旺	460.00	S	52.79	16.40	8.66	5.470	3.850	4.550	0.00

统一编号	保存编号	品种名称	品种来源	保存单位	粒性	育性	染色体倍性	花粉量	种株株型	结实密度（粒/10cm）	种子千粒重（g）	子叶大小	下胚轴色	叶色	叶形	叶柄宽	叶柄长	叶丛型
ZT001152	X03005	Udycz-B（X）	波兰	新疆维吾尔自治区农业科学院	多	可育	2x	中	混合	18.6	12.0	大	红	淡绿	犁铧形	宽	长	斜立型
ZT001153	X03009	Buszczynski-P（X）	波兰	新疆维吾尔自治区农业科学院	多	可育	2x	多	多茎	17.8	16.0	大	混	绿	犁铧形	中	中	斜立型
ZT001154	X03010	Buszczynski-NP（X）	波兰	新疆维吾尔自治区农业科学院	多	可育	2x	多	混合	16.8	20.0	大	混	绿	犁铧形	中	中	斜立型
ZT001155	X03023	P51（X）	波兰	新疆维吾尔自治区农业科学院	多	可育	4x	中	混合	16.4	25.0	大	红	浓绿	犁铧形	中	短	斜立型
ZT001156	X03015	ROG.C	波兰	新疆维吾尔自治区农业科学院	多	可育	2x	中	混合	18.8	17.0	大	黄绿	绿	犁铧形	中	长	斜立型
ZT001157	X03016	ROG.P	波兰	新疆维吾尔自治区农业科学院	多	可育	2x	多	多茎	20.0	19.0	大	黄绿	绿	犁铧形	中	长	斜立型
ZT001158	X02007	Ивановская1745（X）	俄罗斯	新疆维吾尔自治区农业科学院	多	可育	2x	多	多茎	20.2	10.0	大	黄	绿	犁铧形	宽	中	斜立型
ZT001159	X02016	Рамонская925	俄罗斯	新疆维吾尔自治区农业科学院	多	可育	2x	多	多茎	18.4	13.0	中	黄	绿	犁铧形	中	中	斜立型
ZT001160	X02027	Белонерков	俄罗斯	新疆维吾尔自治区农业科学院	单	可育	2x	多	多茎	20.8	7.0	大	混	绿	犁铧形	中	中	斜立型
ZT001161	X02028	苏联单粒种	俄罗斯	新疆维吾尔自治区农业科学院	单	可育	2x	多	多茎	18.4	10.0	大	红	绿	犁铧形	中	中	斜立型
ZT001162	X02035	Лервомайская925	俄罗斯	新疆维吾尔自治区农业科学院	多	可育	2x	多	多茎	18.6	18.0	大	红	绿	犁铧形	中	中	直立型
ZT001163	X16002	Ovama-Blancd（X）	奥地利	新疆维吾尔自治区农业科学院	多	可育	2x	中	多茎	22.4	19.0	中	混	绿	犁铧形	中	中	斜立型
ZT001164	X16004	卡维塞加单粒	奥地利	新疆维吾尔自治区农业科学院	多	可育	2x	少	多茎	20.4	16.0	大	红	绿	犁铧形	宽	长	斜立型
ZT001165	X09007	Hilleshog-4209（X）	瑞典	新疆维吾尔自治区农业科学院	多	可育	2x	中	单茎	22.8	15.0	中	红	绿	犁铧形	宽	长	直立型
ZT001166	X01014	742新选系	中国黑龙江	新疆维吾尔自治区农业科学院	多	可育	2x	多	单茎	18.5	14.0	中	红	绿	犁铧形	宽	中	斜立型

（续）

叶数（片）	块根形状	根头大小	根沟深浅	根皮光滑度	根肉色	肉质粗细	维管束环数（个）	经济类型	苗期生长势	幼苗百株重（g）	褐斑病	块根产量（t/hm^2）	蔗糖含量（%）	蔗糖产量（t/hm^2）	钾含量（mmol/100g）	钠含量（mmol/100g）	氮含量（mmol/100g）	当年抽薹率（%）
41.0	圆锥形	中	深	较光滑	白	细	6	N	旺	2010.00	R	60.29	15.45	9.31	8.740	2.750	7.020	0.00
21.0	楔形	小	浅	光滑	白	细	7	LL	旺	520.00	HS	30.51	16.18	4.93	5.580	3.390	5.070	0.00
22.4	楔形	小	浅	光滑	白	细	7	N	较弱	380.00	MS	61.01	16.30	9.95	8.280	4.520	6.950	0.00
38.0	圆锥形	小	浅	较光滑	白	细	6	N	旺	520.00	S	52.42	15.55	8.15	7.860	5.655	6.910	0.00
36.2	纺锤形	小	浅	较光滑	白	细	7	N	旺	420.00	R	62.19	15.34	9.54	6.390	4.750	6.650	0.00
34.2	圆锥形	大	浅	较光滑	白	细	8	EZ	旺	490.00	R	82.77	19.53	16.16	7.250	4.230	5.450	0.00
32.4	纺锤形	中	深	较光滑	白	细	7	N	旺	1700.00	S	59.43	16.25	9.66	9.700	2.670	5.440	0.00
37.2	纺锤形	小	深	较光滑	白	细	5	LL	旺	1360.00	S	39.72	16.63	6.61	8.070	1.910	6.140	0.00
29.3	圆锥形	大	深	光滑	淡黄	粗	6	LL	较旺	600.00	MR	50.99	12.20	6.22	5.900	5.610	6.680	0.00
20.8	圆锥形	大	浅	光滑	淡黄	细	7	LL	中	1333.00	MR	52.99	13.80	7.31	6.150	4.700	4.160	0.00
26.4	纺锤形	中	中	较光滑	白	中	6	EZ	旺	1375.00	HS	67.90	17.40	11.81	6.840	3.000	4.050	0.00
22.4	圆锥形	大	深	光滑	白	细	5	N	旺	1153.80	HS	52.99	16.60	8.80	4.060	2.600	2.800	0.00
36.4	圆锥形	中	深	较光滑	白	细	6	LL	弱	1500.00	MS	37.99	15.60	5.93	6.340	3.990	3.400	0.00
46.4	纺锤形	大	浅	光滑	白	细	5	E	旺	1300.00	S	68.86	11.95	8.23	10.050	5.140	6.730	0.00
32.4	圆锥形	小	浅	较光滑	白	细	6	N	中	800.00	R	54.86	16.18	8.88	9.800	1.340	5.220	0.00

统一编号	保存编号	品种名称	品种来源	保存单位	粒性	育性	染色体倍性	花粉量	种株株型	结实密度（粒/10cm）	种子千粒重（g）	子叶大小	下胚轴色	叶色	叶形	叶柄宽	叶柄长	叶丛型
ZT001167	X01017	双丰八号（X）	中国黑龙江	新疆维吾尔自治区农业科学院	多	可育	2x	多	混合	18.8	15.0	大	黄	绿	犁铧形	宽	长	直立型
ZT001168	X01031	79218	中国黑龙江	新疆维吾尔自治区农业科学院	单	可育	2x	中	多茎	16.6	15.0	大	混	绿	犁铧形	宽	长	斜立型
ZT001169	X01034	86133	中国黑龙江	新疆维吾尔自治区农业科学院	多	可育	2x	多	多茎	22.8	20.0	大	红	绿	犁铧形	宽	长	斜立型
ZT001170	X01035	86138	中国黑龙江	新疆维吾尔自治区农业科学院	多	可育	2x	中	多茎	18.0	22.0	大	红	绿	犁铧形	宽	长	斜立型
ZT001171	X01036	86131（C）	中国黑龙江	新疆维吾尔自治区农业科学院	多	可育	2x	中	混合	16.8	14.0	大	红	绿	犁铧形	宽	长	斜立型
ZT001172	X01038	8803	中国黑龙江	新疆维吾尔自治区农业科学院	多	可育	2x	多	多茎	19.6	37.0	大	红	绿	犁铧形	宽	长	斜立型
ZT001173	X01047	范育二号（X）	中国黑龙江	新疆维吾尔自治区农业科学院	多	可育	2x	多	混合	18.5	18.0	中	红	绿	犁铧形	宽	长	直立型
ZT001174	X01052	河套种	中国黑龙江	新疆维吾尔自治区农业科学院	多	可育	2x	多	多茎	20.0	27.0	中	淡红	绿	犁铧形	宽	长	直立型
ZT001175	X01070	87-80	中国黑龙江	新疆维吾尔自治区农业科学院	多	可育	2x	中	多茎	18.6	25.0	大	红	绿	舌形	宽	长	直立型
ZT001176	X01073	87-83	中国黑龙江	新疆维吾尔自治区农业科学院	多	可育	2x	中	混合	18.5	23.0	大	混	绿	犁铧形	宽	长	直立型
ZT001177	X01083	新农Ⅱ	中国新疆	新疆维吾尔自治区农业科学院	多	可育	2x	少	多茎	17.4	19.0	大	混	绿	犁铧形	宽	长	直立型
ZT001178	X01084	石甜一号（X）	中国新疆	新疆维吾尔自治区农业科学院	多	可育	2x	多	多茎	26.0	30.0	大	混	绿	犁铧形	宽	长	直立型
ZT001179	X01088	85-5	中国黑龙江	新疆维吾尔自治区农业科学院	多	可育	2x	中	多茎	19.6	20.0	大	红	绿	犁铧形	宽	长	斜立型
ZT001180	X01086	X3	中国黑龙江	新疆维吾尔自治区农业科学院	多	可育	2x	少	多茎	22.5	12.0	大	混	绿	犁铧形	中	长	直立型
ZT001181	X01094	2406	中国黑龙江	新疆维吾尔自治区农业科学院	多	可育	4x	中	多茎	18.2	27.0	大	红	绿	犁铧形	宽	长	斜立型

（续）

叶数（片）	块根形状	根头大小	根沟深浅	根皮光滑度	根肉色	肉质粗细	维管束环数（个）	经济类型	苗期生长势	幼苗百株重（g）	褐斑病	块根产量（t/hm²）	蔗糖含量（%）	蔗糖产量（t/hm²）	钾含量（mmol/100g）	钠含量（mmol/100g）	氮含量（mmol/100g）	当年抽薹率（%）
38.4	纺锤形	小	浅	较光滑	白	细	7	NZ	旺	1500.00	S	46.57	18.00	8.38	7.630	2.190	5.240	0.00
29.6	圆锥形	大	浅	较光滑	白	细	7	NZ	中	900.00	S	62.87	17.95	11.28	5.050	2.470	3.560	0.00
34.2	圆锥形	大	浅	较光滑	白	细	8	EZ	旺	1200.00	MR	73.31	18.05	13.23	4.560	1.600	5.290	0.00
28.8	圆锥形	大	浅	较光滑	白	细	7	NZ	旺	1000.00	MR	41.83	18.92	7.91	5.280	1.230	4.350	0.00
32.6	圆锥形	大	浅	较光滑	白	细	7	N	较旺	800.00	R	51.15	17.30	8.85	5.210	1.630	4.580	0.00
36.4	圆锥形	中	浅	较光滑	白	细	6	EZ	旺	680.00	R	67.41	18.55	12.50	6.590	1.990	4.900	0.00
32.8	纺锤形	中	浅	较光滑	白	细	7	NZ	旺	800.00	S	54.29	17.38	9.44	8.550	1.800	5.790	0.00
35.2	圆锥形	小	浅	较光滑	白	细	7	LL	旺	1400.00	R	40.86	16.90	6.91	9.050	1.880	6.460	0.00
38.0	纺锤形	中	浅	较光滑	白	细	7	NZ	较旺	800.00	HR	63.43	17.77	11.27	6.760	1.900	4.900	0.00
38.0	纺锤形	中	浅	较光滑	白	细	7	LL	旺	1500.00	R	55.43	13.28	7.36	9.300	5.490	6.460	0.00
22.0	圆锥形	大	浅	光滑	白	细	8	N	较旺	360.00	R	46.00	16.20	7.45	9.560	5.480	6.760	0.00
29.0	圆锥形	小	浅	较光滑	白	细	6	N	较旺	1300.00	R	51.72	16.35	8.46	9.860	2.460	6.570	0.00
28.6	楔形	大	深	较光滑	白	细	6	N	中	1363.00	HS	58.57	14.80	8.67	9.310	2.080	4.330	0.00
37.8	纺锤形	小	浅	较光滑	白	细	5	LL	旺	1300.00	S	40.50	16.28	6.59	8.910	2.210	5.730	0.00
37.0	圆锥形	小	深	较光滑	白	中	6	N	旺	1000.00	R	47.14	15.65	7.38	7.745	5.900	8.460	0.00

统一编号	保存编号	品种名称	品种来源	保存单位	粒性	育性	染色体倍性	花粉量	种株株型	结实密度（粒/10cm）	种子千粒重（g）	子叶大小	下胚轴色	叶色	叶形	叶柄宽	叶柄长	叶丛型
ZT001182	X01095	石甜 202（X）	中国新疆	新疆维吾尔自治区农业科学院	多	可育	2x	多	多茎	18.6	32.0	大	红	绿	犁铧形	宽	长	斜立型
ZT001183	X01098	2/85–65/89	中国黑龙江	新疆维吾尔自治区农业科学院	多	可育	2x	中	多茎	22.0	11.0	小	红	绿	犁铧形	宽	长	直立型
ZT001184	X01099	5/85–13/89	中国黑龙江	新疆维吾尔自治区农业科学院	多	可育	2x	多	多茎	26.0	22.0	大	红	绿	犁铧形	宽	长	斜立型
ZT001185	X01100	8/86–81/90	中国黑龙江	新疆维吾尔自治区农业科学院	多	可育	2x	多	混合	22.0	14.0	大	红	绿	犁铧形	宽	长	直立型
ZT001186	X01101	12/85–14/89	中国新疆	新疆维吾尔自治区农业科学院	多	可育	2x	多	多茎	18.4	17.0	中	红	绿	犁铧形	宽	长	直立型
ZT001187	X01102	14/84–31/90	中国新疆	新疆维吾尔自治区农业科学院	多	可育	2x	中	单茎	20.0	18.0	大	红	绿	犁铧形	宽	长	直立型
ZT001188	X01103	15/85–41/89	中国新疆	新疆维吾尔自治区农业科学院	多	可育	2x	中	单茎	16.0	16.0	中	红	绿	犁铧形	宽	长	直立型
ZT001189	X01104	15/85–89/89	中国新疆	新疆维吾尔自治区农业科学院	多	可育	2x	中	多茎	24.2	25.0	大	红	绿	犁铧形	宽	长	直立型
ZT001190	X01105	22/85–16/89	中国新疆	新疆维吾尔自治区农业科学院	多	可育	2x	中	多茎	24.0	25.0	大	红	绿	犁铧形	宽	长	直立型
ZT001191	X01106	22/85–47/89	中国新疆	新疆维吾尔自治区农业科学院	多	可育	2x	中	多茎	24.0	19.0	中	混	绿	犁铧形	宽	长	直立型
ZT001192	X01107	25/85–55/89	中国新疆	新疆维吾尔自治区农业科学院	多	可育	2x	中	混合	26.0	15.0	大	红	绿	犁铧形	宽	长	直立型
ZT001193	X01108	29/85–52/89	中国新疆	新疆维吾尔自治区农业科学院	多	可育	2x	中	混合	24.2	20.0	中	红	绿	犁铧形	宽	长	斜立型
ZT001194	X01109	34/86–34/90	中国新疆	新疆维吾尔自治区农业科学院	多	可育	2x	多	多茎	14.6	14.0	大	黄	绿	犁铧形	宽	长	直立型
ZT001195	X01110	103/85–38/89	中国新疆	新疆维吾尔自治区农业科学院	多	可育	2x	中	多茎	24.2	13.0	中	黄	绿	犁铧形	宽	长	直立型
ZT001196	X01111	46–④	中国新疆	新疆维吾尔自治区农业科学院	多	可育	2x	多	多茎	24.0	18.0	大	红	绿	犁铧形	宽	长	直立型

（续）

叶数（片）	块根形状	根头大小	根沟深浅	根皮光滑度	根肉色	肉质粗细	维管束环数（个）	经济类型	苗期生长势	幼苗百株重（g）	褐斑病	块根产量（t/hm²）	蔗糖含量（%）	蔗糖产量（t/hm²）	钾含量（mmol/100g）	钠含量（mmol/100g）	氮含量（mmol/100g）	当年抽薹率（%）
26.0	纺锤形	中	深	光滑	白	细	5	N	旺	1100.00	R	46.57	16.85	7.85	7.950	5.400	6.440	0.00
32.6	纺锤形	小	浅	较光滑	白	细	5	LL	较旺	800.00	MS	26.86	14.78	3.97	8.950	3.660	5.470	0.00
41.6	圆锥形	中	浅	较光滑	白	细	6	LL	较旺	960.00	R	52.29	12.00	6.27	10.410	5.340	5.580	0.00
36.2	纺锤形	中	深	较光滑	白	细	6	N	旺	400.00	S	57.30	14.90	8.54	9.580	3.890	6.430	0.00
32.4	纺锤形	中	浅	较光滑	白	细	6	LL	旺	1100.00	S	52.29	12.00	6.27	10.410	5.320	5.520	0.00
31.2	纺锤形	中	深	较光滑	白	细	6	LL	较旺	1400.00	R	39.14	15.83	6.20	7.260	2.430	7.260	0.00
37.2	圆锥形	中	浅	较光滑	白	细	6	LL	较旺	1000.00	R	50.29	13.53	6.80	8.320	5.000	6.300	0.00
34.2	圆锥形	中	深	较光滑	白	细	5	LL	较旺	1500.00	MR	40.86	12.03	4.92	9.870	5.790	5.660	0.00
29.0	圆锥形	中	浅	较光滑	白	细	6	LL	较旺	1200.00	R	28.57	14.23	4.07	9.310	2.790	5.770	0.00
32.4	圆锥形	中	浅	较光滑	白	细	5	N	较旺	800.00	MS	46.85	14.80	6.94	7.760	4.870	5.420	0.00
35.0	纺锤形	中	浅	较光滑	白	细	6	N	较旺	500.00	MR	42.29	15.65	6.62	8.610	3.830	7.000	0.00
35.4	圆锥形	中	深	较光滑	白	细	5	N	较旺	1000.00	MR	41.14	14.58	6.00	9.480	5.110	6.430	0.00
37.2	圆锥形	小	深	较光滑	淡黄	细	6	N	旺	720.00	R	52.86	14.78	7.81	8.960	4.100	5.980	0.00
32.6	纺锤形	中	浅	较光滑	白	细	7	LL	旺	800.00	R	36.86	12.15	4.48	11.820	6.430	6.840	0.00
29.2	圆锥形	小	浅	较光滑	白	细	5	NE	旺	350.00	R	73.15	15.15	11.08	8.100	2.480	6.470	0.00

统一编号	保存编号	品种名称	品种来源	保存单位	粒性	育性	染色体倍性	花粉量	种株株型	结实密度（粒/10cm）	种子千粒重（g）	子叶大小	下胚轴色	叶色	叶形	叶柄宽	叶柄长	叶丛型
ZT001197	X01112	3–②	中国新疆	新疆维吾尔自治区农业科学院	多	可育	2*x*	多	混合	20.8	19.0	大	红	绿	犁铧形	宽	长	斜立型
ZT001198	X01113	3–①	中国新疆	新疆维吾尔自治区农业科学院	多	可育	2*x*	多	单茎	18.6	19.0	大	红	绿	犁铧形	宽	长	直立型
ZT001199	X01114	63–③	中国新疆	新疆维吾尔自治区农业科学院	多	可育	2*x*	中	多茎	18.8	18.0	中	红	绿	犁铧形	宽	长	斜立型
ZT001200	X01115	71–②	中国新疆	新疆维吾尔自治区农业科学院	多	可育	2*x*	多	多茎	16.2	21.0	大	红	绿	犁铧形	宽	长	斜立型
ZT001201	X01116	87–②	中国新疆	新疆维吾尔自治区农业科学院	多	可育	2*x*	中	多茎	18.4	23.0	大	红	绿	犁铧形	宽	长	直立型
ZT001202	X01117	74–③	中国新疆	新疆维吾尔自治区农业科学院	多	可育	2*x*	多	多茎	20.0	18.0	大	红	绿	犁铧形	宽	长	直立型
ZT001203	X01118	90–②	中国新疆	新疆维吾尔自治区农业科学院	多	可育	2*x*	中	多茎	18.8	17.0	大	红	绿	犁铧形	宽	长	直立型
ZT001204	X02001	Бийская541	俄罗斯	新疆维吾尔自治区农业科学院	多	可育	2*x*	少	多茎	18.5	17.0	大	混	绿	犁铧形	中	长	斜立型
ZT001205	X02031	768	俄罗斯	新疆维吾尔自治区农业科学院	多	可育	2*x*	多	多茎	20.2	20.0	大	红	绿	犁铧形	宽	长	斜立型
ZT001206	X02017	Рамонская931（X）	俄罗斯	新疆维吾尔自治区农业科学院	多	可育	2*x*	少	多茎	11.0	16.0	大	红	浓绿	犁铧形	中	长	斜立型
ZT001207	X02023	Уладовская1722（X）	俄罗斯	新疆维吾尔自治区农业科学院	多	可育	2*x*	少	多茎	12.5	14.0	大	混	绿	犁铧形	中	长	直立型
ZT001208	X02025	Ялтущковская116X	俄罗斯	新疆维吾尔自治区农业科学院	多	可育	2*x*	少	多茎	12.5	27.0	大	混	绿	犁铧形	中	长	直立型
ZT001209	X02033	C1（X）	俄罗斯	新疆维吾尔自治区农业科学院	多	可育	2*x*	少	混合	16.5	17.0	大	淡红	绿	犁铧形	中	长	直立型
ZT001210	X03007	Buszczynska–CLR（X）	波兰	新疆维吾尔自治区农业科学院	多	可育	2*x*	少	多茎	24.0	16.0	大	红	绿	犁铧形	宽	长	直立型
ZT001211	X03015	Rogow–C（X）	波兰	新疆维吾尔自治区农业科学院	多	可育	2*x*	少	多茎	20.0	13.0	中	红	绿	犁铧形	宽	长	直立型

（续）

叶数（片）	块根形状	根头大小	根沟深浅	根皮光滑度	根肉色	肉质粗细	维管束环数（个）	经济类型	苗期生长势	幼苗百株重（g）	褐斑病	块根产量（t/hm²）	蔗糖含量（%）	蔗糖产量（t/hm²）	钾含量（mmol/100g）	钠含量（mmol/100g）	氮含量（mmol/100g）	当年抽薹率（%）
31.4	圆锥形	小	浅	较光滑	白	细	5	N	旺	500.00	R	59.85	15.13	9.06	7.650	3.830	6.850	0.00
26.8	圆锥形	中	浅	较光滑	白	细	5	N	旺	1040.00	R	49.25	14.85	7.31	6.860	4.830	5.960	0.00
27.2	纺锤形	大	深	较光滑	白	细	6	NE	旺	1200.00	MR	68.57	12.40	8.50	10.410	5.340	5.580	0.00
34.2	圆锥形	大	浅	较光滑	白	细	6	LL	旺	1000.00	MS	26.86	12.58	3.39	9.760	4.440	6.400	0.00
41.6	圆锥形	中	浅	较光滑	白	细	6	LL	较旺	960.00	MS	48.57	12.60	6.12	10.420	4.400	7.420	0.00
33.2	纺锤形	中	深	较光滑	白	细	6	N	较旺	1000.00	S	50.29	14.12	7.10	9.090	3.510	6.780	0.00
32.6	纺锤形	小	浅	较光滑	白	细	5	LL	较旺	800.00	S	39.14	14.78	5.78	8.950	3.660	5.470	0.00
32.0	纺锤形	小	浅	较光滑	白	细	6	N	旺	1100.00	S	49.15	14.63	7.19	10.100	3.810	6.100	0.00
27.4	纺锤形	小	浅	较光滑	白	细	6	NZ	旺	1700.00	S	57.43	17.85	10.25	7.830	1.700	5.140	0.00
37.2	楔形	中	浅	较光滑	白	细	6	NZ	旺	1700.00	MS	49.15	17.80	8.75	6.940	1.810	6.810	0.00
29.8	圆锥形	中	浅	较光滑	白	细	6	N	旺	1760.00	MS	54.29	15.13	9.21	7.520	4.080	5.870	0.00
39.6	楔形	小	浅	较光滑	白	细	5	N	旺	1200.00	MR	45.72	16.60	7.59	9.440	2.560	6.440	0.00
33.0	纺锤形	小	深	较光滑	白	细	6	N	旺	1300.00	R	47.15	16.95	7.99	8.450	2.120	7.620	0.00
44.0	纺锤形	中	浅	较光滑	白	细	5	N	旺	1500.00	MS	55.72	16.60	9.25	9.870	2.540	6.690	0.00
34.2	楔形	小	浅	光滑	白	细	6	LL	弱	600.00	MR	33.43	15.70	5.25	8.240	4.090	6.520	0.00

统一编号	保存编号	品种名称	品种来源	保存单位	粒性	育性	染色体倍性	花粉量	种株株型	结实密度（粒 /10cm）	种子千粒重（g）	子叶大小	下胚轴色	叶色	叶形	叶柄宽	叶柄长	叶丛型
ZT001212	X03017	Sanpomerska–C（X）	波兰	新疆维吾尔自治区农业科学院	多	可育	2x	少	多茎	18.0	20.0	大	混	绿	犁铧形	宽	长	匍匐型
ZT001213	X03020	Ajpoly– Ⅱ	波兰	新疆维吾尔自治区农业科学院	多	可育	2x	少	多茎	16.6	22.0	中	红	绿	犁铧形	宽	长	斜立型
ZT001214	X04011	Mono–HyE4（X）	美国	新疆维吾尔自治区农业科学院	多	可育	2x	少	多茎	18.0	16.0	大	红	绿	犁铧形	宽	长	匍匐型
ZT001215	X04016	Americal–314（X）	美国	新疆维吾尔自治区农业科学院	多	可育	2x	少	多茎	18.0	18.0	大	红	淡绿	犁铧形	宽	长	斜立型
ZT001216	X04032	84121–00（X）	美国	新疆维吾尔自治区农业科学院	单	可育	2x	多	多茎	24.5	22.0	大	红	淡绿	犁铧形	宽	长	斜立型
ZT001217	D01506	79650	中国黑龙江	国家甜菜种质资源中期库	单	可育	2x	中	混合	29.2	21.0	中	红	绿	圆扇形	中	短	斜立型
ZT001218	X05004	本育 401（X）	日本	新疆维吾尔自治区农业科学院	多	可育	2x	多	混合	16.5	17.0	中	红	绿	犁铧形	宽	长	直立型
ZT001219	X05007	导入二号（X）	日本	新疆维吾尔自治区农业科学院	多	可育	2x	多	混合	16.0	9.0	中	红	绿	犁铧形	宽	长	直立型
ZT001220	X06001	BetaK91	匈牙利	新疆维吾尔自治区农业科学院	多	可育	2x	多	多茎	16.0	15.0	大	红	绿	犁铧形	宽	长	直立型
ZT001221	X06004	Beta242/D	匈牙利	新疆维吾尔自治区农业科学院	多	可育	2x	多	多茎	20.5	19.0	中	黄	绿	犁铧形	宽	长	直立型
ZT001222	X07002	蒂波	意大利	新疆维吾尔自治区农业科学院	多	可育	2x	少	混合	18.0	17.0	中	红	绿	犁铧形	宽	长	直立型
ZT001223	X08003	CIKY–T2（X）	捷克	新疆维吾尔自治区农业科学院	多	可育	2x	少	混合	18.0	17.0	大	红	绿	犁铧形	宽	长	直立型
ZT001224	X08005	Dobrauidka–V（X）	捷克	新疆维吾尔自治区农业科学院	多	可育	2x	少	混合	22.0	26.0	大	红	绿	犁铧形	宽	长	直立型
ZT001225	X09004	MARIKA	瑞典	新疆维吾尔自治区农业科学院	多	可育	2x	少	多茎	16.8	16.0	大	红	绿	犁铧形	宽	长	斜立型
ZT001226	X10002	Refer–N（X）	法国	新疆维吾尔自治区农业科学院	多	可育	2x	多	多茎	20.5	19.0	大	红	淡绿	犁铧形	宽	长	直立型

（续）

叶数（片）	块根形状	根头大小	根沟深浅	根皮光滑度	根肉色	肉质粗细	维管束环数（个）	经济类型	苗期生长势	幼苗百株重（g）	褐斑病	块根产量（t/hm²）	蔗糖含量（%）	蔗糖产量（t/hm²）	钾含量（mmol/100g）	钠含量（mmol/100g）	氮含量（mmol/100g）	当年抽薹率（%）
39.6	圆锥形	中	深	光滑	白	细	6	N	较旺	580.00	R	41.49	17.14	7.11	5.810	4.140	5.370	0.00
34.8	圆锥形	中	浅	较光滑	白	细	6	N	旺	800.00	R	42.29	17.35	7.34	8.470	3.560	5.440	0.00
39.6	圆锥形	中	深	光滑	白	细	7	N	旺	1000.00	HS	48.86	15.60	7.62	9.550	2.770	4.990	0.00
38.4	楔形	小	浅	较光滑	白	细	7	N	旺	1000.00	MS	42.57	15.85	6.75	8.450	3.280	4.920	0.00
33.2	圆锥形	中	深	较光滑	淡黄	细	6	N	旺	1600.00	R	59.15	15.88	9.39	8.780	2.770	4.700	0.00
35.7	楔形	小	中	光滑	白	中	8	N	较旺	1210.00	MR	20.36	11.64	2.37	4.862	3.330	1.568	0.00
39.2	楔形	中	浅	较光滑	淡黄	细	6	LL	旺	1200.00	S	53.15	13.18	7.01	10.420	5.570	6.250	0.00
32.0	圆锥形	小	浅	较光滑	白	细	7	NE	旺	1400.00	S	72.86	14.53	10.59	9.260	2.540	5.090	0.00
38.8	圆锥形	中	浅	较光滑	白	细	6	N	旺	1100.00	HR	53.72	15.83	8.50	9.570	3.460	4.550	0.00
40.4	圆锥形	中	浅	较光滑	白	细	6	N	旺	1200.00	R	60.86	15.18	9.24	9.550	3.470	4.830	0.00
38.2	圆锥形	中	浅	较光滑	白	细	6	N	旺	1800.00	R	48.26	15.05	7.24	8.560	4.280	5.360	0.00
36.4	圆锥形	中	深	较光滑	白	细	6	N	旺	1800.00	R	59.72	15.50	9.26	10.330	2.210	4.340	0.00
40.4	圆锥形	中	浅	较光滑	白	细	6	NE	旺	1900.00	S	67.43	15.10	10.18	9.100	3.620	5.120	0.00
26.0	圆锥形	大	深	光滑	淡黄	细	7	N	较旺	420.00	R	53.99	14.02	7.57	6.360	2.340	3.020	0.00
35.6	圆锥形	小	浅	较光滑	白	细	5	N	旺	600.00	R	48.00	14.53	6.98	8.540	4.130	8.310	0.00

统一编号	保存编号	品种名称	品种来源	保存单位	粒性	育性	染色体倍性	花粉量	种株株型	结实密度（粒 /10cm）	种子千粒重（g）	子叶大小	下胚轴色	叶色	叶形	叶柄宽	叶柄长	叶丛型
ZT001227	X11003	S.SLoF532（X）	罗马尼亚	新疆维吾尔自治区农业科学院	多	可育	2*x*	多	多茎	18.5	16.0	大	红	绿	犁铧形	中	长	直立型
ZT001228	X12002	5030TyPE（X）	丹麦	新疆维吾尔自治区农业科学院	多	可育	2*x*	少	多茎	18.0	20.0	大	混	绿	犁铧形	宽	长	斜立型
ZT001229	X13001	Kleinwanzleben–AA（X）	德国	新疆维吾尔自治区农业科学院	多	可育	2*x*	多	混合	18.5	22.0	大	混	绿	圆扇形	中	长	斜立型
ZT001230	X13002	Kleinwanzleben–N（X）	德国	新疆维吾尔自治区农业科学院	多	可育	2*x*	多	多茎	15.0	16.0	大	红	绿	犁铧形	宽	长	直立型
ZT001231	X14002	TyPeE09（X）	英国	新疆维吾尔自治区农业科学院	多	可育	2*x*	多	混合	20.0	21.0	大	混	绿	犁铧形	宽	长	斜立型
ZT001232	X18012	PERLA	南斯拉夫	新疆维吾尔自治区农业科学院	多	可育	2*x*	多	多茎	18.5	25.0	大	红	绿	犁铧形	宽	长	斜立型
ZT001233	X19001	DUTCH	荷兰	新疆维吾尔自治区农业科学院	多	可育	2*x*	少	混合	22.5	13.0	大	红	绿	犁铧形	宽	长	斜立型
ZT001234	X02034	吉尔吉斯25	俄罗斯	新疆维吾尔自治区农业科学院	多	可育	2*x*	少	多茎	18.6	17.0	中	混	绿	犁铧形	中	中	斜立型
ZT001235	X13001	Kauemegamono	德国	新疆维吾尔自治区农业科学院	多	可育	2*x*	少	多茎	18.2	22.0	大	黄	绿	犁铧形	宽	长	直立型
ZT001236	X01241	石甜4–7	中国新疆	新疆石河子甜菜研究所	多	可育	4*x*	多	单茎	17.6	26.0	大	红	绿	犁铧形	中	中	斜立型
ZT001237	X01242	石甜4–8	中国新疆	新疆石河子甜菜研究所	多	可育	4*x*	多	混合	16.7	38.0	大	红	绿	犁铧形	宽	长	直立型
ZT001238	X01243	石甜4–13	中国新疆	新疆石河子甜菜研究所	多	可育	4*x*	中	混合	16.7	35.0	大	红	绿	犁铧形	宽	中	斜立型
ZT001239	X01244	276	中国新疆	新疆石河子甜菜研究所	多	可育	2*x*	多	混合	21.8	34.0	中	混	绿	犁铧形	宽	长	直立型
ZT001240	X01245	213	中国新疆	新疆石河子甜菜研究所	多	可育	2*x*	多	单茎	20.8	32.0	中	红	浓绿	舌形	宽	长	直立型
ZT001241	X01246	196	中国新疆	新疆石河子甜菜研究所	多	可育	2*x*	中	混合	19.3	20.0	大	红	绿	犁铧形	宽	长	直立型

（续）

叶数（片）	块根形状	根头大小	根沟深浅	根皮光滑度	根肉色	肉质粗细	维管束环数（个）	经济类型	苗期生长势	幼苗百株重（g）	褐斑病	块根产量（t/hm²）	蔗糖含量（%）	蔗糖产量（t/hm²）	钾含量（mmol/100g）	钠含量（mmol/100g）	氮含量（mmol/100g）	当年抽薹率（%）
33.2	纺锤形	中	浅	光滑	白	细	8	NE	旺	2600.00	MS	64.39	15.85	10.21	9.000	3.540	6.320	0.00
34.4	圆锥形	小	浅	较光滑	白	细	6	N	旺	2400.00	R	55.43	14.56	8.12	10.180	4.990	4.520	0.00
29.8	圆锥形	中	浅	较光滑	白	细	5	NE	旺	2400.00	S	66.57	15.73	10.47	9.340	5.600	5.610	0.00
32.8	纺锤形	中	浅	较光滑	白	细	5	N	旺	1800.00	S	45.72	15.58	7.12	7.600	3.320	4.690	0.00
34.2	圆锥形	中	浅	较光滑	白	细	8	E	旺	1000.00	MR	72.58	12.70	9.22	7.500	5.420	6.200	0.00
34.2	纺锤形	中	浅	较光滑	白	细	6	N	较旺	800.00	MR	48.29	14.60	7.05	5.460	4.800	4.200	0.00
32.6	圆锥形	中	浅	较光滑	白	细	5	LL	较旺	700.00	R	30.00	15.73	4.72	10.040	3.440	6.570	0.00
25.6	圆锥形	中	深	光滑	白	中	6	N	较旺	1200.00	HR	52.77	14.83	7.83	7.310	4.130	7.260	0.00
32.8	纺锤形	中	浅	较光滑	白	细	5	N	旺	1800.00	R	45.72	14.95	6.84	9.740	3.900	6.230	0.00
29.1	纺锤形	中	不明显	较光滑	白	细	10	N	较旺	677.00	R	25.28	16.03	4.05	7.770	3.290	0.750	0.00
21.0	圆锥形	小	不明显	较光滑	白	细	11	N	较旺	523.00	R	31.06	16.18	5.03	8.620	2.840	1.090	0.00
25.4	圆锥形	小	不明显	较光滑	白	细	11	N	中	732.00	R	27.64	17.42	4.81	5.790	1.420	0.820	0.00
24.9	纺锤形	大	浅	光滑	淡黄	细	10	N	较旺	537.00	R	30.84	16.92	5.22	6.770	1.920	1.700	0.00
27.7	纺锤形	大	浅	不光滑	白	细	11	N	较旺	521.00	R	34.78	15.87	5.51	6.470	2.440	1.200	0.00
34.4	纺锤形	中	浅	较光滑	白	细	9	N	较旺	493.00	R	33.89	16.53	5.61	8.880	2.500	1.160	0.00

统一编号	保存编号	品种名称	品种来源	保存单位	粒性	育性	染色体倍性	花粉量	种株株型	结实密度（粒/10cm）	种子千粒重（g）	子叶大小	下胚轴色	叶色	叶形	叶柄宽	叶柄长	叶丛型
ZT001242	X01247	正春 8-2-1A	中国新疆	新疆石河子甜菜研究所	多	不育	2x	少	多茎	20.2	21.0	大	红	绿	犁铧形	中	长	直立型
ZT001243	X01248	正春 8-2-1B	中国新疆	新疆石河子甜菜研究所	多	可育	2x	多	混合	19.5	22.0	大	红	绿	犁铧形	中	长	直立型
ZT001244	X01249	正春 3-2-5-1-6A	中国新疆	新疆石河子甜菜研究所	多	不育	2x	少	单茎	24.5	25.0	大	混	浓绿	犁铧形	中	中	直立型
ZT001245	X01250	正春 3-2-5-1-6B	中国新疆	新疆石河子甜菜研究所	多	可育	2x	中	混合	21.8	29.0	大	混	绿	犁铧形	中	中	直立型
ZT001246	D02056	JV819N	日本	国家甜菜种质资源中期库	多	不育	2x	无	单茎	17.0	26.0	大	混	绿	犁铧形	中	中	直立型
ZT001247	D02057	JV819Z	日本	国家甜菜种质资源中期库	多	不育	2x	无	单茎	17.0	26.0	大	混	绿	犁铧形	中	中	直立型
ZT001248	D02058	JV9尖-5	日本	国家甜菜种质资源中期库	单	可育	2x	多	混合	20.0	15.0	中	绿	淡绿	犁铧形	中	中	直立型
ZT001249	D02059	JV11-N	日本	国家甜菜种质资源中期库	单	可育	2x	中	单茎	19.0	19.0	大	红	绿	犁铧形	中	中	直立型
ZT001250	D02060	JV11-1	日本	国家甜菜种质资源中期库	单	可育	2x	中	单茎	18.0	19.0	大	混	绿	犁铧形	中	长	斜立型
ZT001251	H01134	甜 9001	中国内蒙古	内蒙古自治区农牧业科学院	多	可育	2x	多	多茎	21.7	21.0	小	红	绿	犁铧形	中	长	直立型
ZT001252	H01135	2068B	中国内蒙古	内蒙古自治区农牧业科学院	多	可育	2x	多	多茎	22.5	20.0	小	混	浓绿	犁铧形	中	中	直立型
ZT001253	H01136	S2	中国内蒙古	内蒙古自治区农牧业科学院	多	可育	2x	多	多茎	21.4	22.0	小	混	绿	犁铧形	中	中	斜立型
ZT001254	H01137	秦甜一号	中国内蒙古	内蒙古自治区农牧业科学院	多	可育	2x	多	多茎	20.3	22.0	小	混	浓绿	舌形	中	中	直立型
ZT001255	H01138	S1	中国内蒙古	内蒙古自治区农牧业科学院	多	可育	2x	中	多茎	22.3	24.0	小	混	绿	犁铧形	宽	中	斜立型
ZT001256	D02061	JV11-3	日本	国家甜菜种质资源中期库	单	可育	2x	中	单茎	18.0	18.0	中	混	绿	犁铧形	中	长	斜立型

（续）

叶数（片）	块根形状	根头大小	根沟深浅	根皮光滑度	根肉色	肉质粗细	维管束环数（个）	经济类型	苗期生长势	幼苗百株重（g）	褐斑病	块根产量（t/hm²）	蔗糖含量（%）	蔗糖产量（t/hm²）	钾含量（mmol/100g）	钠含量（mmol/100g）	氮含量（mmol/100g）	当年抽薹率（%）
27.4	纺锤形	中	不明显	较光滑	白	细	10	NE	旺	489.00	HR	45.39	16.08	7.30	8.480	1.340	1.070	0.00
29.2	纺锤形	中	不明显	较光滑	白	细	10	E	旺	747.00	R	44.39	15.65	6.95	9.500	7.760	1.960	0.00
29.4	纺锤形	中	不明显	光滑	白	细	9	LL	中	455.00	HR	35.75	15.08	5.39	10.650	2.930	1.370	0.00
30.4	圆锥形	大	浅	光滑	白	细	9	LL	较旺	661.00	HR	35.81	14.43	5.16	9.260	3.420	1.790	0.00
33.0	圆锥形	小	浅	光滑	白	粗	6	E	旺	1180.00	MS	42.75	15.50	6.63	5.015	1.201	2.250	0.00
32.6	圆锥形	小	浅	光滑	白	粗	6	EZ	旺	1190.00	MS	46.50	17.20	7.99	3.822	5.193	1.620	0.00
39.8	楔形	中	深	光滑	白	细	6	LL	中	475.00	HS	26.79	8.59	2.30	3.841	5.614	0.489	0.00
42.0	楔形	中	浅	较光滑	白	细	6	N	较旺	800.00	MS	38.22	16.70	6.38	4.400	1.520	1.920	0.00
43.0	楔形	中	深	较光滑	白	细	6	LL	中	550.00	HS	25.67	8.23	2.11	2.698	6.741	0.418	0.00
23.0	楔形	小	浅	不光滑	白	细	9	LL	中	740.00	S	37.15	15.28	5.68	3.320	1.430	1.180	0.00
37.0	圆锥形	小	浅	不光滑	白	细	8	N	中	680.00	MS	51.39	16.78	8.62	4.110	1.360	1.100	0.00
36.0	纺锤形	小	浅	光滑	白	细	9	LL	中	920.00	MR	33.68	15.90	5.36	3.930	1.170	1.360	0.00
37.0	楔形	小	浅	光滑	白	细	8	LL	弱	800.00	HS	34.38	15.77	5.42	3.550	1.490	1.520	0.00
34.0	纺锤形	小	深	光滑	白	细	8	LL	旺	660.00	MR	39.93	15.98	6.38	4.230	1.260	1.210	0.00
42.6	楔形	大	深	光滑	白	细	6	LL	较旺	450.00	HS	17.86	6.42	0.95	2.565	6.750	0.168	0.00

统一编号	保存编号	品种名称	品种来源	保存单位	粒性	育性	染色体倍性	花粉量	种株株型	结实密度（粒 /10cm）	种子千粒重（g）	子叶大小	下胚轴色	叶色	叶形	叶柄宽	叶柄长	叶丛型
ZT001257	D02062	JV11–3N	日本	国家甜菜种质资源中期库	单	可育	2x	中	单茎	20.0	17.0	中	红	绿	犁铧形	中	中	直立型
ZT001258	D02063	JV16–5	日本	国家甜菜种质资源中期库	单	可育	2x	少	多茎	19.0	16.0	中	红	绿	犁铧形	中	短	斜立型
ZT001259	D02064	JV26	日本	国家甜菜种质资源中期库	单	可育	2x	多	单茎	20.0	18.0	小	混	绿	犁铧形	中	中	斜立型
ZT001260	D02065	JV34	日本	国家甜菜种质资源中期库	单	可育	2x	多	混合	22.0	14.0	小	混	浓绿	犁铧形	中	中	直立型
ZT001261	D02066	JV34N（单）	日本	国家甜菜种质资源中期库	单	可育	2x	多	混合	22.0	14.0	大	混	浓绿	犁铧形	中	中	直立型
ZT001262	D02067	JV204–16	日本	国家甜菜种质资源中期库	单	可育	2x	少	单茎	18.0	18.0	大	红	绿	犁铧形	中	中	斜立型
ZT001263	D02068	JV809尖	日本	国家甜菜种质资源中期库	单	不育	2x	无	多茎	21.0	18.0	中	绿	淡绿	犁铧形	中	中	直立型
ZT001264	D02069	JV811	日本	国家甜菜种质资源中期库	单	不育	2x	无	混合	22.0	16.0	大	混	绿	犁铧形	中	长	直立型
ZT001265	D02070	JV812N	日本	国家甜菜种质资源中期库	单	不育	2x	无	单茎	19.0	17.0	大	红	绿	犁铧形	中	中	斜立型
ZT001266	D02071	JV815	日本	国家甜菜种质资源中期库	单	不育	2x	无	混合	19.0	18.0	小	混	绿	舌形	宽	中	直立型
ZT001267	D02072	JV819–2	日本	国家甜菜种质资源中期库	单	不育	2x	无	单茎	22.0	14.0	大	混	绿	犁铧形	窄	中	斜立型
ZT001268	D02073	JV835–2	日本	国家甜菜种质资源中期库	单	不育	2x	无	混合	23.0	13.0	大	红	浓绿	犁铧形	中	中	直立型
ZT001269	D02074	WJV9尖N	日本	国家甜菜种质资源中期库	单	可育	2x	多	多茎	20.0	16.0	小	混	绿	犁铧形	宽	中	直立型
ZT001270	D02075	WJV9尖Z	日本	国家甜菜种质资源中期库	单	可育	2x	多	多茎	21.0	16.0	大	混	绿	犁铧形	中	中	直立型
ZT001271	D01446	红胚轴443	中国黑龙江	国家甜菜种质资源中期库	多	可育	4x	多	混合	16.0	35.0	中	红	绿	圆扇形	宽	短	斜立型

（续）

叶数（片）	块根形状	根头大小	根沟深浅	根皮光滑度	根肉色	肉质粗细	维管束环数（个）	经济类型	苗期生长势	幼苗百株重（g）	褐斑病	块根产量（t/hm²）	蔗糖含量（%）	蔗糖产量（t/hm²）	钾含量（mmol/100g）	钠含量（mmol/100g）	氮含量（mmol/100g）	当年抽薹率（%）
43.1	楔形	中	浅	较光滑	淡黄	粗	5	E	旺	920.00	MS	43.75	16.50	7.22	4.790	1.740	2.750	0.00
30.3	楔形	中	浅	光滑	白	细	5	LL	中	450.00	HS	16.63	8.99	1.49	4.325	6.668	1.123	0.00
41.6	楔形	中	深	不光滑	淡黄	粗	6	LL	较旺	690.00	HS	2.24	4.29	0.10	2.396	6.743	0.284	0.00
41.6	圆锥形	小	浅	较光滑	白	细	5	LL	中	640.00	HS	14.96	11.83	1.77	6.595	4.040	6.740	0.00
39.7	楔形	小	浅	较光滑	白	粗	5	EZ	较旺	750.00	MR	40.86	17.10	6.99	5.260	1.400	2.510	0.00
36.6	楔形	小	浅	光滑	白	细	6	LL	旺	650.00	HS	27.46	6.18	1.69	3.369	6.073	0.200	0.00
42.0	圆锥形	中	浅	光滑	白	粗	6	LL	中	300.00	HS	26.34	8.05	2.12	2.980	5.163	0.500	0.00
39.1	楔形	中	浅	较光滑	白	细	6	LL	较旺	400.00	HS	26.12	7.48	1.95	3.019	6.647	0.427	0.00
44.0	圆锥形	中	浅	较光滑	白	粗	6	E	旺	1060.00	MS	46.15	16.40	7.57	5.180	2.120	2.950	0.00
48.4	圆锥形	中	深	不光滑	淡黄	细	5	LL	旺	750.00	MS	16.30	5.15	0.87	3.672	6.744	0.287	0.00
35.2	楔形	大	浅	较光滑	白	细	6	LL	中	300.00	HS	17.42	10.85	1.89	2.611	5.104	1.369	0.00
37.2	圆锥形	小	深	较光滑	白	粗	4	LL	较旺	450.00	HS	30.81	9.33	2.87	3.822	5.194	1.630	0.00
31.6	楔形	中	深	较光滑	白	粗	6	E	较旺	1040.00	MS	42.75	15.50	6.63	5.080	2.105	1.360	0.00
35.1	楔形	中	浅	较光滑	白	细	6	E	较旺	1280.00	MR	40.88	16.10	6.58	5.925	1.595	1.675	0.00
25.6	圆锥形	中	浅	光滑	白	中	12	EZ	较旺	1092.00	S	35.78	18.02	6.45	5.467	1.472	2.882	0.00

统一编号	保存编号	品种名称	品种来源	保存单位	粒性	育性	染色体倍性	花粉量	种株株型	结实密度（粒 /10cm）	种子千粒重（g）	子叶大小	下胚轴色	叶色	叶形	叶柄宽	叶柄长	叶丛型
ZT001272	D01447	红胚轴 423	中国黑龙江	国家甜菜种质资源中期库	多	可育	4*x*	多	混合	18.0	34.0	中	红	淡绿	犁铧形	宽	中	斜立型
ZT001273	D01448	绿胚轴 423	中国黑龙江	国家甜菜种质资源中期库	多	可育	4*x*	多	混合	18.0	34.0	大	绿	绿	犁铧形	宽	中	直立型
ZT001274	D01449	85402	中国黑龙江	国家甜菜种质资源中期库	多	可育	4*x*	多	单茎	14.0	32.0	中	混	绿	犁铧形	中	中	斜立型
ZT001275	D01450	83461	中国黑龙江	国家甜菜种质资源中期库	多	可育	4*x*	中	混合	14.0	31.0	中	红	淡绿	犁铧形	宽	短	斜立型
ZT001276	D01451	JM401	中国黑龙江	国家甜菜种质资源中期库	多	可育	4*x*	多	混合	15.0	33.0	中	混	绿	犁铧形	中	中	斜立型
ZT001277	D01452	红胚轴 101/5	中国黑龙江	国家甜菜种质资源中期库	多	可育	2*x*	多	混合	18.0	28.0	大	红	绿	舌形	中	长	直立型
ZT001278	D01453	绿胚轴 101/5-12	中国黑龙江	国家甜菜种质资源中期库	多	可育	2*x*	多	混合	19.0	28.0	大	绿	绿	舌形	中	长	直立型
ZT001279	D01454	红胚轴 AJ-1	中国黑龙江	国家甜菜种质资源中期库	多	可育	2*x*	多	单茎	18.0	28.0	大	红	绿	犁铧形	中	长	直立型
ZT001280	D01455	绿胚轴 AJ-1-4	中国黑龙江	国家甜菜种质资源中期库	多	可育	2*x*	多	单茎	17.0	29.0	大	绿	绿	犁铧形	中	长	直立型
ZT001281	D01456	红胚轴范一	中国黑龙江	国家甜菜种质资源中期库	多	可育	2*x*	多	混合	18.0	27.0	中	红	绿	犁铧形	宽	中	斜立型
ZT001282	D01457	绿胚轴范一	中国黑龙江	国家甜菜种质资源中期库	多	可育	2*x*	多	混合	18.0	27.0	中	绿	绿	犁铧形	宽	中	斜立型
ZT001283	D01458	红胚轴 334/13179	中国黑龙江	国家甜菜种质资源中期库	多	可育	2*x*	多	混合	16.0	29.0	大	红	绿	犁铧形	中	中	直立型
ZT001284	D01459	绿胚轴 334/13179	中国黑龙江	国家甜菜种质资源中期库	多	可育	2*x*	多	混合	16.0	29.0	大	绿	绿	犁铧形	中	中	直立型
ZT001285	D02044	TAS47-38	日本	国家甜菜种质资源中期库	多	可育	4*x*	中	多茎	14.0	31.0	中	红	绿	犁铧形	中	中	斜立型
ZT001286	D02045	JV810	日本	国家甜菜种质资源中期库	多	不育	2*x*	无	混合	19.0	25.0	小	混	绿	犁铧形	中	中	斜立型

（续）

叶数（片）	块根形状	根头大小	根沟深浅	根皮光滑度	根肉色	肉质粗细	维管束环数（个）	经济类型	苗期生长势	幼苗百株重（g）	褐斑病	块根产量（t/hm²）	蔗糖含量（%）	蔗糖产量（t/hm²）	钾含量（mmol/100g）	钠含量（mmol/100g）	氮含量（mmol/100g）	当年抽薹率（%）
23.5	圆锥形	小	浅	光滑	白	粗	8	EZ	中	792.00	MS	37.46	18.60	6.97	6.350	1.228	1.783	0.00
27.0	圆锥形	中	浅	光滑	白	粗	7	ZZ	旺	1260.00	R	37.69	20.00	7.54	3.890	2.100	1.860	0.00
28.0	楔形	中	浅	光滑	白	粗	6	NZ	旺	1160.00	R	34.32	18.50	6.35	3.100	2.800	1.870	0.00
28.1	圆锥形	中	中	较光滑	白	细	8	EZ	中	833.00	R	38.51	17.87	6.88	3.965	1.168	2.313	0.00
29.0	圆锥形	中	浅	光滑	白	粗	6	N	旺	1270.00	R	38.22	16.70	6.38	4.120	2.960	1.900	0.00
38.0	圆锥形	小	浅	光滑	白	粗	6	ZZ	旺	900.00	HR	37.69	20.00	7.54	3.910	1.920	1.865	0.00
40.0	圆锥形	小	浅	光滑	白	粗	7	N	旺	890.00	HR	38.25	16.55	6.33	5.360	1.860	2.150	0.00
40.0	圆锥形	小	浅	光滑	白	粗	7	Z	旺	910.00	HR	37.50	19.40	7.28	4.600	1.900	1.200	0.00
39.0	圆锥形	小	浅	光滑	白	粗	7	N	旺	900.00	HR	37.50	17.30	6.57	4.120	1.800	2.150	0.00
36.0	圆锥形	小	浅	光滑	白	粗	6	N	旺	890.00	HR	38.22	16.70	6.38	5.465	1.455	2.650	0.00
37.0	圆锥形	小	浅	光滑	白	粗	6	E	旺	910.00	HR	40.88	16.10	6.58	3.910	1.300	2.605	0.00
38.0	楔形	小	浅	较光滑	白	粗	7	N	旺	920.00	HR	36.38	15.85	5.77	4.120	1.560	2.150	0.00
38.0	楔形	小	浅	较光滑	白	粗	7	Z	旺	910.00	HR	34.32	18.50	6.35	2.965	1.250	3.370	0.00
21.1	圆锥形	小	中	光滑	白	细	8	N	较旺	567.00	HS	20.88	16.23	3.39	8.385	3.752	4.188	0.00
29.0	楔形	中	中	较光滑	白	细	6	LL	较旺	680.00	S	26.12	7.48	1.95	3.510	6.650	1.200	0.00

统一编号	保存编号	品种名称	品种来源	保存单位	粒性	育性	染色体倍性	花粉量	种株株型	结实密度（粒 /10cm）	种子千粒重（g）	子叶大小	下胚轴色	叶色	叶形	叶柄宽	叶柄长	叶丛型
ZT001287	D02046	JV10	日本	国家甜菜种质资源中期库	多	可育	2x	中	混合	19.0	25.0	小	混	绿	犁铧形	中	中	斜立型
ZT001288	D02047	JV13	日本	国家甜菜种质资源中期库	单	可育	2x	中	单茎	21.0	13.0	小	混	绿	犁铧形	中	中	斜立型
ZT001289	D02048	JV41	日本	国家甜菜种质资源中期库	单	可育	2x	中	单茎	20.0	14.0	大	红	绿	犁铧形	中	中	斜立型
ZT001290	D02049	JV44	日本	国家甜菜种质资源中期库	单	可育	2x	多	单茎	19.0	13.0	大	绿	淡绿	犁铧形	中	长	直立型
ZT001291	D01460	7504	中国黑龙江	国家甜菜种质资源中期库	多	可育	2x	多	单茎	17.4	31.0	大	混	绿	犁铧形	窄	长	斜立型
ZT001292	D05065	BGRC10098	美国	国家甜菜种质资源中期库	多	可育	2x	多	单茎	17.2	29.0	大	混	淡绿	犁铧形	中	中	斜立型
ZT001293	D05066	C789	美国	国家甜菜种质资源中期库	多	可育	2x	多	单茎	21.3	24.0	中	混	绿	犁铧形	窄	短	匍匐型
ZT001294	D05067	Inbned	美国	国家甜菜种质资源中期库	多	可育	2x	多	单茎	21.4	35.0	中	混	浓绿	舌形	宽	长	直立型
ZT001295	D17049	双粒种	波兰	国家甜菜种质资源中期库	双	可育	2x	多	混合	22.8	29.0	大	红	绿	犁铧形	宽	中	斜立型
ZT001296	D17050	Ajpolycama	波兰	国家甜菜种质资源中期库	多	可育	2x	多	单茎	19.4	43.0	大	混	浓绿	犁铧形	宽	中	斜立型
ZT001297	D19033	БОРД0237	俄罗斯	国家甜菜种质资源中期库	多	可育	2x	中	多茎	20.0	32.0	中	红	淡绿	犁铧形	中	短	斜立型
ZT001298	D20008	Zumo	瑞典	国家甜菜种质资源中期库	多	可育	2x	中	混合	22.0	29.0	中	混	绿	犁铧形	中	中	斜立型
ZT001299	D02076	WJV9-2N	日本	国家甜菜种质资源中期库	单	可育	2x	多	混合	20.0	17.0	中	混	绿	舌形	中	中	直立型
ZT001300	D02077	WJV9-2Z	日本	国家甜菜种质资源中期库	单	可育	2x	多	混合	19.0	18.0	大	混	绿	舌形	中	中	直立型
ZT001301	D02078	WJV809Z	日本	国家甜菜种质资源中期库	单	不育	2x	无	混合	19.0	14.0	中	绿	淡绿	舌形	中	中	直立型

（续）

叶数（片）	块根形状	根头大小	根沟深浅	根皮光滑度	根肉色	肉质粗细	维管束环数（个）	经济类型	苗期生长势	幼苗百株重（g）	褐斑病	块根产量（t/hm^2）	蔗糖含量（%）	蔗糖产量（t/hm^2）	钾含量（mmol/100g）	钠含量（mmol/100g）	氮含量（mmol/100g）	当年抽薹率（%）
28.0	楔形	中	浅	较光滑	白	细	5	LL	较旺	760.00	S	17.50	8.50	1.49	3.915	5.315	1.650	0.00
27.0	圆锥形	小	深	光滑	淡黄	粗	5	LL	旺	780.00	MS	32.82	11.15	3.66	2.680	5.100	1.480	0.00
43.1	楔形	小	浅	较光滑	白	细	5	LL	中	300.00	HS	25.45	9.20	2.34	3.257	5.777	2.014	0.00
42.5	纺锤形	中	深	不光滑	白	粗	6	N	中	200.00	HS	22.32	12.08	2.70	3.582	5.232	1.608	0.00
37.0	圆锥形	小	浅	光滑	白	粗	8	EZ	中	1218.00	MR	51.88	17.24	8.94	4.864	1.438	3.163	0.00
32.4	圆锥形	中	深	较光滑	白	细	8	EZ	较旺	756.00	R	47.50	16.87	8.01	3.329	0.598	2.454	0.00
27.9	圆锥形	小	深	光滑	白	粗	10	EZ	较弱	590.00	MR	39.02	18.13	7.07	3.786	0.537	2.860	0.00
24.8	楔形	中	深	光滑	白	细	9	ZZ	中	896.00	MR	37.23	20.24	7.54	3.433	0.620	2.252	0.00
27.9	圆锥形	小	浅	光滑	白	细	7	NE	较旺	847.00	S	43.48	15.10	6.57	5.623	3.552	10.090	0.00
31.0	楔形	中	浅	光滑	白	细	8	NE	旺	937.00	S	53.84	14.09	7.59	4.529	2.151	3.703	0.00
23.9	楔形	中	深	光滑	白	中	11	NE	较旺	888.00	MR	47.95	16.92	8.11	4.798	1.070	3.675	0.00
29.8	圆锥形	小	浅	光滑	白	细	9	NE	较旺	895.00	MS	54.02	16.30	8.81	3.879	2.261	3.618	0.00
27.2	圆锥形	小	浅	光滑	白	细	6	E	较旺	930.00	R	47.25	16.10	7.61	6.800	2.175	2.730	0.00
35.0	楔形	中	深	较光滑	白	粗	4	EZ	较旺	1060.00	R	37.50	17.05	6.39	5.470	1.290	2.420	0.00
39.0	楔形	中	深	光滑	白	细	6	E	旺	920.00	MR	43.75	16.50	7.22	4.790	1.640	2.740	0.00

统一编号	保存编号	品种名称	品种来源	保存单位	粒性	育性	染色体倍性	花粉量	种株株型	结实密度（粒/10cm）	种子千粒重（g）	子叶大小	下胚轴色	叶色	叶形	叶柄宽	叶柄长	叶丛型
ZT001302	D02079	WJV819N	日本	国家甜菜种质资源中期库	单	不育	2x	无	单茎	17.0	15.0	大	混	绿	舌形	中	中	直立型
ZT001303	D02080	WJV835N	日本	国家甜菜种质资源中期库	单	不育	2x	无	混合	20.0	13.0	大	混	绿	犁铧形	中	中	直立型
ZT001304	D17051	P-06-1	波兰	国家甜菜种质资源中期库	单	可育	2x	中	单茎	20.0	13.0	中	红	绿	犁铧形	中	中	直立型
ZT001305	D20009	H4402	瑞典	国家甜菜种质资源中期库	多	可育	4x	中	单茎	17.0	32.0	中	红	绿	圆扇形	宽	中	斜立型
ZT001306	D01469	780041B/3	中国黑龙江	国家甜菜种质资源中期库	多	可育	2x	中	单茎	21.4	38.0	中	绿	浓绿	犁铧形	中	中	斜立型
ZT001307	D01470	780041B/7	中国黑龙江	国家甜菜种质资源中期库	多	可育	2x	少	混合	16.0	31.0	大	混	淡绿	犁铧形	宽	中	斜立型
ZT001308	D01471	8211	中国黑龙江	国家甜菜种质资源中期库	多	可育	2x	中	混合	18.2	31.0	中	混	绿	犁铧形	中	中	斜立型
ZT001309	D05068	BGRC16135	美国	国家甜菜种质资源中期库	多	可育	2x	多	混合	19.4	29.0	小	混	淡绿	犁铧形	细	中	斜立型
ZT001310	D08003	SB14623	比利时	国家甜菜种质资源中期库	多	可育	2x	中	多茎	16.8	32.0	中	红	绿	犁铧形	宽	中	斜立型
ZT001311	D11009	AIba	荷兰	国家甜菜种质资源中期库	多	可育	2x	中	混合	21.6	35.0	中	红	绿	犁铧形	宽	中	斜立型
ZT001312	D11010	Kuhnp	荷兰	国家甜菜种质资源中期库	多	可育	2x	中	单茎	18.1	41.0	大	红	浓绿	犁铧形	中	中	斜立型
ZT001313	D13005	B1254	英国	国家甜菜种质资源中期库	多	可育	2x	中	混合	14.4	41.0	大	混	浓绿	犁铧形	细	短	斜立型
ZT001314	D13006	KlelmEB079	英国	国家甜菜种质资源中期库	多	可育	2x	多	多茎	21.9	38.0	大	混	浓绿	犁铧形	中	中	斜立型
ZT001315	D13007	BattlesEB1070	英国	国家甜菜种质资源中期库	多	可育	2x	中	多茎	13.9	38.0	中	混	绿	犁铧形	中	中	斜立型
ZT001316	D14011	1164	德国	国家甜菜种质资源中期库	多	可育	2x	多	混合	18.3	19.0	大	混	绿	犁铧形	宽	短	斜立型

（续）

叶数（片）	块根形状	根头大小	根沟深浅	根皮光滑度	根肉色	肉质粗细	维管束环数（个）	经济类型	苗期生长势	幼苗百株重（g）	褐斑病	块根产量（t/hm²）	蔗糖含量（%）	蔗糖产量（t/hm²）	钾含量（mmol/100g）	钠含量（mmol/100g）	氮含量（mmol/100g）	当年抽薹率（%）
32.1	圆锥形	小	浅	光滑	白	粗	6	EZ	旺	1170.00	MR	43.88	17.25	7.57	5.015	1.195	2.260	0.00
37.3	圆锥形	中	浅	较光滑	白	粗	6	EZ	旺	1190.00	MR	46.50	17.20	7.99	5.330	1.515	1.755	0.00
44.4	纺锤形	大	深	光滑	白	细	6	LL	较旺	450.00	HS	30.58	8.08	2.47	3.057	6.704	0.587	0.00
36.4	圆锥形	大	浅	较光滑	白	粗	5	LL	中	540.00	MS	17.50	8.50	1.49	2.600	6.750	0.740	0.00
33.6	楔形	中	深	较光滑	白	细	11	NZ	较旺	936.00	S	26.77	17.54	4.69	4.064	1.975	1.621	0.00
34.5	楔形	中	深	光滑	白	细	8	NZ	中	694.00	MS	26.89	18.47	4.97	4.513	1.683	1.572	0.00
37.5	圆锥形	小	中	光滑	白	中	7	NE	旺	866.00	S	33.96	15.27	5.18	4.295	3.862	1.368	0.00
36.2	圆锥形	中	浅	光滑	白	细	9	N	中	639.00	HS	24.88	14.43	3.59	4.008	3.663	2.225	0.00
39.0	圆锥形	中	浅	光滑	白	细	8	N	中	775.00	HS	30.25	13.52	4.08	5.289	3.542	0.794	0.00
36.1	圆锥形	小	浅	光滑	白	细	7	N	较旺	1042.00	S	30.68	16.42	5.03	5.330	2.592	2.301	0.00
40.6	圆锥形	大	中	光滑	白	细	8	NZ	较旺	1025.00	S	30.05	17.28	5.20	3.842	2.277	1.178	0.00
38.1	圆锥形	大	深	光滑	白	细	8	N	较旺	979.00	HS	33.33	15.27	5.08	4.582	2.943	1.907	0.00
36.5	圆锥形	大	浅	光滑	白	细	8	N	较旺	954.00	S	28.53	16.53	4.72	4.588	2.955	1.472	0.00
36.0	圆锥形	中	浅	光滑	白	细	9	N	较旺	877.00	MS	31.57	15.40	4.86	4.282	3.397	2.535	0.00
33.1	楔形	小	深	较光滑	白	细	7	N	较弱	960.00	HR	32.43	16.67	5.41	4.337	1.650	1.980	0.00

统一编号	保存编号	品种名称	品种来源	保存单位	粒性	育性	染色体倍性	花粉量	种株株型	结实密度（粒 /10cm）	种子千粒重（g）	子叶大小	下胚轴色	叶色	叶形	叶柄宽	叶柄长	叶丛型
ZT001317	D19034	利沃夫红甜菜	俄罗斯	国家甜菜种质资源中期库	多	可育	$2x$	多	混合	20.9	33.0	小	红	紫红	犁铧形	中	短	斜立型
ZT001318	D19035	noccnc431	俄罗斯	国家甜菜种质资源中期库	多	可育	$2x$	中	混合	25.4	28.0	中	混	淡绿	犁铧形	细	细	斜立型
ZT001319	D19036	noccnuc484	俄罗斯	国家甜菜种质资源中期库	多	可育	$2x$	少	混合	25.8	24.0	中	混	绿	犁铧形	中	中	斜立型
ZT001320	D01472	78151	中国黑龙江	国家甜菜种质资源中期库	多	可育	$2x$	中	单茎	21.2	24.0	大	红	绿	犁铧形	中	中	斜立型
ZT001321	D01473	780016A 优	中国黑龙江	国家甜菜种质资源中期库	多	可育	$2x$	多	混合	27.9	32.0	中	混	绿	犁铧形	中	中	斜立型
ZT001322	D01486	石甜 202（D）	中国新疆	国家甜菜种质资源中期库	多	可育	$2x$	中	多茎	19.6	32.0	中	红	绿	犁铧形	中	中	斜立型
ZT001323	D08004	S912	比利时	国家甜菜种质资源中期库	多	可育	$2x$	中	混合	21.1	23.0	中	红	淡绿	犁铧形	中	中	斜立型
ZT001324	D08005	S913	比利时	国家甜菜种质资源中期库	多	可育	$2x$	中	多茎	23.3	19.0	中	混	绿	犁铧形	中	短	斜立型
ZT001325	D08006	S914	比利时	国家甜菜种质资源中期库	多	可育	$2x$	中	混合	25.6	25.0	小	混	浓绿	舌形	宽	中	斜立型
ZT001326	D08007	S915	比利时	国家甜菜种质资源中期库	多	可育	$2x$	中	混合	31.7	17.0	中	混	绿	犁铧形	中	中	斜立型
ZT001327	D11011	868877	荷兰	国家甜菜种质资源中期库	多	可育	$2x$	中	单茎	26.7	25.0	中	绿	绿	犁铧形	中	短	斜立型
ZT001328	D11012	870842	荷兰	国家甜菜种质资源中期库	多	可育	$2x$	中	单茎	20.7	18.0	小	红	绿	犁铧形	中	短	斜立型
ZT001329	D11013	880267	荷兰	国家甜菜种质资源中期库	多	可育	$2x$	中	单茎	22.4	20.0	大	红	绿	犁铧形	宽	中	斜立型
ZT001330	D11014	880274（红）	荷兰	国家甜菜种质资源中期库	多	可育	$2x$	中	混合	25.2	18.0	中	红	红	犁铧形	中	中	斜立型
ZT001331	D11015	880276	荷兰	国家甜菜种质资源中期库	多	可育	$2x$	多	单茎	17.6	28.0	大	混	淡绿	舌形	中	中	斜立型

（续）

叶数（片）	块根形状	根头大小	根沟深浅	根皮光滑度	根肉色	肉质粗细	维管束环数（个）	经济类型	苗期生长势	幼苗百株重（g）	褐斑病	块根产量（t/hm²）	蔗糖含量（%）	蔗糖产量（t/hm²）	钾含量（mmol/100g）	钠含量（mmol/100g）	氮含量（mmol/100g）	当年抽薹率（%）
29.2	圆锥形	中	无	光滑	鲜红	细	7	LL	较旺	760.00	HS	23.61	4.80	1.13	7.462	6.593	3.055	0.00
36.4	圆锥形	中	浅	较光滑	白	细	7	N	较旺	1129.00	S	33.59	14.93	5.01	4.750	3.351	1.638	0.00
39.9	圆锥形	中	浅	较光滑	白	细	8	N	较旺	896.00	S	31.69	14.75	4.67	5.423	3.193	1.357	0.00
43.9	圆锥形	大	中	光滑	白	细	8	N	中	1385.00	S	22.02	12.13	2.67	3.662	2.927	1.735	0.00
31.7	圆锥形	中	中	光滑	白	粗	6	NZ	中	1053.00	HR	30.63	17.53	5.37	3.193	1.660	1.655	0.00
32.9	楔形	中	深	较光滑	白	细	8	LL	较旺	1070.00	HS	11.56	11.90	1.38	4.170	6.388	0.977	0.00
42.3	圆锥形	中	深	光滑	白	细	8	N	较旺	1019.00	HS	23.11	14.17	3.27	4.583	6.268	3.245	0.00
44.0	圆锥形	中	深	光滑	白	细	8	N	较旺	890.00	HS	20.93	13.37	2.80	5.660	4.257	2.757	0.00
38.5	圆锥形	大	深	光滑	白	细	9	N	较旺	1111.00	HS	30.45	13.87	4.22	5.120	4.065	3.128	0.00
46.4	圆锥形	中	浅	光滑	白	细	9	NE	较旺	865.00	S	35.61	14.90	5.31	4.068	4.218	2.038	0.00
43.2	圆锥形	小	深	较光滑	白	细	7	N	较旺	838.00	HS	22.33	11.33	2.53	5.097	5.547	0.748	0.00
41.7	楔形	中	浅	光滑	淡黄	细	9	LL	中	690.00	HS	22.02	10.00	2.20	4.355	6.338	1.460	0.00
41.2	楔形	中	深	不光滑	白	细	7	N	中	888.00	HS	19.68	12.83	2.52	4.382	6.168	2.073	0.00
38.1	圆锥形	中	浅	光滑	红	细	8	LL	较旺	823.00	HS	7.03	4.83	0.34	5.987	6.043	0.650	0.00
43.7	圆锥形	中	深	光滑	白	细	8	LL	较旺	982.00	HS	13.27	12.40	1.65	3.148	5.570	1.248	0.00

统一编号	保存编号	品种名称	品种来源	保存单位	粒性	育性	染色体倍性	花粉量	种株株型	结实密度（粒 /10cm）	种子千粒重（g）	子叶大小	下胚轴色	叶色	叶形	叶柄宽	叶柄长	叶丛型
ZT001332	D11016	880277	荷兰	国家甜菜种质资源中期库	多	可育	2*x*	多	单茎	23.2	25.0	中	混	绿	犁铧形	中	中	斜立型
ZT001333	D14012	KWS0132	德国	国家甜菜种质资源中期库	多	可育	2*x*	中	单茎	26.0	26.0	中	红	绿	犁铧形	中	短	斜立型
ZT001334	D14013	Kanemegamono（D）	德国	国家甜菜种质资源中期库	多	可育	2*x*	中	单茎	21.1	20.0	大	红	浓绿	犁铧形	中	中	斜立型
ZT001335	D19037	л 杂种（选）	俄罗斯	国家甜菜种质资源中期库	多	可育	2*x*	多	混合	21.8	26.0	小	混	绿	犁铧形	中	中	斜立型
ZT001336	D21007	Refer–ZZ（选）	法国	国家甜菜种质资源中期库	多	可育	2*x*	中	多茎	23.8	25.0	大	混	绿	犁铧形	中	中	斜立型
ZT001337	D01474	TD263	中国黑龙江	国家甜菜种质资源中期库	单	可育	2*x*	中	混合	20.7	14.0	中	红	绿	犁铧形	窄	短	斜立型
ZT001338	D01475	742 优	中国黑龙江	国家甜菜种质资源中期库	多	可育	2*x*	中	单茎	17.0	38.0	中	红	淡绿	犁铧形	中	中	斜立型
ZT001339	D01476	7412 丰	中国黑龙江	国家甜菜种质资源中期库	多	可育	2*x*	多	多茎	21.7	20.0	中	红	浓绿	犁铧形	中	中	斜立型
ZT001340	D01477	7412 优	中国黑龙江	国家甜菜种质资源中期库	多	可育	2*x*	多	单茎	29.9	20.0	中	混	浓绿	犁铧形	宽	长	斜立型
ZT001341	D01478	780016B 丰	中国黑龙江	国家甜菜种质资源中期库	多	可育	2*x*	多	混合	14.9	46.0	中	绿	绿	犁铧形	宽	中	斜立型
ZT001342	D01479	780016B/16 优	中国黑龙江	国家甜菜种质资源中期库	多	可育	2*x*	多	混合	15.5	27.0	中	绿	淡绿	犁铧形	宽	短	斜立型
ZT001343	D01480	780020A/ 优	中国黑龙江	国家甜菜种质资源中期库	多	可育	2*x*	多	多茎	23.6	23.0	小	红	绿	犁铧形	中	中	斜立型
ZT001344	D01481	780020B/9 优	中国黑龙江	国家甜菜种质资源中期库	多	可育	2*x*	中	混合	22.7	28.0	中	混	浓绿	犁铧形	中	中	斜立型
ZT001345	D01482	780041B/2 丰	中国黑龙江	国家甜菜种质资源中期库	多	可育	2*x*	多	混合	18.7	30.0	中	混	绿	犁铧形	中	中	斜立型
ZT001346	D01483	78052	中国黑龙江	国家甜菜种质资源中期库	多	可育	2*x*	多	混合	19.3	32.0	中	红	浓绿	犁铧形	中	中	斜立型

（续）

叶数（片）	块根形状	根头大小	根沟深浅	根皮光滑度	根肉色	肉质粗细	维管束环数（个）	经济类型	苗期生长势	幼苗百株重（g）	褐斑病	块根产量（t/hm²）	蔗糖含量（%）	蔗糖产量（t/hm²）	钾含量（mmol/100g）	钠含量（mmol/100g）	氮含量（mmol/100g）	当年抽薹率（%）
41.5	圆锥形	中	深	光滑	白	细	9	N	较旺	886.00	S	22.18	15.60	3.46	3.532	3.403	1.417	0.00
42.8	圆锥形	中	中	光滑	白	细	7	N	中	829.00	HS	21.55	12.80	2.76	3.540	4.613	0.798	0.00
32.6	圆锥形	大	深	光滑	白	中	7	LL	中	804.00	HS	6.72	8.00	0.54	7.830	5.142	0.793	0.00
42.8	圆锥形	中	深	不光滑	白	细	10	N	中	756.00	S	18.74	13.07	2.49	2.837	3.747	0.720	0.00
38.4	楔形	中	中	较光滑	白	细	6	LL	较旺	1183.00	HS	9.94	12.17	1.21	4.372	6.148	1.525	0.00
33.1	楔形	大	中	较光滑	白	中	8	N	较弱	800.00	HS	33.08	16.10	5.33	9.322	3.090	2.255	0.00
36.2	圆锥形	小	中	光滑	白	细	8	N	较旺	1069.00	HS	24.87	16.90	4.20	5.767	2.145	1.727	0.00
31.9	楔形	中	深	较光滑	白	中	8	N	较弱	490.00	HR	30.83	17.12	5.28	5.568	1.375	2.128	0.00
31.4	楔形	中	深	较光滑	白	粗	10	N	较旺	817.00	HR	30.89	17.17	5.30	3.663	1.210	2.043	0.00
26.1	圆锥形	中	浅	光滑	白	细	7	NE	中	833.00	R	40.20	17.08	6.87	3.287	0.987	1.202	0.00
31.6	楔形	小	深	光滑	白	细	8	EZ	中	988.00	MR	40.20	17.52	7.04	4.450	0.957	1.220	0.00
30.8	圆锥形	小	中	较光滑	白	粗	7	NZ	较旺	767.00	HR	30.25	17.76	5.37	3.010	0.923	2.163	0.00
30.7	圆锥形	中	中	光滑	白	细	12	EZ	中	875.00	R	35.78	18.83	6.74	5.528	1.125	2.293	0.00
33.6	楔形	大	深	光滑	白	中	9	NZ	中	877.00	HR	27.05	17.70	4.79	3.605	1.588	1.793	0.00
35.7	楔形	小	中	较光滑	白	细	12	NE	中	925.00	MR	40.24	16.98	6.83	8.565	2.410	2.195	0.00

统一编号	保存编号	品种名称	品种来源	保存单位	粒性	育性	染色体倍性	花粉量	种株株型	结实密度（粒 /10cm）	种子千粒重（g）	子叶大小	下胚轴色	叶色	叶形	叶柄宽	叶柄长	叶丛型
ZT001347	D01484	79018	中国黑龙江	国家甜菜种质资源中期库	多	可育	2x	多	单茎	31.0	34.0	中	混	绿	犁铧形	中	中	斜立型
ZT001348	D05069	GW62 丰	美国	国家甜菜种质资源中期库	多	可育	2x	多	混合	20.8	20.0	中	混	淡绿	犁铧形	窄	短	斜立型
ZT001349	D05070	Inbned 丰	美国	国家甜菜种质资源中期库	多	可育	2x	多	单茎	21.4	18.0	小	绿	浓绿	犁铧形	中	中	直立型
ZT001350	D05071	MonoHYT1	美国	国家甜菜种质资源中期库	多	可育	2x	中	混合	29.2	31.0	中	混	绿	犁铧形	中	短	斜立型
ZT001351	D19038	Борд 0237 丰	俄罗斯	国家甜菜种质资源中期库	多	可育	2x	中	多茎	20.2	23.0	中	红	淡绿	犁铧形	中	短	斜立型
ZT001352	D05072	BGRC10107	美国	国家甜菜种质资源中期库	多	可育	2x	少	单茎	29.4	18.0	大	混	绿	犁铧形	中	中	斜立型
ZT001353	D01487	92008	中国黑龙江	国家甜菜种质资源中期库	多	可育	2x	中	混合	24.3	25.0	大	混	绿	犁铧形	中	中	斜立型
ZT001354	D05073	355964	美国	国家甜菜种质资源中期库	多	可育	2x	中	单茎	24.7	21.0	大	绿	绿	犁铧形	中	中	斜立型
ZT001355	D01488	单粒种	中国黑龙江	国家甜菜种质资源中期库	单	可育	2x	中	混合	21.3	15.0	中	红	绿	犁铧形	中	中	斜立型
ZT001356	D01489	92011	中国黑龙江	国家甜菜种质资源中期库	多	可育	2x	多	混合	22.7	33.0	中	混	绿	犁铧形	中	中	斜立型
ZT001357	D01490	双 5–1（H）	中国黑龙江	国家甜菜种质资源中期库	多	可育	2x	多	多茎	18.0	17.0	中	红	淡绿	犁铧形	窄	短	斜立型
ZT001358	D01491	92017–1	中国黑龙江	国家甜菜种质资源中期库	多	可育	2x	中	混合	26.0	24.0	中	绿	浓绿	犁铧形	中	中	斜立型
ZT001359	D01492	92005	中国黑龙江	国家甜菜种质资源中期库	多	可育	2x	多	混合	23.8	36.0	中	混	绿	犁铧形	中	中	斜立型
ZT001360	D01493	92017–2	中国黑龙江	国家甜菜种质资源中期库	多	可育	2x	多	混合	21.9	31.0	大	红	淡绿	犁铧形	宽	中	斜立型
ZT001361	D05074	266101	美国	国家甜菜种质资源中期库	多	可育	2x	中	单茎	21.0	25.0	大	绿	浓绿	犁铧形	中	中	直立型

（续）

叶数（片）	块根形状	根头大小	根沟深浅	根皮光滑度	根肉色	肉质粗细	维管束环数（个）	经济类型	苗期生长势	幼苗百株重（g）	褐斑病	块根产量（t/hm^2）	蔗糖含量（%）	蔗糖产量（t/hm^2）	钾含量（mmol/100g）	钠含量（mmol/100g）	氮含量（mmol/100g）	当年抽薹率（%）
31.6	楔形	大	深	光滑	白	细	10	NE	中	838.00	MR	37.88	16.38	6.21	7.915	1.967	1.797	0.00
31.6	楔形	大	中	光滑	白	粗	7	N	较弱	833.00	R	32.12	13.58	4.36	4.472	2.183	2.555	0.00
30.1	楔形	大	深	较光滑	白	中	7	NZ	较旺	943.00	HR	22.27	18.15	4.04	3.473	1.098	1.482	0.00
32.4	楔形	中	深	光滑	白	中	8	NE	较旺	750.00	MS	37.88	14.83	5.62	6.502	2.787	1.765	0.00
35.7	圆锥形	大	中	光滑	白	中	8	N	中	883.00	HR	28.16	15.95	4.49	3.680	0.917	2.270	0.00
40.1	圆锥形	中	深	光滑	白	细	9	LL	较旺	1160.00	HS	7.71	9.70	0.75	4.082	6.235	1.095	0.00
40.8	圆锥形	小	中	光滑	白	细	8	NZ	较旺	1000.00	MS	24.71	17.30	4.27	4.547	2.967	2.718	0.00
38.0	圆锥形	中	深	较光滑	白	细	8	LL	较旺	1173.00	HS	15.06	10.07	1.52	3.172	5.533	1.727	0.00
39.2	圆锥形	中	深	较光滑	白	细	8	LL	较旺	1380.00	HS	9.00	7.67	0.69	4.162	5.908	1.985	0.00
39.5	楔形	中	深	光滑	白	细	9	N	较旺	1089.00	MS	23.43	16.07	3.77	4.022	3.052	1.548	0.00
39.2	圆锥形	中	中	光滑	白	细	8	LL	中	940.00	HS	16.87	9.17	1.55	4.530	6.452	1.365	0.00
35.7	圆锥形	小	深	光滑	白	细	9	N	较旺	1052.00	MS	29.08	13.50	3.93	3.595	3.853	1.572	0.00
39.5	圆锥形	中	深	光滑	白	细	10	N	较旺	1097.00	S	27.97	15.33	4.29	3.812	4.728	1.208	0.00
37.2	圆锥形	中	深	光滑	白	细	8	N	较旺	1200.00	HS	25.55	13.50	3.44	3.790	4.100	1.488	0.00
39.6	圆锥形	中	深	光滑	白	中	10	N	中	1217.00	HS	17.93	11.67	2.09	3.387	5.412	1.202	0.00

统一编号	保存编号	品种名称	品种来源	保存单位	粒性	育性	染色体倍性	花粉量	种株株型	结实密度（粒 /10cm）	种子千粒重（g）	子叶大小	下胚轴色	叶色	叶形	叶柄宽	叶柄长	叶丛型
ZT001362	D08008	SB243	比利时	国家甜菜种质资源中期库	多	可育	2*x*	中	单茎	24.2	35.0	大	混	绿	犁铧形	宽	短	斜立型
ZT001363	D05075	MS2	美国	国家甜菜种质资源中期库	多	可育	2*x*	中	单茎	30.7	25.0	中	混	绿	犁铧形	中	中	斜立型
ZT001364	D01494	86131	中国黑龙江	国家甜菜种质资源中期库	多	可育	2*x*	中	混合	16.8	14.0	大	混	绿	犁铧形	中	中	斜立型
ZT001365	D01495	Aj1–4	中国黑龙江	国家甜菜种质资源中期库	多	可育	2*x*	中	单茎	21.8	27.0	中	红	绿	犁铧形	中	中	斜立型
ZT001366	D01496	46–（4）（D）	中国新疆	国家甜菜种质资源中期库	多	可育	2*x*	少	多茎	21.7	18.0	大	混	绿	犁铧形	中	中	斜立型
ZT001367	D01497	80417	中国黑龙江	国家甜菜种质资源中期库	多	可育	2*x*	多	单茎	20.3	28.0	大	红	浓绿	犁铧形	窄	中	斜立型
ZT001368	D01498	85–14辐（D）	中国新疆	国家甜菜种质资源中期库	多	可育	2*x*	少	单茎	25.8	12.0	中	红	绿	犁铧形	中	中	斜立型
ZT001369	D01499	86138（D）	中国黑龙江	国家甜菜种质资源中期库	多	可育	2*x*	中	多茎	18.0	22.0	中	红	绿	犁铧形	窄	中	斜立型
ZT001370	D01500	78551	中国黑龙江	国家甜菜种质资源中期库	多	可育	2*x*	多	混合	24.4	25.0	大	混	绿	犁铧形	宽	中	斜立型
ZT001371	D01501	22/85–47/89（D）	中国新疆	国家甜菜种质资源中期库	多	可育	2*x*	少	混合	19.6	19.0	中	红	绿	犁铧形	中	中	斜立型
ZT001372	D11017	DUTCH（D）	荷兰	国家甜菜种质资源中期库	多	可育	2*x*	多	混合	22.7	13.0	中	红	绿	犁铧形	中	中	斜立型
ZT001373	D01502	3–（1）（D）	中国新疆	国家甜菜种质资源中期库	多	可育	2*x*	多	单茎	18.6	19.0	中	红	绿	犁铧形	中	短	斜立型
ZT001374	D01503	63–（3）（D）	中国新疆	国家甜菜种质资源中期库	多	可育	2*x*	中	多茎	18.8	18.0	中	红	绿	犁铧形	宽	中	斜立型
ZT001375	D01504	14/84–31（D）	中国新疆	国家甜菜种质资源中期库	多	可育	2*x*	中	单茎	18.6	18.0	大	混	绿	犁铧形	中	中	斜立型
ZT001376	D01505	3–（2）（D）	中国新疆	国家甜菜种质资源中期库	多	可育	2*x*	多	混合	19.1	19.0	中	混	绿	犁铧形	中	中	斜立型

（续）

叶数（片）	块根形状	根头大小	根沟深浅	根皮光滑度	根肉色	肉质粗细	维管束环数（个）	经济类型	苗期生长势	幼苗百株重（g）	褐斑病	块根产量（t/hm²）	蔗糖含量（%）	蔗糖产量（t/hm²）	钾含量（mmol/100g）	钠含量（mmol/100g）	氮含量（mmol/100g）	当年抽薹率（%）
42.5	圆锥形	中	中	光滑	白	细	7	N	较旺	1389.00	HS	25.08	10.73	2.69	4.065	4.402	0.633	0.00
35.9	楔形	中	中	光滑	白	细	8	N	较旺	1139.00	HS	24.93	10.63	2.65	3.848	5.248	0.998	0.00
31.9	楔形	中	中	光滑	白	细	8	LL	较旺	1290.00	S	16.52	9.03	1.49	4.372	6.148	1.525	0.00
29.7	楔形	大	深	光滑	白	细	7	LL	较旺	1116.00	S	15.87	13.83	2.19	4.530	6.452	1.365	0.00
29.3	楔形	大	深	光滑	白	细	7	LL	较旺	1098.00	HS	10.34	8.33	0.06	4.170	6.388	0.977	0.00
35.0	楔形	大	中	光滑	白	细	9	N	较旺	1232.00	S	26.46	13.83	3.66	3.387	5.412	1.202	0.00
36.1	圆锥形	小	中	光滑	白	细	12	LL	较旺	1175.00	HS	15.87	13.33	2.12	4.547	2.967	2.718	0.00
37.9	圆锥形	大	中	光滑	白	细	9	N	中	1098.00	HS	21.05	10.30	2.17	4.022	3.052	1.548	0.00
32.3	楔形	中	深	光滑	白	细	8	N	较旺	1336.00	S	23.11	15.40	3.56	4.162	5.908	0.483	0.00
31.7	楔形	大	深	不光滑	白	细	7	LL	较旺	953.00	HS	18.30	7.70	1.41	3.595	3.853	1.572	0.00
33.6	圆锥形	大	深	光滑	白	细	7	LL	较旺	1226.00	HS	14.34	9.30	1.33	3.848	5.248	0.998	0.00
29.7	圆锥形	大	深	光滑	白	细	9	LL	较旺	1377.00	HS	9.62	9.57	0.92	3.790	4.100	1.485	0.00
27.7	圆锥形	大	中	光滑	白	细	9	LL	中	1240.00	HS	15.21	9.33	1.42	4.065	4.402	0.633	0.00
31.8	圆锥形	中	浅	光滑	白	细	8	LL	较旺	1401.00	HS	11.74	5.00	0.58	3.172	5.533	1.737	0.00
32.5	楔形	中	中	不光滑	白	细	9	LL	中	1092.00	HS	11.93	9.07	1.08	4.082	1.235	1.095	0.00

统一编号	保存编号	品种名称	品种来源	保存单位	粒性	育性	染色体倍性	花粉量	种株株型	结实密度（粒 /10cm）	种子千粒重（g）	子叶大小	下胚轴色	叶色	叶形	叶柄宽	叶柄长	叶丛型
ZT001377	D01485	85-5（D）	中国黑龙江	国家甜菜种质资源中期库	多	可育	2x	中	多茎	19.6	17.0	大	红	绿	犁铧形	宽	中	斜立型
ZT001378	D01507	79803	中国黑龙江	国家甜菜种质资源中期库	多	可育	2x	中	单茎	22.4	30.0	大	红	绿	犁铧形	宽	短	斜立型
ZT001379	D01508	79818	中国黑龙江	国家甜菜种质资源中期库	多	可育	2x	中	单茎	26.0	30.0	大	混	绿	犁铧形	窄	中	斜立型
ZT001380	D05077	355968	美国	国家甜菜种质资源中期库	单	可育	2x	中	混合	20.2	43.0	大	混	绿	犁铧形	中	短	斜立型
ZT001381	D11018	880266	荷兰	国家甜菜种质资源中期库	多	可育	2x	中	单茎	21.7	25.0	小	绿	绿	犁铧形	细	中	斜立型
ZT001382	D11019	Regina	荷兰	国家甜菜种质资源中期库	多	可育	2x	中	单茎	25.1	22.0	小	混	浓绿	犁铧形	窄	细	斜立型
ZT001383	D17049	MonogllHNong	波兰	国家甜菜种质资源中期库	多	可育	2x	中	单茎	33.1	27.0	中	混	淡绿	犁铧形	窄	中	斜立型
ZT001384	D11020	Cremono	荷兰	国家甜菜种质资源中期库	多	可育	2x	中	混合	30.8	30.0	中	混	淡绿	犁铧形	宽	长	斜立型
ZT001385	D17050	monoyidmono-19	波兰	国家甜菜种质资源中期库	多	可育	2x	多	混合	17.9	39.0	大	混	绿	犁铧形	中	中	斜立型
ZT001386	D05078	ACH30	美国	国家甜菜种质资源中期库	多	可育	2x	中	单茎	15.4	32.0	中	红	绿	犁铧形	中	中	斜立型
ZT001387	D05079	BGRC16132	美国	国家甜菜种质资源中期库	多	可育	2x	少	单茎	16.1	29.0	中	混	浓绿	犁铧形	中	长	斜立型
ZT001388	D05080	BGRC10101	美国	国家甜菜种质资源中期库	多	可育	2x	多	单茎	31.8	16.0	大	混	绿	犁铧形	中	中	斜立型
ZT001389	D11021	Nemee	荷兰	国家甜菜种质资源中期库	多	可育	2x	多	多茎	24.0	32.0	大	混	绿	犁铧形	中	中	斜立型
ZT001390	D20009	H.poluploid（D）	瑞典	国家甜菜种质资源中期库	多	可育	2x	中	单茎	20.1	22.0	中	混	淡绿	犁铧形	宽	短	斜立型
ZT001391	D05076	271438	美国	国家甜菜种质资源中期库	多	可育	2x	多	混合	17.9	22.0	小	红	绿	犁铧形	宽	短	斜立型

（续）

叶数（片）	块根形状	根头大小	根沟深浅	根皮光滑度	根肉色	肉质粗细	维管束环数（个）	经济类型	苗期生长势	幼苗百株重（g）	褐斑病	块根产量（t/hm²）	蔗糖含量（%）	蔗糖产量（t/hm²）	钾含量（mmol/100g）	钠含量（mmol/100g）	氮含量（mmol/100g）	当年抽薹率（%）
27.0	圆锥形	中	中	光滑	白	细	8	LL	较旺	1313.00	HS	14.81	11.47	1.70	3.812	4.728	1.208	0.00
41.4	楔形	中	中	光滑	淡黄	细	8	N	较旺	1354.00	R	26.87	13.94	3.78	3.155	2.217	1.745	0.00
38.3	楔形	小	中	光滑	白	细	8	N	较旺	1550.00	MR	27.27	13.79	3.76	1.577	2.822	1.513	0.00
38.9	圆锥形	小	浅	较光滑	白	中	7	LL	旺	1240.00	MS	15.15	11.18	1.69	2.980	3.553	1.187	0.00
44.0	楔形	小	浅	不光滑	淡黄	粗	9	LL	中	956.00	HS	7.07	11.43	0.81	2.080	4.017	1.552	0.00
44.9	圆锥形	大	浅	光滑	白	细	8	LL	较旺	1261.00	R	27.27	9.68	2.64	1.243	2.407	0.567	0.00
42.7	楔形	中	中	光滑	淡黄	中	6	N	较旺	1470.00	R	25.61	10.79	2.76	1.218	2.255	0.942	0.00
37.9	楔形	中	浅	不光滑	白	粗	9	LL	较旺	1205.00	MS	19.19	10.04	1.93	3.642	4.293	0.970	0.00
41.9	楔形	大	深	较光滑	白	细	10	N	较旺	1247.00	R	25.76	12.34	3.18	3.187	2.753	1.405	0.00
44.5	楔形	小	深	光滑	白	粗	7	N	较旺	1142.00	R	20.46	12.90	2.64	3.947	4.173	1.577	0.00
38.5	楔形	中	深	较光滑	淡黄	粗	6	N	较旺	1304.00	MR	25.56	11.50	2.94	4.400	4.570	1.518	0.00
42.7	楔形	中	深	光滑	淡黄	粗	6	LL	较旺	1442.00	MR	15.66	6.67	1.05	4.800	4.060	2.405	0.00
38.5	楔形	大	深	光滑	淡黄	细	8	LL	较旺	1150.00	MR	18.28	9.93	1.82	3.225	4.245	1.603	0.00
40.3	楔形	大	深	较光滑	白	细	7	LL	旺	1525.00	MR	24.24	6.97	1.69	3.920	5.737	0.700	0.00
40.9	楔形	中	中	较光滑	白	粗	6	LL	较旺	1409.00	R	10.71	13.29	1.42	3.435	2.245	2.478	0.00

统一编号	保存编号	品种名称	品种来源	保存单位	粒性	育性	染色体倍性	花粉量	种株株型	结实密度（粒 /10cm）	种子千粒重（g）	子叶大小	下胚轴色	叶色	叶形	叶柄宽	叶柄长	叶丛型
ZT001392	D01509	四倍体甜菜	中国黑龙江	国家甜菜种质资源中期库	多	可育	4x	多	单茎	19.4	44.0	大	红	绿	犁铧形	中	中	斜立型
ZT001393	D01510	石甜4–6（D）	中国新疆	国家甜菜种质资源中期库	多	可育	2x	多	单茎	19.0	41.0	大	红	淡绿	犁铧形	宽	短	斜立型
ZT001394	D01511	79952	中国黑龙江	国家甜菜种质资源中期库	多	可育	2x	多	混合	26.8	36.0	大	红	绿	犁铧形	中	长	斜立型
ZT001395	D16003	IVms × R12	意大利	国家甜菜种质资源中期库	单	不育	4x	少	单茎	31.0	11.0	大	红	绿	舌形	中	中	斜立型
ZT001396	D16004	IVOT × R12	意大利	国家甜菜种质资源中期库	单	可育	2x	多	单茎	33.0	12.0	大	红	绿	舌形	中	中	斜立型
ZT001397	D16005	IVms33	意大利	国家甜菜种质资源中期库	单	不育	2x	少	单茎	34.0	11.0	大	红	绿	舌形	中	中	斜立型
ZT001398	D16006	IVOT33	意大利	国家甜菜种质资源中期库	单	可育	2x	多	单茎	32.0	12.0	大	红	绿	舌形	中	中	斜立型
ZT001399	D16007	IVms × R	意大利	国家甜菜种质资源中期库	单	不育	2x	少	单茎	36.0	12.0	大	红	绿	舌形	中	中	斜立型
ZT001400	D16008	IVOT × R	意大利	国家甜菜种质资源中期库	单	可育	2x	多	单茎	35.0	12.0	大	红	绿	舌形	中	中	斜立型
ZT001401	D16009	IV410	意大利	国家甜菜种质资源中期库	多	可育	4x	多	多茎	32.0	29.0	大	红	绿	舌形	中	短	斜立型
ZT001402	D16010	IV412	意大利	国家甜菜种质资源中期库	多	可育	4x	多	多茎	30.0	35.0	大	红	绿	舌形	中	短	斜立型
ZT001403	D16011	IV410（2x）	意大利	国家甜菜种质资源中期库	多	可育	2x	中	多茎	34.0	23.0	大	红	绿	犁铧形	中	中	斜立型
ZT001404	D01710	双六（4x）	中国黑龙江	国家甜菜种质资源中期库	多	可育	4x	多	单茎	21.2	48.0	中	混	绿	犁铧形	宽	长	斜立型
ZT001406	D11022	BASTION	荷兰	国家甜菜种质资源中期库	多	可育	2x	中	单茎	22.6	11.5	大	红	淡绿	圆扇形	宽	中	斜立型
ZT001407	D11023	RIMA	荷兰	国家甜菜种质资源中期库	多	可育	2x	少	单茎	24.0	18.5	大	混	浓绿	舌形	细	中	斜立型

（续）

叶数（片）	块根形状	根头大小	根沟深浅	根皮光滑度	根肉色	肉质粗细	维管束环数（个）	经济类型	苗期生长势	幼苗百株重（g）	褐斑病	块根产量（t/hm^2）	蔗糖含量（%）	蔗糖产量（t/hm^2）	钾含量（mmol/100g）	钠含量（mmol/100g）	氮含量（mmol/100g）	当年抽薹率（%）
29.7	圆锥形	中	浅	光滑	白	细	8	N	旺	1430.00	R	25.10	12.18	3.06	2.800	2.157	0.808	0.00
35.7	楔形	中	深	光滑	淡黄	细	7	LL	旺	1660.00	MR	19.09	7.82	1.49	3.542	4.720	0.500	0.00
38.3	楔形	中	浅	较光滑	白	细	7	N	较旺	1340.00	R	25.10	14.76	3.71	2.473	1.668	1.758	0.00
46.8	圆锥形	小	浅	光滑	白	细	7	N	旺	844.00	HS	42.30	12.63	5.34	4.770	5.140	2.790	0.00
49.2	圆锥形	小	浅	光滑	白	细	7	N	旺	836.00	HS	35.91	11.65	4.18	4.380	5.620	2.650	0.00
45.0	圆锥形	小	浅	光滑	白	细	7	LL	较旺	834.00	HS	37.88	7.60	7.88	3.870	5.700	1.780	0.00
46.0	圆锥形	中	浅	光滑	白	细	7	LL	较旺	876.00	HS	17.04	5.30	0.90	3.660	5.650	2.350	0.00
50.2	圆锥形	中	浅	光滑	白	细	8	N	旺	840.00	HS	42.06	13.90	5.85	5.776	1.190	2.470	0.00
46.6	圆锥形	小	浅	光滑	白	细	7	N	旺	840.00	HS	42.68	12.03	5.13	2.850	3.760	2.530	0.00
45.0	圆锥形	小	浅	光滑	白	细	7	N	旺	852.00	HS	33.58	13.90	4.67	5.030	1.960	2.010	0.00
50.4	圆锥形	中	浅	光滑	白	细	7	EZ	旺	860.00	HS	34.72	17.90	6.21	5.490	2.600	3.603	0.00
51.6	楔形	中	浅	光滑	白	中	8	N	旺	900.00	HS	35.48	11.20	3.97	5.620	3.550	2.770	0.00
21.3	圆锥形	小	浅	光滑	白	细	7	N	较旺	1483.30	R	21.56	15.08	3.25	3.750	3.430	0.810	0.00
25.2	圆锥形	小	浅	光滑	白	细	7	N	较旺	2433.00	HR	34.72	13.30	4.62	2.900	1.790	0.780	0.00
29.7	楔形	小	浅	光滑	白	细	8	N	旺	2867.00	HR	51.94	14.40	7.50	2.870	1.900	1.420	0.00

统一编号	保存编号	品种名称	品种来源	保存单位	粒性	育性	染色体倍性	花粉量	种株株型	结实密度（粒/10cm）	种子千粒重（g）	子叶大小	下胚轴色	叶色	叶形	叶柄宽	叶柄长	叶丛型
ZT001408	D01512	H139	中国黑龙江	国家甜菜种质资源中期库	单	不育	2*x*	少	单茎	39.0	12.0	大	红	绿	舌形	中	中	斜立型
ZT001409	D01513	H146	中国黑龙江	国家甜菜种质资源中期库	单	不育	2*x*	少	单茎	30.0	12.0	大	红	绿	舌形	中	中	斜立型
ZT001410	D01514	H138	中国黑龙江	国家甜菜种质资源中期库	单	不育	2*x*	少	单茎	34.0	11.0	大	红	绿	舌形	中	中	斜立型
ZT001411	D01515	H121	中国黑龙江	国家甜菜种质资源中期库	单	不育	2*x*	少	单茎	32.0	12.0	大	红	绿	舌形	中	中	斜立型
ZT001412	D01516	H126	中国黑龙江	国家甜菜种质资源中期库	单	不育	2*x*	少	单茎	29.0	11.0	大	红	绿	舌形	中	中	斜立型
ZT001413	D01517	R-1	中国黑龙江	国家甜菜种质资源中期库	单	不育	2*x*	少	单茎	39.0	11.0	大	红	绿	舌形	中	中	斜立型
ZT001414	D01518	R-2	中国黑龙江	国家甜菜种质资源中期库	单	不育	2*x*	少	单茎	38.0	12.0	大	红	绿	舌形	中	中	斜立型
ZT001415	D01520	102AB（2）	中国黑龙江	国家甜菜种质资源中期库	多粒	可育	2*x*	多	多茎	16.0	23.5	大	混合	绿	戟形	宽	中	直立型
ZT001431	D01536	白甜菜	中国黑龙江	国家甜菜种质资源中期库	多	可育	2*x*	多	混合	20.0	29.0	大	混	绿	犁铧形	宽	短	斜立型
ZT001432	D01537	红甜菜	中国黑龙江	国家甜菜种质资源中期库	多	可育	2*x*	少	单茎	20.4	18.5	大	混	浓绿	犁铧形	宽	中	斜立型
ZT001433	D01538	双8-2A	中国黑龙江	国家甜菜种质资源中期库	多	可育	2*x*	多	混合	22.9	29.5	大	红	绿	犁铧形	中	短	斜立型
ZT001434	D01539	140316	中国黑龙江	国家甜菜种质资源中期库	多	可育	2*x*	多	混合	23.6	26.5	中	红	绿	犁铧形	中	短	斜立型
ZT001435	D01540	334辐（4*x*）	中国黑龙江	国家甜菜种质资源中期库	多	可育	4*x*	多	单茎	17.2	27.5	大	红	绿	犁铧形	中	中	斜立型
ZT001436	D01541	780016B/12优	中国黑龙江	国家甜菜种质资源中期库	多	可育	2*x*	多	单茎	21.3	27.0	小	混	绿	犁铧形	中	中	斜立型
ZT001437	D01542	79815	中国黑龙江	国家甜菜种质资源中期库	多	可育	2*x*	中	多茎	31.4	18.5	中	混	绿	犁铧形	宽	短	斜立型

（续）

叶数（片）	块根形状	根头大小	根沟深浅	根皮光滑度	根肉色	肉质粗细	维管束环数（个）	经济类型	苗期生长势	幼苗百株重（g）	褐斑病	块根产量（t/hm²）	蔗糖含量（%）	蔗糖产量（t/hm²）	钾含量（mmol/100g）	钠含量（mmol/100g）	氮含量（mmol/100g）	当年抽薹率（%）
45.1	圆锥形	小	浅	光滑	白	细	8	LL	旺	818.00	HS	38.89	11.73	4.16	5.000	5.280	2.520	0.00
50.2	圆锥形	小	浅	光滑	白	细	7	LL	旺	840.00	HS	33.84	10.37	3.51	5.870	5.080	3.580	0.00
44.6	圆锥形	小	浅	光滑	白	细	7	N	旺	844.00	HS	41.54	12.33	6.35	5.690	5.350	3.520	0.00
45.0	圆锥形	中	浅	光滑	白	细	7	LL	旺	824.00	HS	38.38	11.57	4.44	5.660	6.300	3.350	0.00
46.0	圆锥形	小	浅	光滑	白	细	7	N	旺	832.00	HS	39.77	12.20	4.85	5.870	5.020	3.580	0.00
48.6	圆锥形	小	浅	光滑	白	细	7	LL	旺	834.00	HS	29.17	11.97	3.49	4.850	6.340	2.840	0.00
46.6	圆锥形	中	浅	光滑	白	粗	7	LL	旺	848.00	HS	45.71	11.83	5.41	4.960	6.070	2.000	0.00
31.3	圆锥形	中	浅	较光滑	白	细	7	EZ	旺	787.20	R	39.49	17.80	7.00	4.210	1.270	5.750	0.00
32.0	圆锥形	大	浅	光滑	白	细	9	N	较旺	1517.00	R	37.37	12.60	4.71	3.650	4.350	2.150	0.00
33.4	圆锥形	小	浅	不光滑	白	细	7	LL	较旺	1183.00	S	16.57	8.50	1.41	4.320	7.700	1.000	0.00
29.7	楔形	小	浅	光滑	白	细	7	NZ	较旺	1400.00	MR	31.57	17.33	5.47	4.520	2.450	1.885	0.00
25.8	楔形	中	深	光滑	白	细	7	NZ	较旺	1500.00	R	29.72	18.15	5.39	4.470	0.935	1.935	0.00
23.0	圆锥形	小	浅	光滑	白	细	8	NZ	较旺	1550.00	MR	33.46	18.45	6.17	5.510	0.805	2.625	0.00
31.9	圆锥形	大	浅	光滑	白	粗	8	N	中	2000.00	HR	41.26	15.24	6.29	4.175	2.125	2.830	0.00
32.4	圆锥形	小	浅	光滑	白	细	7	ZZ	较旺	1673.30	R	33.33	18.66	6.22	6.010	0.570	1.555	0.00

统一编号	保存编号	品种名称	品种来源	保存单位	粒性	育性	染色体倍性	花粉量	种株株型	结实密度（粒 /10cm）	种子千粒重（g）	子叶大小	下胚轴色	叶色	叶形	叶柄宽	叶柄长	叶丛型
ZT001438	D01543	79875	中国黑龙江	国家甜菜种质资源中期库	多	可育	2x	中	混合	22.9	33.0	中	混	绿	犁铧形	宽	中	斜立型
ZT001439	D01544	8012（16）	中国黑龙江	国家甜菜种质资源中期库	多	可育	2x	中	单茎	21.6	27.0	小	混	绿	犁铧形	中	短	斜立型
ZT001440	D01545	92005–3	中国黑龙江	国家甜菜种质资源中期库	多	可育	2x	多	单茎	16.7	28.0	大	混	绿	犁铧形	中	中	斜立型
ZT001441	D01546	92008 丰	中国黑龙江	国家甜菜种质资源中期库	多	可育	2x	中	单茎	19.9	35.5	大	混	绿	犁铧形	中	中	斜立型
ZT001442	D01547	92008–1	中国黑龙江	国家甜菜种质资源中期库	多	可育	2x	中	多茎	22.7	25.0	中	混	绿	犁铧形	中	中	斜立型
ZT001443	D01548	92008–2	中国黑龙江	国家甜菜种质资源中期库	多	可育	2x	中	多茎	25.3	26.0	大	绿	绿	犁铧形	中	中	斜立型
ZT001444	D01549	92011/1–6/2	中国黑龙江	国家甜菜种质资源中期库	多	可育	2x	中	单茎	20.9	29.0	小	混	淡绿	圆扇形	中	长	斜立型
ZT001445	D01550	92011–2	中国黑龙江	国家甜菜种质资源中期库	多	可育	2x	多	混合	20.3	22.5	中	混	绿	犁铧形	宽	短	斜立型
ZT001446	D01551	92011–4	中国黑龙江	国家甜菜种质资源中期库	多	可育	2x	多	单茎	19.8	25.0	中	混	绿	犁铧形	宽	长	斜立型
ZT001447	D01552	92012–2	中国黑龙江	国家甜菜种质资源中期库	多	可育	2x	中	单茎	22.7	22.5	中	混	绿	犁铧形	中	中	斜立型
ZT001448	D01553	92017	中国黑龙江	国家甜菜种质资源中期库	多	可育	2x	中	混合	17.0	30.0	中	混	绿	犁铧形	宽	短	斜立型
ZT001449	D01554	92017/1–4	中国黑龙江	国家甜菜种质资源中期库	多	可育	2x	多	单茎	20.9	19.0	大	混	绿	犁铧形	中	中	斜立型
ZT001450	D01555	92017/1–6	中国黑龙江	国家甜菜种质资源中期库	多	可育	2x	多	混合	25.3	26.0	中	混	绿	犁铧形	中	中	斜立型
ZT001451	D01556	92017/1–8	中国黑龙江	国家甜菜种质资源中期库	多	可育	2x	多	多茎	19.1	26.0	中	混	绿	犁铧形	中	中	直立型
ZT001452	D01557	92017/2–6	中国黑龙江	国家甜菜种质资源中期库	多	可育	2x	中	单茎	20.0	21.0	大	混	绿	犁铧形	宽	中	斜立型

（续）

叶数（片）	块根形状	根头大小	根沟深浅	根皮光滑度	根肉色	肉质粗细	维管束环数（个）	经济类型	苗期生长势	幼苗百株重（g）	褐斑病	块根产量（t/hm²）	蔗糖含量（%）	蔗糖产量（t/hm²）	钾含量（mmol/100g）	钠含量（mmol/100g）	氮含量（mmol/100g）	当年抽薹率（%）
29.6	楔形	小	深	光滑	白	细	7	NZ	较旺	1500.00	MS	35.99	16.48	5.93	6.320	1.645	2.335	0.00
36.2	圆锥形	大	深	光滑	白	细	7	N	较旺	1833.00	HR	21.94	15.20	3.33	3.650	3.140	1.230	0.00
37.7	楔形	大	浅	光滑	白	粗	6	NZ	较旺	1267.00	R	33.46	17.00	5.69	3.690	1.790	1.740	0.00
29.7	楔形	中	中	光滑	白	细	8	NZ	较旺	1750.00	MR	30.56	17.47	5.34	6.180	1.560	2.045	0.00
29.6	楔形	小	深	光滑	白	细	7	NZ	较旺	1666.70	MR	29.55	17.73	5.24	6.800	1.490	1.910	0.00
26.7	圆锥形	中	中	光滑	白	细	7	NZ	较旺	1850.00	MR	31.82	17.52	5.58	6.445	1.030	2.915	0.00
26.4	圆锥形	大	深	不光滑	浅黄	细	6	LL	旺	2133.00	R	24.85	10.00	2.49	3.750	4.660	0.540	0.00
27.7	楔形	小	浅	光滑	白	细	7	EZ	较旺	1616.70	MR	36.24	18.35	6.65	5.630	0.870	1.190	0.00
40.1	圆锥形	大	深	不光滑	白	粗	7	N	较旺	1433.00	R	29.55	15.10	4.46	3.070	1.640	1.350	0.00
26.1	楔形	中	深	光滑	白	细	8	EZ	中	1550.00	R	37.12	17.48	6.49	6.390	2.135	2.340	0.00
35.0	楔形	中	深	不光滑	白	细	7	N	较旺	1413.00	R	27.78	15.90	4.42	3.090	1.100	1.730	0.00
35.4	圆锥形	大	浅	不光滑	白	粗	7	N	较旺	1428.00	R	29.04	15.90	4.62	3.570	1.250	1.270	0.00
27.8	楔形	大	深	光滑	白	细	9	NZ	较旺	1833.30	MS	29.55	16.88	4.99	7.560	1.300	2.685	0.00
28.1	圆锥形	中	深	光滑	白	细	7	EZ	较旺	1600.00	MS	36.36	16.13	5.87	6.325	0.665	5.270	0.00
28.4	楔形	中	深	光滑	白	细	8	EZ	较旺	1716.70	MR	35.98	16.75	6.03	5.315	1.170	2.900	0.00

统一编号	保存编号	品种名称	品种来源	保存单位	粒性	育性	染色体倍性	花粉量	种株株型	结实密度（粒 /10cm）	种子千粒重（g）	子叶大小	下胚轴色	叶色	叶形	叶柄宽	叶柄长	叶丛型
ZT001453	D01558	92017/2-9	中国黑龙江	国家甜菜种质资源中期库	多	可育	2x	少	多茎	26.2	20.0	大	混	绿	犁铧形	中	长	斜立型
ZT001454	D01559	92021-1-1	中国黑龙江	国家甜菜种质资源中期库	多	可育	2x	中	多茎	23.4	27.0	小	混	浓绿	犁铧形	中	长	斜立型
ZT001455	D01560	92025-2	中国黑龙江	国家甜菜种质资源中期库	多	可育	2x	多	混合	20.3	26.0	小	红	淡绿	犁铧形	宽	中	斜立型
ZT001456	D01561	96001/1	中国黑龙江	国家甜菜种质资源中期库	多	可育	2x	多	单茎	19.8	25.5	中	混	淡绿	犁铧形	中	长	斜立型
ZT001457	D01562	96001/2	中国黑龙江	国家甜菜种质资源中期库	多	可育	2x	多	混合	18.4	31.5	小	黄	绿	犁铧形	窄	短	斜立型
ZT001458	D01563	96001-2/1-2	中国黑龙江	国家甜菜种质资源中期库	多	可育	2x	中	单茎	22.9	32.5	小	混	淡绿	犁铧形	中	短	斜立型
ZT001459	D01564	96001-2/2	中国黑龙江	国家甜菜种质资源中期库	多	可育	2x	中	单茎	16.9	37.5	小	黄	淡绿	犁铧形	中	中	斜立型
ZT001460	D01565	96001-2/3	中国黑龙江	国家甜菜种质资源中期库	多	可育	2x	中	单茎	20.6	24.0	小	黄	绿	犁铧形	中	短	斜立型
ZT001461	D01566	96001/3	中国黑龙江	国家甜菜种质资源中期库	多	可育	2x	多	单茎	22.3	40.0	小	混	绿	犁铧形	中	短	斜立型
ZT001462	D01567	96004-1	中国黑龙江	国家甜菜种质资源中期库	多	可育	2x	中	单茎	20.7	27.0	小	绿	绿	犁铧形	中	长	斜立型
ZT001463	D01568	96004-1/2	中国黑龙江	国家甜菜种质资源中期库	多	可育	2x	中	单茎	16.3	29.5	小	绿	绿	犁铧形	中	中	斜立型
ZT001464	D01569	96004-1/3	中国黑龙江	国家甜菜种质资源中期库	多	可育	2x	中	单茎	18.4	25.0	大	绿	绿	犁铧形	宽	长	直立型
ZT001465	D01570	96F-16	中国黑龙江	国家甜菜种质资源中期库	多	可育	2x	多	单茎	22.7	26.0	大	红	绿	犁铧形	中	中	斜立型
ZT001466	D01571	96F-17	中国黑龙江	国家甜菜种质资源中期库	多	可育	2x	多	单茎	16.6	19.5	中	混	绿	犁铧形	中	中	斜立型
ZT001467	D01572	96F-18	中国黑龙江	国家甜菜种质资源中期库	多	可育	2x	中	单茎	24.7	23.5	中	红	淡绿	犁铧形	中	中	斜立型

（续）

叶数（片）	块根形状	根头大小	根沟深浅	根皮光滑度	根肉色	肉质粗细	维管束环数（个）	经济类型	苗期生长势	幼苗百株重（g）	褐斑病	块根产量（t/hm²）	蔗糖含量（%）	蔗糖产量（t/hm²）	钾含量（mmol/100g）	钠含量（mmol/100g）	氮含量（mmol/100g）	当年抽薹率（%）
28.8	圆锥形	小	中	光滑	白	细	8	EZ	较旺	1616.70	MR	44.07	18.19	8.02	5.200	1.225	2.490	0.00
37.5	圆锥形	大	浅	光滑	白	细	8	N	中	1567.00	HR	24.39	16.10	3.95	2.920	2.450	1.000	0.00
27.4	圆锥形	大	浅	光滑	白	细	10	LL	较旺	1361.30	R	25.71	12.40	3.19	3.360	5.170	0.880	0.00
25.4	圆锥形	大	浅	光滑	白	细	7	E	旺	2867.00	HR	46.97	12.99	6.10	4.825	4.025	3.165	0.00
26.8	圆锥形	大	浅	光滑	浅黄	细	6	LL	较旺	2233.00	MR	10.15	4.60	0.48	3.310	6.680	0.530	0.00
25.9	圆锥形	小	浅	光滑	白	细	8	E	较旺	2133.00	R	53.64	9.11	4.89	4.490	7.100	2.895	0.00
26.2	圆锥形	大	深	不光滑	浅黄	粗	7	LL	较旺	2533.00	MS	13.08	4.10	0.55	4.150	3.150	0.300	0.00
27.7	圆锥形	大	深	不光滑	浅黄	细	8	LL	较旺	2567.00	MR	13.18	6.90	0.90	4.080	6.390	0.430	0.00
27.1	圆锥形	小	深	不光滑	浅黄	粗	7	LL	较旺	2233.00	MS	13.46	5.00	0.70	3.870	7.270	0.490	0.00
25.0	圆锥形	大	深	不光滑	白	粗	10	LL	较旺	2133.00	R	22.90	11.44	2.62	4.170	4.650	2.130	0.00
25.9	圆锥形	大	深	不光滑	白	细	7	N	较旺	2800.00	R	30.95	11.31	3.50	2.150	4.720	3.240	0.00
32.8	圆锥形	大	浅	光滑	白	粗	8	LL	较旺	1266.70	R	21.36	9.70	2.07	4.160	7.810	0.740	0.00
25.5	圆锥形	中	浅	较光滑	白	细	8	NZ	较旺	1600.00	HR	35.86	16.48	5.91	5.650	1.295	1.650	0.00
26.8	圆锥形	小	中	光滑	白	细	7	EZ	较旺	1616.70	HR	43.18	16.94	7.32	6.525	2.500	1.800	0.00
28.6	圆锥形	小	中	光滑	白	细	7	EZ	较旺	1900.00	HR	39.02	15.73	6.14	7.295	1.595	2.540	0.00

统一编号	保存编号	品种名称	品种来源	保存单位	粒性	育性	染色体倍性	花粉量	种株株型	结实密度（粒 /10cm）	种子千粒重（g）	子叶大小	下胚轴色	叶色	叶形	叶柄宽	叶柄长	叶丛型
ZT001468	D01573	96F–19	中国黑龙江	国家甜菜种质资源中期库	多	可育	2x	少	单茎	20.9	20.0	大	混	淡绿	犁铧形	中	长	斜立型
ZT001469	D01574	96F–20	中国黑龙江	国家甜菜种质资源中期库	多	可育	2x	中	单茎	21.6	35.5	中	红	绿	犁铧形	中	短	斜立型
ZT001470	D01575	9701	中国黑龙江	国家甜菜种质资源中期库	多	可育	2x	中	多茎	18.4	46.3	大	绿	浓绿	犁铧形	宽	中	斜立型
ZT001471	D01576	97–1“O”	中国黑龙江	国家甜菜种质资源中期库	多	可育	2x	中	混合	20.3	32.0	中	混	绿	犁铧形	中	中	斜立型
ZT001472	D01577	9706	中国黑龙江	国家甜菜种质资源中期库	多	可育	2x	中	单茎	24.8	24.5	中	混	绿	犁铧形	中	短	斜立型
ZT001473	D01578	Ⅱ 33（洮一）	中国黑龙江	国家甜菜种质资源中期库	多	可育	2x	中	单茎	20.1	21.0	小	混	绿	犁铧形	中	中	斜立型
ZT001474	D01579	H334（4x）	中国黑龙江	国家甜菜种质资源中期库	多	可育	4x	中	混合	23.3	25.0	大	混	绿	犁铧形	中	中	斜立型
ZT001475	D01580	H7602	中国黑龙江	国家甜菜种质资源中期库	多	可育	2x	多	单茎	22.6	18.0	小	红	淡绿	犁铧形	宽	长	斜立型
ZT001476	D01581	H8725–1	中国黑龙江	国家甜菜种质资源中期库	多	可育	2x	中	单茎	19.3	20.5	小	混	淡绿	犁铧形	中	中	斜立型
ZT001477	D01582	H91–6–7	中国黑龙江	国家甜菜种质资源中期库	多	可育	2x	中	单茎	19.1	22.5	小	绿	绿	犁铧形	中	短	斜立型
ZT001478	D01583	H9012 辐	中国黑龙江	国家甜菜种质资源中期库	多	可育	2x	多	混合	22.1	20.5	小	混	淡绿	犁铧形	宽	短	斜立型
ZT001479	D01584	H–d	中国黑龙江	国家甜菜种质资源中期库	多	可育	2x	少	混合	30.0	19.5	中	红	绿	犁铧形	中	短	斜立型
ZT001480	D01585	Y–4	中国黑龙江	国家甜菜种质资源中期库	多	可育	2x	中	单茎	22.4	18.0	小	红	淡绿	犁铧形	细	短	斜立型
ZT001481	D01711	8012（17）	中国黑龙江	国家甜菜种质资源中期库	多	可育	2x	多	单茎	20.2	27.5	中	红	绿	犁铧形	宽	中	斜立型
ZT001482	D05082	86–29/10–3“O”	美国	国家甜菜种质资源中期库	多	可育	2x	中	单茎	21.1	27.5	大	混	绿	犁铧形	中	短	斜立型

（续）

叶数（片）	块根形状	根头大小	根沟深浅	根皮光滑度	根肉色	肉质粗细	维管束环数（个）	经济类型	苗期生长势	幼苗百株重（g）	褐斑病	块根产量（t/hm²）	蔗糖含量（%）	蔗糖产量（t/hm²）	钾含量（mmol/100g）	钠含量（mmol/100g）	氮含量（mmol/100g）	当年抽薹率（%）
28.6	圆锥形	小	深	较光滑	白	细	7	N	较旺	1700.00	HR	38.64	14.78	5.71	6.655	2.455	2.520	0.00
23.9	楔形	小	浅	较光滑	白	细	7	Z	中	1566.70	MR	33.84	17.38	5.88	6.710	1.725	2.630	0.00
22.4	楔形	小	深	光滑	白	细	7	EZ	较旺	1700.00	R	41.04	17.91	7.35	7.700	1.305	3.055	0.00
26.9	圆锥形	小	浅	光滑	白	细	9	EZ	较旺	1546.70	MR	34.97	17.57	6.14	5.690	1.140	2.625	0.00
26.9	楔形	小	深	不光滑	白	细	7	EZ	较旺	1350.00	MR	38.38	17.51	6.72	7.090	1.380	2.515	0.00
30.0	纺锤形	大	浅	光滑	白	细	8	N	中	1467.00	HR	28.81	14.90	4.27	4.040	1.150	1.770	0.00
23.0	楔形	小	深	较光滑	白	细	7	NZ	中	1433.30	HR	38.46	16.79	6.46	4.085	1.155	2.695	0.00
37.6	圆锥形	大	深	不光滑	白	粗	8	N	较旺	1933.00	HR	43.03	14.75	6.35	4.960	1.850	3.035	0.00
40.4	圆锥形	小	浅	光滑	白	细	9	EZ	较旺	1867.00	HR	44.85	16.63	7.46	3.940	2.365	2.860	0.00
43.7	圆锥形	小	深	光滑	白	细	9	N	中	1500.00	R	18.84	15.20	2.87	3.050	2.190	0.980	0.00
33.7	纺锤形	小	深	不光滑	白	细	9	EZ	较旺	1967.00	HR	40.10	17.02	6.83	4.675	1.275	2.410	0.00
25.2	圆锥形	小	深	光滑	白	粗	7	NE	较旺	1533.30	R	42.68	15.80	6.74	6.050	3.345	4.495	0.00
40.5	圆锥形	大	深	不光滑	白	粗	7	LL	中	1500.00	MS	8.03	6.40	0.53	2.450	7.740	0.440	0.00
32.8	圆锥形	小	深	光滑	白	细	7	N	较旺	1416.70	R	21.46	15.20	3.26	3.260	2.440	2.160	0.00
34.7	圆锥形	中	浅	不光滑	白	细	8	N	较旺	1566.70	R	26.54	13.24	3.51	4.890	3.830	2.360	0.00

统一编号	保存编号	品种名称	品种来源	保存单位	粒性	育性	染色体倍性	花粉量	种株株型	结实密度（粒 /10cm）	种子千粒重（g）	子叶大小	下胚轴色	叶色	叶形	叶柄宽	叶柄长	叶丛型
ZT001483	D11024	880260	荷兰	国家甜菜种质资源中期库	多	可育	2*x*	中	单茎	19.4	25.5	大	混	浓绿	犁铧形	宽	短	斜立型
ZT001484	D01712	92005–1	中国黑龙江	国家甜菜种质资源中期库	多	可育	2*x*	多	单茎	18.1	28.5	中	混	淡绿	犁铧形	宽	中	斜立型
ZT001485	D19040	阿穆尔集体号	俄罗斯	国家甜菜种质资源中期库	多	可育	2*x*	中	混合	21.2	24.5	中	红	绿	犁铧形	中	中	斜立型
ZT001486	D20010	Primahill“O”	瑞典	国家甜菜种质资源中期库	多	可育	2*x*	中	单茎	24.7	35.5	中	混	淡绿	犁铧形	中	长	斜立型
ZT001487	D20011	Primahill“ms”	瑞典	国家甜菜种质资源中期库	多	不育	2*x*	少	单茎	24.4	30.5	小	混	淡绿	犁铧形	窄	长	斜立型
ZT001488	D01586	甜单 I	中国黑龙江	国家甜菜种质资源中期库	多	可育	2*x*	少	单茎	24.2	21.5	大	混	淡绿	犁铧形	中	长	斜立型
ZT001489	D01587	7504 丰	中国黑龙江	国家甜菜种质资源中期库	多	可育	2*x*	中	单茎	20.9	21.0	大	红	绿	犁铧形	中	中	斜立型
ZT001490	D19046	768（D）	俄罗斯	国家甜菜种质资源中期库	多	可育	2*x*	少	单茎	20.9	24.5	大	红	淡绿	犁铧形	中	短	斜立型
ZT001491	D01589	78564	中国黑龙江	国家甜菜种质资源中期库	多	可育	2*x*	中	混合	21.2	29.0	大	混	绿	犁铧形	宽	短	斜立型
ZT001492	D01590	79749	中国黑龙江	国家甜菜种质资源中期库	多	可育	2*x*	多	单茎	22.0	24.5	大	混	淡绿	犁铧形	宽	短	斜立型
ZT001493	D01591	8012	中国黑龙江	国家甜菜种质资源中期库	多	可育	2*x*	中	混合	22.0	27.5	大	绿	浓绿	犁铧形	中	短	斜立型
ZT001494	D01592	8012/1	中国黑龙江	国家甜菜种质资源中期库	多	可育	2*x*	少	单茎	20.0	22.0	大	混	绿	犁铧形	宽	中	斜立型
ZT001495	D01593	8725	中国黑龙江	国家甜菜种质资源中期库	多	可育	2*x*	少	混合	30.0	18.5	中	混	绿	犁铧形	中	中	斜立型
ZT001496	D01594	93–4（C）	中国黑龙江	国家甜菜种质资源中期库	多	可育	2*x*	中	单茎	21.8	35.0	大	绿	绿	犁铧形	中	中	斜立型
ZT001497	D01595	93–9	中国黑龙江	国家甜菜种质资源中期库	多	可育	2*x*	少	多茎	21.6	27.5	中	混	淡绿	犁铧形	中	长	斜立型

（续）

叶数（片）	块根形状	根头大小	根沟深浅	根皮光滑度	根肉色	肉质粗细	维管束环数（个）	经济类型	苗期生长势	幼苗百株重（g）	褐斑病	块根产量（t/hm²）	蔗糖含量（%）	蔗糖产量（t/hm²）	钾含量（mmol/100g）	钠含量（mmol/100g）	氮含量（mmol/100g）	当年抽薹率（%）
31.4	圆锥形	大	浅	不光滑	白	细	9	N	中	1463.00	MR	28.41	12.70	3.61	3.560	4.480	1.090	0.00
28.6	圆锥形	大	浅	光滑	白	细	6	N	较旺	1033.70	MR	28.79	13.42	3.87	4.120	5.340	1.910	0.00
24.2	圆球形	中	浅	光滑	粉红	细	7	N	较旺	1333.30	S	31.57	12.48	3.94	8.500	3.215	10.595	0.00
37.5	圆锥形	大	深	不光滑	白	粗	7	LL	较旺	2033.00	HS	5.38	4.80	0.26	2.990	7.710	0.470	0.00
41.1	圆锥形	大	深	不光滑	白	粗	9	LL	较旺	1900.00	HS	3.89	6.60	0.25	4.240	6.880	0.540	0.00
24.9	圆锥形	大	深	不光滑	白	粗	7	N	较旺	2267.00	R	24.07	15.30	3.68	2.820	0.940	1.060	0.00
25.2	圆锥形	小	浅	光滑	白	细	8	N	较旺	2050.00	R	27.58	15.20	4.21	2.640	1.820	1.110	0.00
25.7	圆锥形	小	深	不光滑	白	细	9	EZ	较旺	2000.00	R	63.64	16.95	10.79	4.410	2.760	2.475	0.00
27.7	圆锥形	小	浅	光滑	白	细	9	N	较旺	2400.00	HR	19.67	13.90	2.85	3.210	1.090	0.970	0.00
28.6	圆锥形	大	深	不光滑	白	粗	6	N	较旺	1967.00	R	19.55	14.80	2.88	2.790	1.400	0.770	0.00
26.8	圆锥形	小	浅	光滑	白	细	7	N	较旺	1900.00	HR	24.82	16.20	4.08	3.200	0.900	1.420	0.00
26.5	圆锥形	小	浅	光滑	白	粗	7	N	较旺	2200.00	HR	29.45	14.33	4.22	2.390	2.140	7.610	0.00
30.5	圆锥形	小	浅	较光滑	白	细	7	EZ	较旺	1600.00	HR	37.12	18.10	6.72	6.020	0.990	2.000	0.00
28.5	圆锥形	大	浅	光滑	白	细	6	N	较旺	2333.00	HR	27.60	15.10	4.19	3.460	2.710	1.170	0.00
22.5	圆锥形	小	深	不光滑	白	粗	8	N	较旺	1183.30	HR	19.75	16.34	3.23	4.090	1.680	0.980	0.00

统一编号	保存编号	品种名称	品种来源	保存单位	粒性	育性	染色体倍性	花粉量	种株株型	结实密度（粒 /10cm）	种子千粒重（g）	子叶大小	下胚轴色	叶色	叶形	叶柄宽	叶柄长	叶丛型
ZT001498	D01596	93-44/1	中国黑龙江	国家甜菜种质资源中期库	多	可育	2x	少	单茎	23.7	19.0	大	红	淡绿	犁铧形	细	短	斜立型
ZT001499	D01597	93-45	中国黑龙江	国家甜菜种质资源中期库	多	可育	2x	多	多茎	22.4	20.5	大	混	绿	犁铧形	宽	长	斜立型
ZT001500	D01598	9701/03	中国黑龙江	国家甜菜种质资源中期库	多	可育	2x	中	单茎	20.0	23.0	大	混	绿	犁铧形	宽	短	斜立型
ZT001501	D01599	97H-1	中国黑龙江	国家甜菜种质资源中期库	多	可育	2x	中	单茎	19.8	41.0	大	混	淡绿	犁铧形	宽	中	斜立型
ZT001502	D01600	97H-2	中国黑龙江	国家甜菜种质资源中期库	多	可育	2x	多	单茎	16.9	34.0	大	红	淡绿	犁铧形	宽	中	斜立型
ZT001503	D01637	Ⅱ 1（4x）	中国黑龙江	国家甜菜种质资源中期库	多	可育	4x	中	单茎	16.8	23.5	大	红	淡绿	犁铧形	宽	中	斜立型
ZT001504	D01638	H735A	中国黑龙江	国家甜菜种质资源中期库	多	不育	2x	少	混合	20.0	31.0	大	混	绿	犁铧形	细	短	斜立型
ZT001505	D01639	H735B	中国黑龙江	国家甜菜种质资源中期库	多	可育	2x	多	单茎	26.0	25.5	大	混	绿	犁铧形	细	短	斜立型
ZT001506	D05083	BGRC10107 黄	美国	国家甜菜种质资源中期库	多	可育	2x	中	单茎	22.1	26.5	大	绿	绿	犁铧形	细	短	斜立型
ZT001507	D05084	M167	美国	国家甜菜种质资源中期库	多	可育	2x	多	单茎	21.3	18.5	大	红	淡绿	犁铧形	宽	长	斜立型
ZT001508	D19041	黄饲料甜菜	俄罗斯	国家甜菜种质资源中期库	多	可育	2x	多	混合	18.8	26.0	大	绿	绿	犁铧形	宽	中	斜立型
ZT001509	D01640	92017/1-7	中国黑龙江	国家甜菜种质资源中期库	多	可育	2x	中	单茎	27.0	36.0	中	混	淡绿	犁铧形	中	中	斜立型
ZT001510	D01641	92017/1-1	中国黑龙江	国家甜菜种质资源中期库	多	可育	2x	多	单茎	17.1	34.5	大	混	浓绿	犁铧形	宽	中	斜立型
ZT001511	D01642	92017/2-1	中国黑龙江	国家甜菜种质资源中期库	多	可育	2x	中	单茎	21.2	27.5	大	混	浓绿	犁铧形	中	中	斜立型
ZT001512	D01643	94002-1	中国黑龙江	国家甜菜种质资源中期库	多	可育	2x	多	单茎	19.6	38.5	大	混	绿	犁铧形	宽	长	斜立型

（续）

叶数（片）	块根形状	根头大小	根沟深浅	根皮光滑度	根肉色	肉质粗细	维管束环数（个）	经济类型	苗期生长势	幼苗百株重（g）	褐斑病	块根产量（t/hm²）	蔗糖含量（%）	蔗糖产量（t/hm²）	钾含量（mmol/100g）	钠含量（mmol/100g）	氮含量（mmol/100g）	当年抽薹率（%）
30.3	圆锥形	大	深	不光滑	白	细	8	EZ	较旺	2033.00	R	39.55	16.41	6.49	4.850	1.860	3.250	0.00
30.6	圆锥形	大	深	不光滑	白	粗	7	N	较旺	2400.00	HR	27.00	15.50	4.18	3.410	1.240	1.460	0.00
24.3	圆锥形	小	浅	光滑	白	粗	7	N	较旺	2167.00	HR	16.74	14.70	2.45	2.690	1.390	1.440	0.00
30.7	圆锥形	小	深	不光滑	白	粗	7	N	较旺	2467.00	HR	20.66	13.90	2.86	2.420	2.240	0.720	0.00
23.6	圆锥形	小	深	不光滑	白	粗	8	N	较旺	1833.00	R	16.16	15.60	2.53	2.340	1.010	0.890	0.00
23.8	圆锥形	小	浅	光滑	白	细	8	EZ	旺	1900.00	HR	42.42	15.83	6.72	5.600	1.850	1.870	0.00
22.2	圆锥形	大	深	不光滑	白	粗	8	LL	较旺	2017.00	HS	12.58	12.20	1.54	2.610	3.230	0.430	0.00
21.5	圆锥形	大	深	不光滑	白	粗	7	LL	较旺	2167.00	S	15.30	7.80	1.19	4.280	6.230	0.620	0.00
27.8	圆锥形	小	浅	光滑	白	粗	6	N	较旺	1700.00	R	26.97	13.50	3.67	4.190	3.390	2.420	0.00
28.6	纺锤形	大	浅	光滑	白	细	6	N	较旺	2800.00	MS	31.59	10.70	3.42	2.850	4.760	0.970	0.00
24.9	圆锥形	大	深	不光滑	白	细	9	N	较旺	1850.00	R	21.06	12.30	2.59	3.810	2.340	1.660	0.00
29.1	楔形	小	浅	光滑	白	细	8	EZ	旺	1856.70	MR	40.91	16.57	6.78	6.335	1.040	1.790	0.00
35.5	圆锥形	大	深	不光滑	白	细	8	NZ	旺	1664.00	R	30.43	17.00	5.17	3.260	1.350	2.160	0.00
34.8	圆锥形	大	深	不光滑	白	细	6	NZ	较旺	1319.00	R	32.88	16.10	5.29	3.530	1.500	1.510	0.00
23.1	纺锤形	小	浅	光滑	白	细	7	N	较旺	2200.00	HR	25.86	15.80	4.12	2.670	0.450	0.940	0.00

统一编号	保存编号	品种名称	品种来源	保存单位	粒性	育性	染色体倍性	花粉量	种株株型	结实密度（粒/10cm）	种子千粒重（g）	子叶大小	下胚轴色	叶色	叶形	叶柄宽	叶柄长	叶丛型
ZT001513	D01644	94002-2	中国黑龙江	国家甜菜种质资源中期库	多	可育	2*x*	多	单茎	18.6	27.0	小	混	淡绿	犁铧形	中	长	斜立型
ZT001514	D01645	94003-1	中国黑龙江	国家甜菜种质资源中期库	多	可育	2*x*	多	单茎	17.4	26.5	小	混	淡绿	犁铧形	宽	长	斜立型
ZT001515	D01646	94003-2	中国黑龙江	国家甜菜种质资源中期库	多	可育	2*x*	多	单茎	16.4	40.5	中	红	绿	犁铧形	窄	中	斜立型
ZT001516	D01647	94004-1-1	中国黑龙江	国家甜菜种质资源中期库	多	可育	2*x*	中	单茎	21.8	24.5	大	绿	浓绿	犁铧形	宽	长	斜立型
ZT001517	D01648	94004-2	中国黑龙江	国家甜菜种质资源中期库	多	可育	2*x*	多	单茎	21.1	32.5	小	混	淡绿	犁铧形	中	中	斜立型
ZT001518	D01649	94006-1	中国黑龙江	国家甜菜种质资源中期库	多	可育	2*x*	中	单茎	21.8	29.5	小	混	绿	犁铧形	宽	长	斜立型
ZT001519	D01650	94006-2	中国黑龙江	国家甜菜种质资源中期库	多	可育	2*x*	多	单茎	18.9	35.0	大	红	淡绿	犁铧形	宽	中	斜立型
ZT001520	D01651	96001	中国黑龙江	国家甜菜种质资源中期库	多	可育	2*x*	少	单茎	21.2	31.0	大	混	绿	犁铧形	宽	短	斜立型
ZT001521	D01652	96001-2（红）	中国黑龙江	国家甜菜种质资源中期库	多	可育	2*x*	中	单茎	19.2	24.5	大	混	绿	犁铧形	中	短	斜立型
ZT001522	D01653	96004-1/3（红）	中国黑龙江	国家甜菜种质资源中期库	多	可育	2*x*	中	单茎	18.4	22.0	中	红	绿	犁铧形	窄	短	斜立型
ZT001523	D01654	96F-15	中国黑龙江	国家甜菜种质资源中期库	多	可育	2*x*	中	混合	17.6	44.0	大	红	绿	犁铧形	中	中	斜立型
ZT001524	D01655	97-1（C）	中国黑龙江	国家甜菜种质资源中期库	多	可育	2*x*	中	单茎	22.8	25.5	小	混	绿	犁铧形	中	长	斜立型
ZT001525	D01656	97-1-B2	中国黑龙江	国家甜菜种质资源中期库	多	可育	2*x*	多	单茎	22.1	23.5	小	混	浓绿	犁铧形	中	短	斜立型
ZT001526	D01657	工21（14）	中国黑龙江	国家甜菜种质资源中期库	多	可育	2*x*	多	单茎	17.2	23.0	中	红	绿	犁铧形	中	长	斜立型
ZT001527	D01658	H洮一	中国黑龙江	国家甜菜种质资源中期库	多	可育	2*x*	少	单茎	19.7	31.5	大	混	绿	犁铧形	中	中	斜立型

（续）

叶数（片）	块根形状	根头大小	根沟深浅	根皮光滑度	根肉色	肉质粗细	维管束环数（个）	经济类型	苗期生长势	幼苗百株重（g）	褐斑病	块根产量（t/hm²）	蔗糖含量（%）	蔗糖产量（t/hm²）	钾含量（mmol/100g）	钠含量（mmol/100g）	氮含量（mmol/100g）	当年抽薹率（%）
26.8	圆锥形	小	深	不光滑	白	粗	9	N	较旺	2000.00	HR	21.99	13.50	2.98	3.840	1.790	1.010	0.00
26.4	楔形	小	浅	光滑	白	细	9	N	较旺	2167.00	HR	25.30	15.70	3.98	3.590	1.180	0.960	0.00
29.6	圆锥形	大	深	光滑	白	粗	7	N	较旺	1361.10	HR	24.82	16.20	4.02	3.410	2.370	1.800	0.00
33.0	圆锥形	大	浅	光滑	白	细	10	N	较旺	2277.80	HR	32.98	15.90	5.23	3.560	2.460	2.300	0.00
27.3	楔形	小	浅	不光滑	白	细	9	Z	较旺	2167.00	HR	22.12	16.20	3.59	3.100	1.260	0.840	0.00
30.2	楔形	小	浅	光滑	白	细	7	N	较旺	1900.00	HR	24.60	16.50	4.07	3.640	0.900	1.000	0.00
28.4	圆锥形	大	浅	光滑	白	细	8	N	中	1111.00	R	19.22	14.56	2.51	2.970	4.850	1.280	0.00
34.3	纺锤形	大	浅	光滑	白	粗	6	LL	较旺	1666.70	HR	34.34	10.27	3.53	3.990	6.670	1.710	0.00
33.6	圆锥形	大	浅	光滑	白	粗	8	LL	较旺	1550.00	R	29.92	7.79	2.33	3.010	7.640	0.700	0.00
30.2	圆锥形	大	浅	光滑	粉红	细	8	LL	中	1277.70	MR	8.23	9.60	0.79	3.910	7.460	1.520	0.00
23.8	圆锥形	小	浅	光滑	白	细	7	EZ	较旺	1533.30	MR	33.59	18.87	6.34	5.380	0.810	4.640	0.00
34.9	圆锥形	大	深	不光滑	白	细	7	LL	较旺	1767.00	MR	19.32	12.00	2.32	3.840	4.380	0.730	0.00
33.8	纺锤形	大	浅	光滑	白	粗	7	EZ	中	1867.00	R	41.54	15.49	6.43	4.520	2.095	4.530	0.00
29.1	圆锥形	大	浅	光滑	白	细	9	N	中	1472.20	HR	23.51	16.00	3.76	3.700	3.010	1.690	0.00
31.4	圆锥形	小	浅	光滑	浅黄	细	7	EZ	较旺	1966.70	MR	38.51	16.98	6.54	6.750	1.930	3.370	0.00

统一编号	保存编号	品种名称	品种来源	保存单位	粒性	育性	染色体倍性	花粉量	种株株型	结实密度（粒 /10cm）	种子千粒重（g）	子叶大小	下胚轴色	叶色	叶形	叶柄宽	叶柄长	叶丛型
ZT001528	D01659	H范8-8	中国黑龙江	国家甜菜种质资源中期库	多	可育	4x	中	多	19.4	29.5	大	红	绿	犁铧形	宽	短	斜立型
ZT001529	D01660	H7103	中国黑龙江	国家甜菜种质资源中期库	多	可育	2x	中	单茎	20.2	30.5	中	绿	浓绿	犁铧形	中	中	斜立型
ZT001530	D01661	H8728	中国黑龙江	国家甜菜种质资源中期库	多	可育	2x	中	单茎	19.0	27.0	大	红	绿	舌形	窄	短	斜立型
ZT001531	D01662	H7910	中国黑龙江	国家甜菜种质资源中期库	多	可育	2x	多	单茎	30.0	15.5	大	绿	绿	犁铧形	宽	短	斜立型
ZT001532	D01663	H8012	中国黑龙江	国家甜菜种质资源中期库	多	可育	2x	中	单茎	23.3	25.5	中	红	绿	犁铧形	窄	中	斜立型
ZT001533	D01664	H8725	中国黑龙江	国家甜菜种质资源中期库	多	可育	2x	中	单茎	16.4	31.5	大	混	绿	犁铧形	中	中	斜立型
ZT001534	D01665	H8725-A	中国黑龙江	国家甜菜种质资源中期库	多	可育	2x	多	单茎	16.3	30.5	大	混	绿	犁铧形	中	短	斜立型
ZT001535	D02081	本育417（D）	日本	国家甜菜种质资源中期库	多	可育	2x	多	单茎	19.6	27.0	大	混	绿	犁铧形	窄	短	斜立型
ZT001536	D05085	ACH31单“O”	美国	国家甜菜种质资源中期库	多	可育	2x	少	单茎	18.4	12.5	大	混	绿	犁铧形	中	中	斜立型
ZT001537	D05086	ACH31单“MS”	美国	国家甜菜种质资源中期库	多	不育	2x	少	单茎	19.9	12.0	大	混	淡绿	犁铧形	窄	短	斜立型
ZT001538	D05087	Beta1839“O”	美国	国家甜菜种质资源中期库	多	可育	2x	中	单茎	22.3	26.0	大	混	淡绿	犁铧形	中	长	直立型
ZT001539	D05088	Beta1839“ms”	美国	国家甜菜种质资源中期库	多	不育	2x	中	单茎	20.7	25.0	中	红	淡绿	犁铧形	宽	长	斜立型
ZT001540	D11025	880279	荷兰	国家甜菜种质资源中期库	多	可育	2x	多	单茎	21.0	27.5	大	混	绿	犁铧形	中	中	斜立型
ZT001541	D11026	Nemee（黄）	荷兰	国家甜菜种质资源中期库	多	可育	2x	多	混合	20.6	24.5	中	混	淡绿	犁铧形	窄	短	斜立型
ZT001542	D01713	92011/1-6/1	中国黑龙江	国家甜菜种质资源中期库	多	可育	2x	多	单茎	19.2	26.0	大	绿	绿	犁铧形	中	短	斜立型

（续）

叶数（片）	块根形状	根头大小	根沟深浅	根皮光滑度	根肉色	肉质粗细	维管束环数（个）	经济类型	苗期生长势	幼苗百株重（g）	褐斑病	块根产量（t/hm^2）	蔗糖含量（%）	蔗糖产量（t/hm^2）	钾含量（mmol/100g）	钠含量（mmol/100g）	氮含量（mmol/100g）	当年抽薹率（%）
33.0	圆锥形	中	深	不光滑	白	细	7	EZ	较旺	1683.00	MS	35.23	18.28	6.44	6.715	0.900	2.265	0.00
30.9	楔形	中	深	光滑	白	细	8	EZ	较旺	1600.00	R	36.74	17.78	6.53	6.285	1.220	3.475	0.00
29.5	楔形	小	深	不光滑	白	细	9	EZ	较旺	1350.00	MR	35.86	19.03	6.82	6.090	0.805	3.590	0.00
27.5	楔形	小	浅	光滑	白	细	8	EZ	较旺	1550.00	R	30.81	18.02	5.55	5.330	0.925	3.065	0.00
30.0	圆锥形	中	深	光滑	白	细	8	EZ	较旺	1450.00	MR	39.39	17.22	6.78	6.620	1.295	4.185	0.00
31.4	圆锥形	小	浅	光滑	白	细	8	EZ	较旺	1616.70	MR	34.85	17.10	5.96	6.480	1.570	2.590	0.00
32.4	圆锥形	小	浅	光滑	白	细	8	EZ	较旺	1450.00	MR	35.61	16.52	5.88	5.765	0.995	1.670	0.00
36.9	圆锥形	中	浅	不光滑	白	粗	7	N	较旺	1613.00	MS	31.44	12.80	4.02	3.020	3.220	1.640	0.00
32.8	圆锥形	中	深	不光滑	白	细	8	N	较旺	1533.30	HR	32.73	13.02	4.26	2.970	2.115	0.980	0.00
32.4	圆锥形	小	深	光滑	白	细	7	N	较旺	1611.10	HR	36.97	12.41	4.59	2.865	3.180	1.445	0.00
36.4	圆锥形	大	浅	光滑	白	细	7	LL	较旺	1483.30	R	27.63	11.40	3.15	4.140	4.460	1.420	0.00
21.4	圆锥形	小	浅	光滑	白	粗	9	N	较旺	1183.30	R	20.35	16.10	3.28	3.970	1.300	0.730	0.00
28.1	楔形	小	深	光滑	白	细	7	EZ	旺	1966.70	HR	30.56	17.40	5.32	5.560	1.245	2.260	0.00
35.7	圆锥形	大	浅	不光滑	白	粗	7	LL	中	1722.20	MS	8.13	8.20	0.67	4.270	8.660	0.910	0.00
28.8	圆锥形	小	深	不光滑	白	粗	7	LL	中	1516.70	R	20.51	11.20	2.30	3.550	6.240	1.260	0.00

统一编号	保存编号	品种名称	品种来源	保存单位	粒性	育性	染色体倍性	花粉量	种株株型	结实密度（粒/10cm）	种子千粒重（g）	子叶大小	下胚轴色	叶色	叶形	叶柄宽	叶柄长	叶丛型
ZT001543	D01714	92011/1–6/1–1	中国黑龙江	国家甜菜种质资源中期库	多	可育	2*x*	中	单茎	20.9	31.5	大	绿	浓绿	犁铧形	宽	中	斜立型
ZT001544	D19042	红饲料甜菜	俄罗斯	国家甜菜种质资源中期库	多	可育	2*x*	中	单茎	22.1	22.5	大	混	红色	犁铧形	宽	长	斜立型
ZT001545	D01715	92011/1–6/3	中国黑龙江	国家甜菜种质资源中期库	多	可育	2*x*	多	单茎	18.1	33.5	中	混	淡绿	犁铧形	中	短	斜立型
ZT001546	D01666	内糖 404（D）	中国内蒙古	国家甜菜种质资源中期库	多	可育	4*x*	中	混合	26.9	49.5	大	混	浓绿	犁铧形	宽	短	斜立型
ZT001547	D01667	新品字Ⅱ（D）	中国新疆	国家甜菜种质资源中期库	多	可育	2*x*	多	混合	23.1	39.5	大	混	淡绿	犁铧形	宽	短	斜立型
ZT001548	D01668	226（D）	中国新疆	国家甜菜种质资源中期库	多	可育	2*x*	少	多茎	26.6	37.5	大	红	浓绿	犁铧形	中	中	斜立型
ZT001549	D01669	7301/83–2 丰	中国黑龙江	国家甜菜种质资源中期库	多	可育	2*x*	多	多茎	17.4	37.5	中	混	绿	犁铧形	窄	短	斜立型
ZT001550	D01670	780016A/3 丰	中国黑龙江	国家甜菜种质资源中期库	多	可育	2*x*	中	混合	20.0	20.0	大	混	绿	犁铧形	中	中	斜立型
ZT001551	D01671	92011–4/1	中国黑龙江	国家甜菜种质资源中期库	多	可育	2*x*	中	混合	17.8	41.5	中	混	淡绿	犁铧形	宽	长	斜立型
ZT001552	D01672	92017–1–1	中国黑龙江	国家甜菜种质资源中期库	多	可育	2*x*	中	混合	26.0	27.5	中	绿	浓绿	犁铧形	宽	长	斜立型
ZT001553	D01673	92017–2–1	中国黑龙江	国家甜菜种质资源中期库	多	可育	2*x*	多	混合	21.9	31.0	大	红	淡绿	犁铧形	宽	中	斜立型
ZT001554	D01674	92017/1–4/1	中国黑龙江	国家甜菜种质资源中期库	多	可育	2*x*	中	混合	19.7	28.5	大	混	浓绿	犁铧形	宽	中	斜立型
ZT001555	D01675	Z–6（D）	中国吉林	国家甜菜种质资源中期库	多	可育	2*x*	中	多茎	25.4	28.5	中	红	绿	犁铧形	窄	长	斜立型
ZT001556	D01716	92021–1–1/1	中国黑龙江	国家甜菜种质资源中期库	多	可育	2*x*	中	多茎	23.4	47.0	大	红	淡绿	犁铧形	窄	中	斜立型
ZT001557	D11027	Gro 丰	荷兰	国家甜菜种质资源中期库	多	可育	2*x*	多	单茎	20.8	26.0	中	混	淡绿	犁铧形	窄	短	斜立型

（续）

叶数（片）	块根形状	根头大小	根沟深浅	根皮光滑度	根肉色	肉质粗细	维管束环数（个）	经济类型	苗期生长势	幼苗百株重（g）	褐斑病	块根产量（t/hm²）	蔗糖含量（%）	蔗糖产量（t/hm²）	钾含量（mmol/100g）	钠含量（mmol/100g）	氮含量（mmol/100g）	当年抽薹率（%）
29.9	圆锥形	大	浅	光滑	白	细	10	N	较旺	944.30	R	25.88	13.80	3.56	4.200	2.940	1.590	0.00
35.6	圆锥形	中	浅	光滑	白	中	7	LL	较旺	1550.00	R	24.37	8.40	2.05	4.350	5.870	1.940	0.00
22.5	圆锥形	小	浅	光滑	白	细	6	N	较旺	1350.00	HR	27.58	12.69	3.50	3.940	3.080	0.700	0.00
27.5	圆锥形	小	浅	光滑	白	细	9	N	中	969.00	R	29.50	16.40	4.84	2.910	1.440	1.660	0.00
42.7	楔形	大	浅	光滑	白	细	6	EZ	较旺	1833.00	R	47.27	11.98	5.66	5.680	4.135	4.020	0.00
35.7	圆锥形	大	深	不光滑	白	细	8	Z	较旺	1305.00	HR	26.77	16.30	4.36	2.840	1.480	1.220	0.00
33.8	圆锥形	大	浅	光滑	白	细	10	N	较旺	1416.70	R	20.86	15.40	3.21	3.440	3.070	1.960	0.00
26.6	圆锥形	小	浅	光滑	白	细	8	N	较旺	2450.00	HR	22.02	14.70	3.27	3.080	1.080	0.880	0.00
28.2	圆锥形	大	浅	光滑	白	粗	7	LL	较旺	955.30	MR	7.75	10.98	0.87	4.010	5.880	2.140	0.00
35.7	圆锥形	小	深	光滑	白	细	9	N	较旺	1052.00	R	29.08	13.50	3.93	3.595	3.853	1.572	0.00
37.2	圆锥形	中	深	光滑	白	细	8	N	较旺	1200.00	R	25.55	13.50	3.44	3.790	4.100	1.488	0.00
28.9	圆锥形	大	浅	光滑	白	细	8	N	旺	1033.30	MS	29.29	13.19	3.86	2.970	4.850	1.280	0.00
34.3	圆锥形	中	浅	不光滑	白	粗	8	N	较旺	1456.00	S	31.69	12.60	3.99	2.750	3.370	1.200	0.00
17.6	圆锥形	小	浅	光滑	白	细	7	E	较旺	1155.70	S	54.38	11.90	7.03	3.830	6.140	2.780	0.00
33.1	圆锥形	小	浅	光滑	白	细	7	E	较旺	1625.00	R	60.91	10.55	6.43	3.995	5.165	1.660	0.00

统一编号	保存编号	品种名称	品种来源	保存单位	粒性	育性	染色体倍性	花粉量	种株株型	结实密度（粒/10cm）	种子千粒重（g）	子叶大小	下胚轴色	叶色	叶形	叶柄宽	叶柄长	叶丛型
ZT001558	D14016	西德一号（D）	德国	国家甜菜种质资源中期库	多	可育	2x	少	混合	21.7	40.0	大	混	绿	犁铧形	中	长	斜立型
ZT001559	D01676	F01–1 Ⅰ	中国黑龙江	国家甜菜种质资源中期库	多	可育	4x	中	混合	20.8	32.5	大	红	浓绿	犁铧形	中	短	斜立型
ZT001560	D01677	F01–1 Ⅱ	中国黑龙江	国家甜菜种质资源中期库	多	可育	4x	中	混合	21.7	30.5	大	混	浓绿	犁铧形	中	短	斜立型
ZT001561	D01678	F01–3	中国黑龙江	国家甜菜种质资源中期库	多	可育	4x	中	混合	21.9	33.0	大	红	淡绿	犁铧形	宽	长	斜立型
ZT001562	D01679	F01–4	中国黑龙江	国家甜菜种质资源中期库	多	可育	4x	中	混合	19.7	35.5	大	红	浓绿	犁铧形	宽	长	斜立型
ZT001563	D01680	F01–4FS1（00）	中国黑龙江	国家甜菜种质资源中期库	多	可育	4x	中	混合	21.7	34.0	大	混	浓绿	犁铧形	宽	长	斜立型
ZT001564	D01681	F01–5	中国黑龙江	国家甜菜种质资源中期库	多	可育	4x	中	混合	20.8	32.5	大	混	绿	犁铧形	中	中	斜立型
ZT001565	D01682	F01–6	中国黑龙江	国家甜菜种质资源中期库	多	可育	4x	中	混合	21.9	30.0	大	红	淡绿	犁铧形	中	短	斜立型
ZT001566	D01683	F01–7	中国黑龙江	国家甜菜种质资源中期库	多	可育	4x	中	混合	19.7	34.5	大	红	绿	犁铧形	宽	长	斜立型
ZT001567	D01684	F01–7FS	中国黑龙江	国家甜菜种质资源中期库	多	可育	4x	中	混合	21.7	31.5	大	红	绿	圆扇形	宽	长	斜立型
ZT001568	D01685	F01–7FS1（00）	中国黑龙江	国家甜菜种质资源中期库	多	可育	4x	中	混合	20.8	33.0	大	混	绿	圆扇形	中	长	斜立型
ZT001569	D01686	F01–8	中国黑龙江	国家甜菜种质资源中期库	多	可育	4x	中	混合	21.9	29.5	大	混	浓绿	犁铧形	宽	长	斜立型
ZT001570	D01687	F02–2	中国黑龙江	国家甜菜种质资源中期库	多	可育	4x	中	混合	19.7	29.5	大	混	淡绿	犁铧形	中	中	斜立型
ZT001571	D01688	F02–1 Ⅰ	中国黑龙江	国家甜菜种质资源中期库	多	可育	4x	中	混合	21.7	30.5	大	红	浓绿	犁铧形	宽	长	斜立型
ZT001572	D01689	F02–4	中国黑龙江	国家甜菜种质资源中期库	多	可育	4x	中	混合	20.8	32.0	大	混	绿	犁铧形	宽	长	斜立型

（续）

叶数（片）	块根形状	根头大小	根沟深浅	根皮光滑度	根肉色	肉质粗细	维管束环数（个）	经济类型	苗期生长势	幼苗百株重（g）	褐斑病	块根产量（t/hm^2）	蔗糖含量（%）	蔗糖产量（t/hm^2）	钾含量（mmol/100g）	钠含量（mmol/100g）	氮含量（mmol/100g）	当年抽薹率（%）
39.1	圆锥形	大	浅	光滑	白	细	8	LL	较旺	1517.00	HR	45.15	15.94	7.20	4.130	1.795	1.665	0.00
28.2	圆锥形	小	浅	光滑	白	细	10	NZ	中	1166.70	R	22.10	18.30	3.89	3.040	1.140	1.430	0.00
29.2	圆锥形	小	浅	光滑	白	细	9	EZ	较旺	1083.00	MR	25.51	17.10	4.51	3.430	3.250	2.510	0.00
28.4	圆锥形	小	浅	光滑	白	细	7	N	较旺	1000.00	R	25.76	16.20	4.33	3.380	2.600	1.370	0.00
23.9	圆锥形	小	深	光滑	白	细	7	N	较弱	1233.30	R	19.12	15.50	2.96	3.380	2.450	1.590	0.00
24.6	圆锥形	小	浅	光滑	白	细	7	N	中	1250.00	R	23.31	15.60	3.64	3.480	2.450	1.980	0.00
26.2	圆锥形	小	深	不光滑	白	粗	9	NE	较旺	1833.30	HR	24.37	17.50	4.27	3.570	1.620	1.860	0.00
30.9	圆锥形	大	浅	光滑	白	细	10	E	中	1000.00	R	27.91	15.40	4.79	3.190	3.020	1.560	0.00
25.8	圆锥形	小	深	不光滑	白	粗	9	LL	较旺	1416.70	HR	16.54	17.50	2.75	2.960	1.890	1.290	0.00
27.2	圆锥形	小	浅	光滑	白	细	8	N	中	1816.70	HR	21.94	15.90	3.49	3.250	3.050	1.400	0.00
23.9	圆锥形	小	浅	光滑	白	细	8	N	中	2166.70	HR	21.57	16.10	3.47	3.250	2.090	1.240	0.00
26.2	圆锥形	大	浅	不光滑	白	细	7	E	较旺	1500.00	R	25.51	15.90	4.30	3.280	3.670	1.830	0.00
27.6	圆锥形	小	浅	光滑	白	细	8	NZ	较旺	1666.70	R	23.74	16.20	4.26	3.760	2.300	1.270	0.00
30.0	圆锥形	大	浅	光滑	白	细	8	EZ	较旺	1333.30	R	27.40	16.40	5.01	3.680	3.150	1.750	0.00
28.6	圆锥形	小	浅	光滑	白	粗	10	EZ	旺	1916.70	R	25.13	16.60	4.03	3.270	1.860	1.440	0.00

统一编号	保存编号	品种名称	品种来源	保存单位	粒性	育性	染色体倍性	花粉量	种株株型	结实密度（粒/10cm）	种子千粒重（g）	子叶大小	下胚轴色	叶色	叶形	叶柄宽	叶柄长	叶丛型
ZT001573	D01690	F03-1IH	中国黑龙江	国家甜菜种质资源中期库	多	可育	4x	中	混合	21.9	21.5	大	混	绿	犁铧形	宽	长	斜立型
ZT001574	D01691	F03-1ⅠW	中国黑龙江	国家甜菜种质资源中期库	多	可育	4x	中	混合	19.7	28.0	大	红	绿	犁铧形	宽	长	斜立型
ZT001575	D01692	F03-4	中国黑龙江	国家甜菜种质资源中期库	多	可育	4x	中	混合	21.7	34.0	大	红	绿	犁铧形	窄	短	斜立型
ZT001576	D01693	F03-5	中国黑龙江	国家甜菜种质资源中期库	多	可育	4x	中	混合	20.8	30.5	大	红	淡绿	犁铧形	宽	长	斜立型
ZT001577	D01694	F03-6	中国黑龙江	国家甜菜种质资源中期库	多	可育	4x	中	混合	21.7	29.5	大	红	浓绿	犁铧形	宽	长	斜立型
ZT001578	D01695	F03-6FS1（00）	中国黑龙江	国家甜菜种质资源中期库	多	可育	4x	中	混合	20.8	31.5	大	混	浓绿	犁铧形	薄	长	斜立型
ZT001579	D01696	F03-7	中国黑龙江	国家甜菜种质资源中期库	多	可育	4x	中	混合	19.7	27.5	中	混	淡绿	犁铧形	宽	短	斜立型
ZT001580	D01697	F04-1	中国黑龙江	国家甜菜种质资源中期库	多	可育	4x	中	混合	21.7	24.0	大	混	浓绿	犁铧形	宽	长	斜立型
ZT001581	D01698	F04-3	中国黑龙江	国家甜菜种质资源中期库	多	可育	4x	中	混合	19.7	28.0	大	红	浓绿	犁铧形	宽	长	斜立型
ZT001582	D01699	F04-4	中国黑龙江	国家甜菜种质资源中期库	多	可育	4x	中	混合	21.7	26.0	大	红	淡绿	犁铧形	宽	长	斜立型
ZT001583	D01700	F04-6	中国黑龙江	国家甜菜种质资源中期库	多	可育	4x	中	混合	21.9	23.5	大	混	绿	犁铧形	宽	长	斜立型
ZT001584	D01701	F05-2H	中国黑龙江	国家甜菜种质资源中期库	多	可育	4x	中	混合	19.7	33.5	大	混	浓绿	犁铧形	宽	长	斜立型
ZT001585	D01702	F05-2HFS1（00）	中国黑龙江	国家甜菜种质资源中期库	多	可育	4x	中	混合	19.7	35.5	大	红	绿	舌形	中	长	斜立型
ZT001586	D01703	F05-2xFS1（00）	中国黑龙江	国家甜菜种质资源中期库	多	可育	4x	中	混合	21.7	31.0	大	混	淡绿	圆扇形	宽	长	斜立型
ZT001587	D01704	F05-3Ⅱ	中国黑龙江	国家甜菜种质资源中期库	多	可育	4x	中	混合	20.8	29.0	大	红	绿	犁铧形	中	短	斜立型

（续）

叶数（片）	块根形状	根头大小	根沟深浅	根皮光滑度	根肉色	肉质粗细	维管束环数（个）	经济类型	苗期生长势	幼苗百株重（g）	褐斑病	块根产量（t/hm²）	蔗糖含量（%）	蔗糖产量（t/hm²）	钾含量（mmol/100g）	钠含量（mmol/100g）	氮含量（mmol/100g）	当年抽薹率（%）
27.8	圆锥形	小	深	不光滑	白	细	9	EZ	较旺	1833.30	R	27.27	17.10	4.95	3.800	2.260	1.870	0.00
27.8	圆锥形	小	浅	光滑	白	细	9	ZZ	较旺	1500.00	HR	25.95	14.10	4.71	4.170	4.660	1.820	0.00
24.4	圆锥形	小	深	光滑	白	细	8	EZ	中	833.30	R	28.03	17.00	5.01	3.400	3.240	1.930	0.00
29.4	圆锥形	小	浅	光滑	白	粗	8	EZ	较旺	1416.70	HR	26.71	16.80	4.70	3.290	2.900	1.520	0.00
27.8	圆锥形	小	深	不光滑	白	粗	8	EZ	较旺	1333.30	R	25.95	16.80	4.56	3.270	2.930	1.310	0.00
26.1	圆锥形	小	深	不光滑	白	细	8	N	较弱	1483.30	MR	18.71	15.80	2.96	3.630	2.270	1.550	0.00
26.2	圆锥形	小	浅	光滑	白	细	8	ZZ	中	1083.30	R	19.32	16.80	3.53	3.010	2.490	1.470	0.00
26.4	圆锥形	小	浅	光滑	白	粗	8	E	旺	1916.70	R	27.78	15.40	4.66	3.700	4.170	2.000	0.00
31.2	圆锥形	小	浅	光滑	白	细	7	N	中	1083.30	HR	23.23	16.90	4.05	3.570	2.510	1.330	0.00
29.8	圆锥形	小	深	不光滑	白	粗	7	NE	较旺	2000.00	R	26.01	18.20	4.47	3.390	1.230	1.590	0.00
27.0	圆锥形	大	深	不光滑	白	细	8	E	旺	1500.00	R	28.16	17.30	4.77	3.260	2.210	1.510	0.00
26.6	圆锥形	大	浅	光滑	白	细	8	EZ	较旺	2000.00	HR	27.78	16.50	5.09	3.300	3.120	1.310	0.00
25.1	圆锥形	大	浅	不光滑	白	粗	10	N	中	1850.00	R	22.75	16.00	3.64	4.060	3.110	1.940	0.00
23.4	圆锥形	大	浅	光滑	白	细	7	N	中	1766.70	HR	22.73	16.10	3.66	3.300	1.790	1.460	0.00
26.0	圆锥形	小	浅	光滑	白	细	9	ZZ	较旺	1083.30	R	23.99	16.30	4.36	3.810	3.080	1.560	0.00

统一编号	保存编号	品种名称	品种来源	保存单位	粒性	育性	染色体倍性	花粉量	种株株型	结实密度（粒 /10cm）	种子千粒重（g）	子叶大小	下胚轴色	叶色	叶形	叶柄宽	叶柄长	叶丛型
ZT001588	D01705	F07	中国黑龙江	国家甜菜种质资源中期库	多	可育	4x	中	混合	19.7	30.5	大	红	绿	犁铧形	中	中	斜立型
ZT001589	D01706	F08	中国黑龙江	国家甜菜种质资源中期库	多	可育	4x	中	混合	21.7	31.5	大	红	绿	犁铧形	窄	短	斜立型
ZT001590	D01707	F09RFS1（00）	中国黑龙江	国家甜菜种质资源中期库	多	可育	4x	中	混合	19.7	28.5	大	红	浓绿	犁铧形	中	长	斜立型
ZT001591	D01708	F11	中国黑龙江	国家甜菜种质资源中期库	多	可育	4x	中	混合	21.7	28.5	大	红	浓绿	犁铧形	中	短	斜立型
ZT001592	D01709	F12FS	中国黑龙江	国家甜菜种质资源中期库	多	可育	4x	中	混合	21.9	31.5	大	红	淡绿	犁铧形	宽	长	斜立型
ZT001593	D01717	93–4/1	中国黑龙江	国家甜菜种质资源中期库	多	可育	2x	中	单茎	18.7	30.5	中	混	绿	犁铧形	窄	长	斜立型
ZT001594	D01718	93–8	中国黑龙江	国家甜菜种质资源中期库	多	可育	2x	多	单茎	23.7	20.0	大	红	浓绿	犁铧形	窄	短	斜立型
ZT001595	D01719	94002–2–1	中国黑龙江	国家甜菜种质资源中期库	多	可育	2x	多	单茎	18.5	32.0	大	混	淡绿	犁铧形	宽	中	斜立型
ZT001596	D01720	96001/98 黄	中国黑龙江	国家甜菜种质资源中期库	多	可育	2x	少	混合	19.9	31.0	中	混	淡绿	犁铧形	窄	中	斜立型
ZT001597	D01721	96001/1–1	中国黑龙江	国家甜菜种质资源中期库	多	可育	2x	多	单茎	20.7	37.5	大	混	淡绿	犁铧形	窄	中	斜立型
ZT001598	D01722	96001–2/1	中国黑龙江	国家甜菜种质资源中期库	多	可育	2x	少	单茎	22.1	25.0	大	红	绿	犁铧形	窄	短	斜立型
ZT001599	D01723	96001–2/1–2 红	中国黑龙江	国家甜菜种质资源中期库	多	可育	2x	中	单茎	18.3	22.0	大	混	红	犁铧形	中	短	斜立型
ZT001600	D01724	96001–2/3–1 红	中国黑龙江	国家甜菜种质资源中期库	多	可育	2x	多	单茎	20.6	18.5	大	混	绿	犁铧形	窄	短	斜立型
ZT001601	D01725	96001–2/4	中国黑龙江	国家甜菜种质资源中期库	多	可育	2x	多	单茎	22.6	21.5	中	红	淡绿	犁铧形	窄	短	斜立型
ZT001602	D01726	96001–2/4 红	中国黑龙江	国家甜菜种质资源中期库	多	可育	2x	多	单茎	22.3	32.5	大	混	绿	犁铧形	中	短	斜立型

（续）

叶数（片）	块根形状	根头大小	根沟深浅	根皮光滑度	根肉色	肉质粗细	维管束环数（个）	经济类型	苗期生长势	幼苗百株重（g）	褐斑病	块根产量（t/hm²）	蔗糖含量（%）	蔗糖产量（t/hm²）	钾含量（mmol/100g）	钠含量（mmol/100g）	氮含量（mmol/100g）	当年抽薹率（%）
26.8	圆锥形	大	深	光滑	白	粗	9	N	中	1083.30	R	24.12	16.60	4.09	3.390	4.010	1.940	0.00
23.2	圆锥形	小	浅	光滑	白	细	9	ZZ	中	1400.00	R	21.34	16.20	3.46	3.870	1.710	1.380	0.00
25.8	圆锥形	小	浅	光滑	白	细	9	N	较旺	1750.00	R	25.76	15.90	4.20	3.120	3.500	2.030	0.00
25.4	圆锥形	小	浅	光滑	白	细	9	NZ	中	1166.70	R	21.09	15.70	3.71	3.220	3.050	1.060	0.00
29.8	圆锥形	小	浅	光滑	白	细	8	E	较旺	916.70	HR	31.35	16.40	5.27	3.490	2.610	1.410	0.00
24.1	圆锥形	大	深	不光滑	白	粗	11	Z	较旺	1183.30	R	25.68	15.69	4.03	4.580	3.110	1.210	0.00
29.8	圆锥形	小	浅	光滑	白	细	9	N	中	1600.00	HR	22.35	14.29	3.20	4.060	3.330	2.440	0.00
26.3	圆锥形	大	浅	光滑	白	细	6	LL	旺	1055.60	MR	10.78	13.63	1.49	3.850	3.730	2.300	0.00
23.0	圆锥形	小	浅	光滑	白	粗	6	LL	较旺	1466.70	HR	21.21	10.97	2.33	4.470	4.570	0.610	0.00
27.2	圆锥形	大	浅	光滑	白	细	7	EZ	旺	1305.70	HR	36.99	11.67	4.32	3.000	4.870	1.130	0.00
34.0	圆锥形	大	浅	光滑	白	细	7	LL	较旺	1733.30	S	20.86	4.40	0.92	4.060	10.360	0.880	0.00
33.6	圆锥形	大	浅	光滑	红	细	7	LL	较旺	1416.70	MR	15.30	8.40	1.29	4.300	6.820	0.760	0.00
35.3	圆锥形	小	浅	光滑	白	细	6	LL	中	2111.10	HR	34.27	8.70	2.98	2.230	4.260	5.140	0.00
27.8	圆锥形	大	浅	不光滑	白	细	6	LL	中	1583.30	MR	7.65	7.40	0.57	3.580	10.870	0.920	0.00
33.7	纺锤形	小	浅	光滑	粉红	粗	7	LL	较旺	1350.00	MS	11.24	4.50	0.51	3.460	7.490	0.700	0.00

统一编号	保存编号	品种名称	品种来源	保存单位	粒性	育性	染色体倍性	花粉量	种株株型	结实密度（粒 /10cm）	种子千粒重（g）	子叶大小	下胚轴色	叶色	叶形	叶柄宽	叶柄长	叶丛型
ZT001603	D01727	96002-1 黄	中国黑龙江	国家甜菜种质资源中期库	多	可育	2x	中	单茎	20.6	20.0	大	混	淡绿	犁铧形	中	短	斜立型
ZT001604	D01728	96001-2/2-1 红	中国黑龙江	国家甜菜种质资源中期库	多	可育	2x	中	单茎	16.9	25.0	中	黄	绿	犁铧形	中	长	斜立型
ZT001605	D01729	96001/2-1 黄	中国黑龙江	国家甜菜种质资源中期库	多	可育	2x	中	单茎	20.6	29.5	小	黄	浓绿	犁铧形	中	长	斜立型
ZT001606	D01730	9701F3	中国黑龙江	国家甜菜种质资源中期库	多	可育	2x	多	单茎	18.9	20.5	大	混	绿	犁铧形	窄	短	斜立型
ZT001607	D01731	99H-1	中国黑龙江	国家甜菜种质资源中期库	多	可育	2x	多	单茎	17.1	18.0	大	绿	淡绿	犁铧形	窄	中	斜立型
ZT001608	D05081	BGRC10107 红	美国	国家甜菜种质资源中期库	多	可育	2x	中	混合	23.1	28.0	中	混	紫红	犁铧形	宽	短	斜立型
ZT001609	D05089	N98102	美国	国家甜菜种质资源中期库	多	可育	2x	中	混合	23.3	21.0	大	混	浓绿	犁铧形	宽	中	斜立型
ZT001610	D05090	N98113	美国	国家甜菜种质资源中期库	多	可育	2x	中	混合	25.1	24.0	大	绿	浓绿	犁铧形	宽	长	斜立型
ZT001611	D05091	N98116	美国	国家甜菜种质资源中期库	多	可育	2x	中	多茎	21.4	21.0	中	混	绿色	犁铧形	宽	中	斜立型
ZT001612	D05092	N98124	美国	国家甜菜种质资源中期库	多	可育	2x	中	多茎	23.9	29.0	大	混	淡绿	犁铧形	中	中	斜立型
ZT001613	D05093	N98136	美国	国家甜菜种质资源中期库	多	可育	2x	少	混合	20.9	17.0	中	混	浓绿	犁铧形	中	短	斜立型
ZT001614	D05094	N98167	美国	国家甜菜种质资源中期库	多	可育	2x	少	混合	22.0	26.0	大	混	浓绿	犁铧形	宽	长	斜立型
ZT001615	D05095	N98183	美国	国家甜菜种质资源中期库	多	可育	2x	中	多茎	22.7	20.0	中	混	绿色	犁铧形	窄	短	斜立型
ZT001616	D05096	N98196	美国	国家甜菜种质资源中期库	多	可育	2x	中	多茎	22.4	17.5	大	混	浓绿	犁铧形	中	中	斜立型
ZT001617	D16012	蒂波（D）	意大利	国家甜菜种质资源中期库	多	可育	2x	多	混合	18.0	33.5	大	混	浓绿	犁铧形	中	长	斜立型

（续）

叶数（片）	块根形状	根头大小	根沟深浅	根皮光滑度	根肉色	肉质粗细	维管束环数（个）	经济类型	苗期生长势	幼苗百株重（g）	褐斑病	块根产量（t/hm²）	蔗糖含量（%）	蔗糖产量（t/hm²）	钾含量（mmol/100g）	钠含量（mmol/100g）	氮含量（mmol/100g）	当年抽薹率（%）
25.2	圆锥形	小	浅	光滑	白	细	7	LL	旺	989.00	HR	29.83	6.20	1.85	3.030	6.160	5.220	0.00
23.2	圆锥形	小	深	不光滑	白	细	7	LL	旺	1333.30	R	25.25	11.11	2.81	4.120	4.530	0.570	0.00
23.1	圆锥形	小	浅	光滑	白	细	6	LL	较旺	1400.00	HR	20.91	10.70	2.24	3.480	4.860	0.630	0.00
31.9	圆锥形	大	浅	光滑	白	粗	7	N	较旺	1430.50	MR	17.88	12.49	2.23	4.280	5.500	1.450	0.00
33.2	圆锥形	大	浅	光滑	白	细	8	N	较旺	1333.30	R	18.74	13.97	2.62	3.760	2.660	1.160	0.00
25.9	圆锥形	大	深	不光滑	红	粗	7	LL	较旺	1133.30	MS	4.12	8.36	0.34	4.170	8.980	2.020	0.00
44.9	圆锥形	大	浅	光滑	白	粗	9	LL	旺	856.70	HR	40.13	11.22	4.51	5.330	3.770	10.060	0.00
44.1	圆锥形	大	浅	光滑	白	细	9	E	较旺	736.70	HR	37.22	10.51	3.91	4.710	4.750	9.440	0.00
46.3	圆锥形	大	浅	光滑	白	粗	7	E	旺	753.30	HR	34.09	10.54	3.60	4.960	4.730	9.750	0.00
47.4	圆锥形	大	浅	不光滑	白	细	9	E	较旺	890.00	HR	37.20	12.02	4.46	4.840	4.160	9.170	0.00
40.5	圆锥形	小	浅	光滑	白	粗	10	E	较旺	750.00	R	36.11	12.35	4.46	4.360	3.880	10.810	0.00
43.2	圆锥形	大	浅	不光滑	白	细	7	E	较旺	890.00	MR	50.25	11.44	5.74	4.860	4.980	7.640	0.00
38.9	圆锥形	小	浅	光滑	白	细	8	E	较旺	766.67	HR	40.91	12.46	5.09	5.910	4.140	10.160	0.00
39.9	圆锥形	小	浅	光滑	白	细	6	E	较旺	776.70	HR	41.24	11.28	4.64	4.580	4.690	10.210	0.00
29.5	圆锥形	大	深	光滑	白	细	8	EZ	较旺	1783.30	HR	33.96	14.38	4.88	4.580	4.350	1.770	0.00

统一编号	保存编号	品种名称	品种来源	保存单位	粒性	育性	染色体倍性	花粉量	种株株型	结实密度（粒/10cm）	种子千粒重（g）	子叶大小	下胚轴色	叶色	叶形	叶柄宽	叶柄长	叶丛型
ZT001618	D19039	吉尔吉斯-25（D）	俄罗斯	国家甜菜种质资源中期库	多	可育	2x	多	多茎	23.4	29.0	大	红	绿	犁铧形	宽	中	斜立型
ZT001619	D19043	捷特洛伊圆甜菜	俄罗斯	国家甜菜种质资源中期库	多	可育	2x	中	单茎	21.1	18.0	小	红	紫红	犁铧形	窄	中	斜立型
ZT001620	D20012	Regina红	瑞典	国家甜菜种质资源中期库	多	可育	2x	中	单茎	25.0	21.5	中	红	紫红	犁铧形	中	长	斜立型
ZT001621	D01926	甜双Ⅰ	中国黑龙江	国家甜菜种质资源中期库	多	可育	2x	多	混合	20.3	34.5	大	红	淡绿	犁铧形	中	长	斜立型
ZT001622	D01732	29/85-52/89（D）	中国新疆	国家甜菜种质资源中期库	多	可育	2x	多	混合	25.1	26.5	大	混	绿	犁铧形	窄	中	斜立型
ZT001623	D01733	34/86-34/90（D）	中国新疆	国家甜菜种质资源中期库	多	可育	2x	多	单茎	23.1	37.0	大	红	淡绿	犁铧形	宽	长	斜立型
ZT001624	D01734	7503/83-1	中国黑龙江	国家甜菜种质资源中期库	多	可育	2x	多	单茎	23.1	32.0	大	红	淡绿	犁铧形	宽	长	斜立型
ZT001625	D01735	79748单	中国黑龙江	国家甜菜种质资源中期库	单	可育	2x	少	混合	16.4	24.5	中	红	浓绿	圆扇形	宽	短	斜立型
ZT001626	D01736	92017/1-7黄	中国黑龙江	国家甜菜种质资源中期库	多	可育	2x	多	混合	15.9	32.0	中	绿	淡绿	犁铧形	窄	短	斜立型
ZT001628	D01738	7917M11	中国黑龙江	国家甜菜种质资源中期库	多	可育	2x	中	单茎	20.0	22.0	小	混	淡绿	犁铧形	宽	中	斜立型
ZT001629	D01739	7917M911	中国黑龙江	国家甜菜种质资源中期库	多	可育	2x	中	混合	21.2	21.0	中	绿	淡绿	犁铧形	宽	中	斜立型
ZT001630	D01740	Ⅱ78551-1	中国黑龙江	国家甜菜种质资源中期库	多	可育	2x	中	单茎	18.7	21.5	中	混	绿	犁铧形	宽	长	斜立型
ZT001631	D01741	Ⅱ8067	中国黑龙江	国家甜菜种质资源中期库	多	可育	2x	中	单茎	20.1	18.0	中	混	淡绿	犁铧形	中	长	斜立型
ZT001632	D01742	Ⅱ9536	中国黑龙江	国家甜菜种质资源中期库	多	可育	2x	中	单茎	19.1	23.0	中	红	绿	犁铧形	中	短	斜立型
ZT001633	D01743	Ⅲ7411	中国黑龙江	国家甜菜种质资源中期库	多	可育	2x	多	单茎	18.0	24.0	大	混	淡绿	犁铧形	中	中	斜立型

（续）

叶数（片）	块根形状	根头大小	根沟深浅	根皮光滑度	根肉色	肉质粗细	维管束环数（个）	经济类型	苗期生长势	幼苗百株重（g）	褐斑病	块根产量（t/hm^2）	蔗糖含量（%）	蔗糖产量（t/hm^2）	钾含量（mmol/100g）	钠含量（mmol/100g）	氮含量（mmol/100g）	当年抽薹率（%）
35.0	圆锥形	大	浅	光滑	白	中	10	EZ	旺	2100.00	HR	39.09	12.90	5.04	3.915	4.185	1.735	0.00
20.7	近圆形	小	浅	光滑	红	细	6	LL	较旺	1266.70	R	11.19	7.93	0.89	4.530	7.670	0.560	0.00
20.5	圆锥形	小	浅	光滑	红	粗	6	LL	较旺	1000.00	R	17.63	13.73	2.42	3.960	1.640	1.110	0.00
29.5	圆锥形	大	浅	光滑	白	粗	8	LL	较旺	2016.70	R	21.04	10.60	2.23	3.760	6.690	1.250	0.00
29.7	圆锥形	大	浅	光滑	白	粗	7	LL	较旺	1766.70	S	20.53	8.68	1.78	2.870	5.240	6.440	0.00
29.1	圆锥形	大	浅	光滑	白	细	7	Z	中	1666.70	HR	32.12	17.17	5.52	4.110	0.730	1.860	0.00
29.1	圆锥形	大	浅	光滑	白	细	7	LL	中	1666.70	R	10.13	11.50	1.16	4.440	6.500	1.940	0.00
24.8	圆锥形	大	深	不光滑	白	粗	8	N	中	1133.30	R	13.13	13.93	1.83	3.460	4.550	1.150	0.00
32.1	圆锥形	大	浅	光滑	白	细	8	N	中	1444.40	HR	18.51	12.00	2.22	4.040	5.180	1.450	0.00
26.3	圆锥形	大	浅	光滑	白	细	8	NZ	较旺	1450.00	HR	36.46	15.95	5.82	3.790	3.050	5.450	0.00
22.3	圆锥形	小	浅	光滑	白	细	7	ZZ	较旺	1266.70	HR	21.16	18.62	3.94	3.370	0.690	0.930	0.00
26.9	圆锥形	大	深	不光滑	白	粗	12	ZZ	较旺	988.90	HR	27.42	16.80	4.61	3.420	2.070	7.500	0.00
26.9	圆锥形	小	浅	光滑	白	细	9	EZ	较旺	1161.10	R	31.34	17.48	5.47	3.650	3.270	4.840	0.00
24.3	圆锥形	小	浅	光滑	白	粗	9	EZ	较旺	688.90	HR	28.94	17.82	5.16	3.400	1.060	5.950	0.00
27.5	圆锥形	小	浅	光滑	白	粗	7	NZ	较旺	1333.40	HR	28.66	15.90	4.55	3.870	3.470	4.250	0.00

统一编号	保存编号	品种名称	品种来源	保存单位	粒性	育性	染色体倍性	花粉量	种株株型	结实密度（粒 /10cm）	种子千粒重（g）	子叶大小	下胚轴色	叶色	叶形	叶柄宽	叶柄长	叶丛型
ZT001634	D01744	J8671	中国黑龙江	国家甜菜种质资源中期库	多	可育	2x	多	混合	19.8	22.0	中	混	淡绿	犁铧形	宽	长	斜立型
ZT001635	D01745	J86711-1	中国黑龙江	国家甜菜种质资源中期库	多	可育	2x	中	混合	22.3	24.0	小	混	淡绿	犁铧形	中	长	斜立型
ZT001636	D01746	J9451	中国黑龙江	国家甜菜种质资源中期库	多	可育	2x	中	混合	24.5	21.0	中	混	绿	犁铧形	中	中	直立型
ZT001637	D01747	T4M47	中国黑龙江	国家甜菜种质资源中期库	多	可育	2x	中	混合	18.5	28.0	中	混	绿	犁铧形	中	长	斜立型
ZT001638	D01748	范一/1-3	中国黑龙江	国家甜菜种质资源中期库	多	可育	4x	多	多茎	16.0	36.0	大	红	浓绿	犁铧形	中	中	斜立型
ZT001639	D01749	202-3	中国黑龙江	国家甜菜种质资源中期库	多	可育	4x	多	多茎	19.6	32.0	大	红	绿	犁铧形	中	中	斜立型
ZT001640	D01750	202-5	中国黑龙江	国家甜菜种质资源中期库	多	可育	4x	多	多茎	20.4	34.0	大	红	浓绿	犁铧形	中	中	斜立型
ZT001641	D01751	2B035-3	中国黑龙江	国家甜菜种质资源中期库	多	可育	2x	多	多茎	19.2	29.0	大	红	绿	犁铧形	中	中	斜立型
ZT001642	D01752	211 杂 -1	中国黑龙江	国家甜菜种质资源中期库	多	可育	2x	多	多茎	25.0	25.0	大	红	浓绿	犁铧形	中	中	斜立型
ZT001643	D01753	211 杂 -3	中国黑龙江	国家甜菜种质资源中期库	多	可育	2x	多	多茎	20.4	31.0	大	红	绿	犁铧形	中	中	斜立型
ZT001644	D01754	4N102-2	中国黑龙江	国家甜菜种质资源中期库	多	可育	4x	多	多茎	16.0	34.0	大	红	绿	犁铧形	中	中	斜立型
ZT001645	D01755	4N015-2	中国黑龙江	国家甜菜种质资源中期库	多	可育	4x	多	多茎	23.2	30.0	大	红	浓绿	犁铧形	中	中	斜立型
ZT001646	D01756	4N262-2	中国黑龙江	国家甜菜种质资源中期库	多	可育	4x	多	多茎	20.8	36.0	大	红	浓绿	犁铧形	中	中	斜立型
ZT001647	D01757	96012P	中国黑龙江	国家甜菜种质资源中期库	多	可育	2x	多	多茎	16.0	29.0	大	红	绿	犁铧形	中	中	斜立型
ZT001648	D01758	96079P	中国黑龙江	国家甜菜种质资源中期库	多	可育	2x	多	多茎	19.8	32.0	大	红	浓绿	犁铧形	中	中	斜立型

（续）

叶数（片）	块根形状	根头大小	根沟深浅	根皮光滑度	根肉色	肉质粗细	维管束环数（个）	经济类型	苗期生长势	幼苗百株重（g）	褐斑病	块根产量（t/hm²）	蔗糖含量（%）	蔗糖产量（t/hm²）	钾含量（mmol/100g）	钠含量（mmol/100g）	氮含量（mmol/100g）	当年抽薹率（%）
21.3	圆锥形	小	浅	不光滑	白	细	7	NZ	中	1250.00	HR	20.23	17.52	3.54	3.780	1.130	1.010	0.00
25.3	圆锥形	小	深	光滑	白	细	8	Z	较旺	1083.30	HR	17.50	15.43	2.70	3.160	1.420	0.680	0.00
22.4	圆锥形	小	浅	光滑	白	细	8	Z	中	1000.00	HR	21.79	17.62	3.84	3.410	0.680	0.990	0.00
21.9	圆锥形	小	浅	光滑	白	细	6	Z	较旺	1366.70	HR	20.45	17.52	3.58	3.380	0.720	0.730	0.00
31.2	圆锥形	小	浅	光滑	白	细	9	EZ	较旺	1095.40	R	48.22	17.70	8.54	3.450	3.060	1.960	0.00
26.4	圆锥形	小	浅	光滑	白	细	8	EZ	旺	1074.20	R	49.87	18.80	9.38	3.820	3.240	1.470	0.00
28.2	圆锥形	小	浅	光滑	白	细	10	EZ	较旺	1154.30	R	52.40	17.60	9.22	3.260	3.180	1.450	0.00
27.8	圆锥形	小	浅	光滑	白	细	10	EZ	较旺	1035.20	R	43.25	16.30	7.05	3.070	3.200	1.650	0.00
28.2	圆锥形	小	浅	光滑	白	细	9	EZ	旺	1105.60	R	55.65	17.60	9.79	3.420	3.250	1.080	0.00
30.4	圆锥形	小	浅	光滑	白	细	10	EZ	旺	1057.60	R	56.82	16.30	9.26	3.120	3.270	1.850	0.00
25.8	圆锥形	小	浅	光滑	白	细	10	EZ	旺	1045.60	R	49.54	16.80	8.32	3.560	3.440	2.050	0.00
25.4	圆锥形	小	浅	光滑	白	细	10	EZ	旺	1156.80	R	54.68	18.30	10.01	3.420	3.500	1.350	0.00
31.4	圆锥形	小	浅	光滑	白	细	9	EZ	旺	1065.60	R	47.84	17.60	8.42	3.240	3.250	1.550	0.00
28.4	圆锥形	小	浅	光滑	白	细	9	EZ	较旺	1045.60	R	46.54	16.90	7.87	3.160	3.150	1.850	0.00
26.8	圆锥形	小	浅	光滑	白	细	9	EZ	旺	1055.40	R	51.69	17.40	8.99	3.080	3.510	1.470	0.00

统一编号	保存编号	品种名称	品种来源	保存单位	粒性	育性	染色体倍性	花粉量	种株株型	结实密度（粒/10cm）	种子千粒重（g）	子叶大小	下胚轴色	叶色	叶形	叶柄宽	叶柄长	叶丛型
ZT001649	D01759	AJI-4-8	中国黑龙江	国家甜菜种质资源中期库	多	可育	4*x*	多	多茎	17.6	35.0	大	红	绿	犁铧形	中	中	斜立型
ZT001650	D01760	JV34-1	中国黑龙江	国家甜菜种质资源中期库	单	可育	2*x*	多	多茎	20.2	16.0	大	红	绿	犁铧形	中	中	斜立型
ZT001651	D01761	JV809-2原	中国黑龙江	国家甜菜种质资源中期库	单	可育	2*x*	多	多茎	22.2	17.0	大	红	绿	犁铧形	中	中	斜立型
ZT001652	D01762	JV834-1	中国黑龙江	国家甜菜种质资源中期库	单	可育	2*x*	多	多茎	19.7	18.0	大	红	绿	犁铧形	中	中	斜立型
ZT001653	D01763	JV834-1大	中国黑龙江	国家甜菜种质资源中期库	单	可育	2*x*	多	多茎	19.6	15.0	大	红	浓绿	犁铧形	中	中	斜立型
ZT001654	D01764	JV834-2	中国黑龙江	国家甜菜种质资源中期库	单	可育	2*x*	多	多茎	23.4	18.0	大	红	浓绿	犁铧形	中	中	斜立型
ZT001655	D01765	KWS0143-3	中国黑龙江	国家甜菜种质资源中期库	多	可育	2*x*	多	多茎	17.8	25.0	大	红	绿	犁铧形	中	中	斜立型
ZT001656	D01766	KWS5075-2	中国黑龙江	国家甜菜种质资源中期库	多	可育	2*x*	多	多茎	17.8	22.0	大	红	浓绿	犁铧形	中	中	斜立型
ZT001657	D01767	W848-2	中国黑龙江	国家甜菜种质资源中期库	多	可育	2*x*	多	多茎	24.0	30.0	大	红	浓绿	犁铧形	中	中	斜立型
ZT001658	D01768	W856-2	中国黑龙江	国家甜菜种质资源中期库	多	可育	2*x*	多	多茎	16.0	34.0	大	红	浓绿	犁铧形	中	中	斜立型
ZT001659	D11028	880260单	荷兰	国家甜菜种质资源中期库	多	可育	2*x*	多	单茎	24.7	15.0	大	红	绿	犁铧形	窄	短	斜立型
ZT001660	D19044	雅尔图什科夫糖用甜菜	俄罗斯	国家甜菜种质资源中期库	多	可育	2*x*	中	单茎	21.6	30.5	大	红	淡绿	犁铧形	窄	短	斜立型
ZT001661	D01769	94003-1-1	中国黑龙江	国家甜菜种质资源中期库	多	可育	2*x*	多	单茎	17.4	34.0	中	混	淡绿	犁铧形	中	中	斜立型
ZT001662	D01770	94006-1-1	中国黑龙江	国家甜菜种质资源中期库	多	可育	2*x*	中	单茎	21.8	32.5	大	混	浓绿	犁铧形	宽	长	斜立型
ZT001663	D01771	94004-1-1/1	中国黑龙江	国家甜菜种质资源中期库	多	可育	2*x*	中	单茎	21.8	23.0	中	混	浓绿	犁铧形	中	长	斜立型

（续）

叶数（片）	块根形状	根头大小	根沟深浅	根皮光滑度	根肉色	肉质粗细	维管束环数（个）	经济类型	苗期生长势	幼苗百株重（g）	褐斑病	块根产量（t/hm²）	蔗糖含量（%）	蔗糖产量（t/hm²）	钾含量（mmol/100g）	钠含量（mmol/100g）	氮含量（mmol/100g）	当年抽薹率（%）
31.2	圆锥形	小	浅	光滑	白	细	9	EZ	旺	1077.50	R	55.87	17.40	9.72	3.230	3.080	1.040	0.00
30.4	圆锥形	小	浅	光滑	白	细	9	EZ	旺	1024.50	R	45.79	16.90	8.47	3.210	3.450	1.980	0.00
26.8	圆锥形	小	浅	光滑	白	细	9	EZ	较旺	1044.30	R	47.22	16.40	8.08	3.220	3.080	1.350	0.00
31.2	圆锥形	小	浅	光滑	白	细	8	EZ	旺	1022.60	R	42.57	16.80	7.15	3.540	3.220	1.650	0.00
28.4	圆锥形	小	浅	光滑	白	细	9	EZ	旺	1069.50	R	44.87	16.40	7.36	3.650	3.230	1.840	0.00
31.4	圆锥形	小	浅	光滑	白	细	10	EZ	较旺	997.40	R	42.34	16.70	7.07	3.440	3.470	2.040	0.00
28.2	圆锥形	小	浅	光滑	白	细	8	EZ	较旺	1077.40	R	52.89	16.80	8.89	3.430	3.060	1.460	0.00
26.0	圆锥形	小	浅	光滑	白	细	9	EZ	旺	986.50	R	54.86	16.40	9.00	3.210	3.120	1.320	0.00
29.2	圆锥形	小	浅	光滑	白	细	8	EZ	旺	1033.70	R	44.57	18.70	8.33	3.780	3.240	1.960	0.00
28.0	圆锥形	小	浅	光滑	白	细	8	EZ	旺	1049.60	R	52.42	17.60	9.23	3.450	3.180	1.870	0.00
31.7	圆锥形	小	深	不光滑	白	细	9	LL	中	1700.00	HS	7.71	14.80	1.14	3.160	9.970	1.270	0.00
34.4	圆锥形	大	深	不光滑	白	粗	7	E	旺	1950.00	HR	47.58	13.06	6.21	4.740	4.140	3.170	0.00
33.9	圆锥形	小	浅	光滑	白	细	7	N	较旺	750.00	HR	29.90	13.75	4.11	3.810	3.040	4.690	0.00
40.1	圆锥形	小	浅	不光滑	白	细	8	EZ	较旺	773.30	HR	36.69	14.59	5.36	4.030	2.930	4.980	0.00
37.1	圆锥形	大	深	不光滑	白	粗	7	EZ	旺	870.00	HR	37.80	14.57	5.51	4.090	2.430	6.900	0.00

统一编号	保存编号	品种名称	品种来源	保存单位	粒性	育性	染色体倍性	花粉量	种株株型	结实密度（粒 /10cm）	种子千粒重（g）	子叶大小	下胚轴色	叶色	叶形	叶柄宽	叶柄长	叶丛型
ZT001664	D01772	92017-2-1/1	中国黑龙江	国家甜菜种质资源中期库	多	可育	$2x$	多	混合	21.9	31.5	大	混	绿色	犁铧形	宽	中	斜立型
ZT001665	D01773	94002-2-1/1	中国黑龙江	国家甜菜种质资源中期库	多	可育	$2x$	多	单茎	18.5	32.5	中	混	绿色	犁铧形	中	中	斜立型
ZT001666	D01774	H9010	中国黑龙江	国家甜菜种质资源中期库	多	可育	$2x$	中	单茎	22.2	28.5	中	绿	绿	犁铧形	中	短	斜立型
ZT001667	D01775	92015-2-3	中国黑龙江	国家甜菜种质资源中期库	多	可育	$2x$	中	单茎	20.2	30.0	大	绿	绿	犁铧形	窄	中	斜立型
ZT001668	D01776	单－双粒种“O”	中国黑龙江	国家甜菜种质资源中期库	多	可育	$2x$	少	混合	17.0	18.0	中	红	淡绿	犁铧形	窄	中	斜立型
ZT001669	D01777	单－双粒种“MS”	中国黑龙江	国家甜菜种质资源中期库	多	不育	$2x$	少	混合	20.4	18.0	大	红	淡绿	犁铧形	窄	中	斜立型
ZT001670	D01778	780016A/3 优	中国黑龙江	国家甜菜种质资源中期库	多	可育	$2x$	中	混合	20.2	25.5	中	混	浓绿	犁铧形	宽	中	斜立型
ZT001671	D01779	780041B 丰	中国黑龙江	国家甜菜种质资源中期库	多	可育	$2x$	多	多茎	25.4	23.5	中	红	浓绿	犁铧形	中	中	斜立型
ZT001672	D01780	102AB（4）	中国黑龙江	国家甜菜种质资源中期库	多	可育	$2x$	中	混合	25.0	20.0	大	混	浓绿	犁铧形	宽	中	斜立型
ZT001673	D01781	7917/120	中国黑龙江	国家甜菜种质资源中期库	多	可育	$2x$	中	混合	21.6	25.0	大	红	绿色	犁铧形	宽	短	斜立型
ZT001674	D01782	Ⅱ 80612-1	中国黑龙江	国家甜菜种质资源中期库	多	可育	$2x$	多	单茎	26.0	32.0	大	红	浓绿	犁铧形	宽	中	斜立型
ZT001675	D01783	B8035	中国黑龙江	国家甜菜种质资源中期库	多	可育	$2x$	多	单茎	20.6	27.0	大	混	浓绿	犁铧形	宽	中	斜立型
ZT001676	D01784	D90M9	中国黑龙江	国家甜菜种质资源中期库	多	可育	$2x$	中	混合	18.2	28.5	大	红	浓绿	犁铧形	宽	长	斜立型
ZT001677	D01785	H104	中国黑龙江	国家甜菜种质资源中期库	多	可育	$2x$	中	单茎	23.2	28.0	大	混	淡绿	犁铧形	中	长	斜立型
ZT001678	D01786	H0312	中国黑龙江	国家甜菜种质资源中期库	多	可育	$2x$	中	多茎	24.1	22.0	大	混	淡绿	犁铧形	中	短	斜立型

（续）

叶数（片）	块根形状	根头大小	根沟深浅	根皮光滑度	根肉色	肉质粗细	维管束环数（个）	经济类型	苗期生长势	幼苗百株重（g）	褐斑病	块根产量（t/hm²）	蔗糖含量（%）	蔗糖产量（t/hm²）	钾含量（mmol/100g）	钠含量（mmol/100g）	氮含量（mmol/100g）	当年抽薹率（%）
38.7	圆锥形	大	深	光滑	白	细	7	N	旺	916.70	HR	24.39	11.68	2.85	4.010	3.810	5.260	0.00
36.3	圆锥形	小	深	光滑	白	粗	9	N	较旺	830.00	HR	33.86	12.68	4.29	3.720	3.910	4.740	0.00
34.1	楔形	小	浅	光滑	白	细	8	Z	较旺	875.00	HR	18.11	14.24	2.58	4.480	4.500	3.160	0.00
42.1	圆锥形	大	深	不光滑	白	细	8	EZ	中	1159.00	R	31.44	17.70	5.56	3.270	1.690	2.550	0.00
22.3	圆锥形	小	深	不光滑	白	粗	6	LL	中	1178.00	MS	2.35	13.52	0.32	3.660	5.400	2.300	0.00
21.4	圆锥形	大	浅	光滑	白	粗	9	LL	较旺	1000.00	MS	1.68	12.68	0.21	4.020	5.510	2.490	0.00
26.7	圆锥形	大	浅	光滑	白	细	6	E	较旺	972.30	HR	43.51	15.76	6.86	4.430	2.460	3.630	0.00
27.0	圆锥形	大	浅	光滑	白	细	9	EZ	较旺	1055.30	R	30.05	13.16	3.95	3.810	4.510	2.400	0.00
40.6	圆锥形	大	深	不光滑	白	细	9	NZ	较旺	863.30	HR	29.19	13.99	4.08	2.940	3.450	4.660	0.00
43.9	圆锥形	大	浅	光滑	白	粗	7	NZ	较旺	760.00	HR	30.68	15.13	4.65	3.250	3.510	4.160	0.00
39.9	圆锥形	大	深	不光滑	白	粗	8	N	较旺	870.00	R	23.36	11.62	2.71	3.690	5.350	4.960	0.00
24.0	圆锥形	小	浅	光滑	白	细	6	N	较旺	677.30	MR	28.54	14.74	4.21	3.830	1.720	2.140	0.00
38.8	圆锥形	小	浅	光滑	白	细	7	N	较旺	953.30	HR	27.30	13.46	3.67	3.890	3.240	5.030	0.00
33.6	圆锥形	小	浅	光滑	白	细	9	N	中	653.30	R	31.82	14.03	4.46	3.970	2.370	1.980	0.00
33.1	圆锥形	小	浅	光滑	白	细	9	N	较旺	760.00	R	27.15	14.36	3.90	3.240	3.660	2.150	0.00

统一编号	保存编号	品种名称	品种来源	保存单位	粒性	育性	染色体倍性	花粉量	种株株型	结实密度（粒 /10cm）	种子千粒重（g）	子叶大小	下胚轴色	叶色	叶形	叶柄宽	叶柄长	叶丛型
ZT001679	D01787	T208-2	中国黑龙江	国家甜菜种质资源中期库	多	可育	2x	中	混合	18.3	21.5	中	红	绿	舌形	中	中	斜立型
ZT001680	D01788	T218	中国黑龙江	国家甜菜种质资源中期库	多	可育	2x	多	混合	24.0	23.5	小	混	淡绿	犁铧形	窄	短	斜立型
ZT001681	D01789	T2100	中国黑龙江	国家甜菜种质资源中期库	多	可育	2x	少	多茎	22.0	20.0	大	红	绿	犁铧形	中	长	斜立型
ZT001682	D01790	T2101	中国黑龙江	国家甜菜种质资源中期库	多	可育	2x	多	多茎	22.0	19.5	中	绿	浓绿	犁铧形	中	长	直立型
ZT001683	D01791	T220	中国黑龙江	国家甜菜种质资源中期库	多	可育	2x	多	单茎	22.0	35.5	中	红	绿	犁铧形	中	长	斜立型
ZT001684	D01792	T222	中国黑龙江	国家甜菜种质资源中期库	多	可育	2x	多	多茎	20.0	24.0	大	混	绿	舌形	中	中	斜立型
ZT001685	D01793	T230	中国黑龙江	国家甜菜种质资源中期库	多	可育	2x	中	单茎	20.0	24.0	小	红	绿	犁铧形	中	中	斜立型
ZT001686	D01794	T238	中国黑龙江	国家甜菜种质资源中期库	多	可育	2x	多	单茎	21.0	23.5	大	红	绿	舌形	中	长	斜立型
ZT001687	D01795	T255	中国黑龙江	国家甜菜种质资源中期库	多	可育	2x	少	混合	21.0	25.5	中	红	绿	犁铧形	中	长	斜立型
ZT001688	D01796	T257	中国黑龙江	国家甜菜种质资源中期库	多	可育	2x	中	混合	23.0	27.0	大	混	绿	犁铧形	中	长	斜立型
ZT001689	D01797	T258	中国黑龙江	国家甜菜种质资源中期库	多	可育	2x	多	混合	21.0	25.0	中	混	绿	犁铧形	中	长	斜立型
ZT001690	D01798	T271-2	中国黑龙江	国家甜菜种质资源中期库	多	可育	2x	中	混合	24.0	20.0	小	混	绿	柳叶形	中	长	斜立型
ZT001691	D01799	T273	中国黑龙江	国家甜菜种质资源中期库	多	可育	2x	中	多茎	20.0	23.5	小	混	绿	犁铧形	中	中	斜立型
ZT001692	D01800	T292	中国黑龙江	国家甜菜种质资源中期库	多	可育	2x	多	混合	17.3	22.5	中	红	绿	犁铧形	中	中	斜立型
ZT001693	D01801	T401	中国黑龙江	国家甜菜种质资源中期库	多	可育	4x	多	多茎	16.5	40.5	大	混	绿	舌形	中	短	匍匐型

（续）

叶数（片）	块根形状	根头大小	根沟深浅	根皮光滑度	根肉色	肉质粗细	维管束环数（个）	经济类型	苗期生长势	幼苗百株重（g）	褐斑病	块根产量（t/hm²）	蔗糖含量（%）	蔗糖产量（t/hm²）	钾含量（mmol/100g）	钠含量（mmol/100g）	氮含量（mmol/100g）	当年抽薹率（%）
31.0	圆锥形	中	浅	不光滑	白	中	9	E	中	1490.00	R	49.90	10.34	6.82	4.170	7.330	2.740	0.00
32.0	楔形	中	浅	较光滑	白	中	7	E	中	1590.00	R	42.22	13.31	6.18	3.520	5.160	1.930	0.00
32.0	楔形	中	深	较光滑	白	中	10	EZ	旺	1960.00	R	63.03	13.89	9.26	3.560	4.770	3.970	0.00
33.5	楔形	中	深	较光滑	白	中	7	EZ	旺	2420.00	R	66.06	11.59	9.19	4.180	6.220	3.130	0.00
37.0	纺锤形	中	不明显	不光滑	白	中	7	EZ	中	1650.00	MS	39.80	11.55	5.34	3.760	6.780	2.650	0.00
29.0	纺锤形	中	浅	较光滑	白	中	5	EZ	旺	2380.00	R	50.51	12.87	6.74	3.810	5.210	3.020	0.00
31.0	纺锤形	中	深	较光滑	白	中	6	EZ	旺	2710.00	HR	45.45	12.19	6.23	3.490	5.760	2.600	0.00
29.5	楔形	中	深	不光滑	白	中	8	EZ	旺	1930.00	MR	52.53	12.50	7.84	3.240	6.010	2.400	0.00
30.0	圆锥形	中	深	较光滑	白	中	8	EZ	旺	2060.00	MR	56.97	12.58	7.89	4.070	6.310	2.800	0.00
29.0	圆锥形	中	不明显	较光滑	白	中	9	EZ	旺	2040.00	R	46.26	11.94	6.18	3.670	5.910	2.740	0.00
27.5	纺锤形	中	浅	较光滑	白	中	6	EZ	旺	1980.00	R	48.89	12.55	6.46	3.960	5.720	1.920	0.00
28.0	纺锤形	中	不明显	不光滑	白	粗	9	EZ	较旺	1750.00	R	52.32	12.97	8.28	4.410	5.480	3.250	0.00
29.0	纺锤形	中	浅	不光滑	白	中	8	EZ	中	1550.00	R	45.45	11.97	6.51	3.890	6.370	2.260	0.00
37.0	圆锥形	中	浅	较光滑	白	细	7	EZ	较旺	1820.00	MR	49.50	11.94	6.77	4.520	5.490	6.490	0.00
33.5	纺锤形	中	不明显	不光滑	白	中	8	N	旺	3080.00	MS	32.73	10.20	4.24	4.130	7.680	2.140	0.00

统一编号	保存编号	品种名称	品种来源	保存单位	粒性	育性	染色体倍性	花粉量	种株株型	结实密度（粒 /10cm）	种子千粒重（g）	子叶大小	下胚轴色	叶色	叶形	叶柄宽	叶柄长	叶丛型
ZT001694	D01802	T402–1	中国黑龙江	国家甜菜种质资源中期库	多	可育	4x	多	多茎	15.0	36.0	中	混	绿	犁铧形	宽	短	斜立型
ZT001695	D01803	T403	中国黑龙江	国家甜菜种质资源中期库	多	可育	4x	多	单茎	16.0	36.5	大	混	绿	舌形	宽	中	斜立型
ZT001696	D01804	T407	中国黑龙江	国家甜菜种质资源中期库	多	可育	4x	多	多茎	15.0	31.5	大	红	淡绿	舌形	宽	中	斜立型
ZT001697	D01805	T408–2	中国黑龙江	国家甜菜种质资源中期库	多	可育	4x	中	多茎	22.0	30.5	大	混	绿	犁铧形	中	短	匍匐型
ZT001698	D05097	266101（单）	美国	国家甜菜种质资源中期库	多	可育	2x	中	单茎	31.0	19.5	大	绿	浓绿	犁铧形	中	中	斜立型
ZT001699	D11029	BASTION 繁	荷兰	国家甜菜种质资源中期库	多	可育	2x	中	单茎	22.6	24.0	大	红	淡绿	圆扇形	宽	中	斜立型
ZT001700	D11030	RIMA 繁	荷兰	国家甜菜种质资源中期库	多	可育	2x	少	单茎	24.0	23.0	大	混	浓绿	舌形	细	中	斜立型
ZT001701	D19045	Л 杂种	俄罗斯	国家甜菜种质资源中期库	多	可育	2x	多	混合	21.8	25.5	小	混	绿	犁铧形	中	中	斜立型
ZT001702	D01806	T211	中国黑龙江	国家甜菜种质资源中期库	多	可育	2x	中	多茎	21.0	24.5	大	红	绿	犁铧形	宽	长	斜立型
ZT001703	D01807	T212–3	中国黑龙江	国家甜菜种质资源中期库	多	可育	2x	多	多茎	20.0	30.0	大	混	绿	犁铧形	中	长	斜立型
ZT001704	D01808	T214–3	中国黑龙江	国家甜菜种质资源中期库	多	可育	2x	多	多茎	20.0	31.0	大	混	绿	舌形	中	长	斜立型
ZT001705	D01809	T219–1	中国黑龙江	国家甜菜种质资源中期库	多	可育	2x	多	多茎	20.0	28.5	中	混	绿	舌形	宽	短	斜立型
ZT001706	D01810	T221	中国黑龙江	国家甜菜种质资源中期库	多	可育	2x	多	多茎	21.0	34.0	大	红	绿	舌形	宽	中	斜立型
ZT001707	D01811	T225	中国黑龙江	国家甜菜种质资源中期库	多	可育	2x	中	多茎	18.0	34.0	大	绿	绿	舌形	宽	中	斜立型
ZT001708	D01812	T227	中国黑龙江	国家甜菜种质资源中期库	多	可育	2x	中	单茎	21.0	29.0	大	红	绿	舌形	宽	中	斜立型

（续）

叶数（片）	块根形状	根头大小	根沟深浅	根皮光滑度	根肉色	肉质粗细	维管束环数（个）	经济类型	苗期生长势	幼苗百株重（g）	褐斑病	块根产量（t/hm²）	蔗糖含量（%）	蔗糖产量（t/hm²）	钾含量（mmol/100g）	钠含量（mmol/100g）	氮含量（mmol/100g）	当年抽薹率（%）
26.0	纺锤形	中	不明显	不光滑	白	中	7	EZ	较旺	1870.00	R	51.11	13.00	7.64	3.840	5.620	2.400	0.00
32.0	纺锤形	中	不明显	较光滑	白	中	7	EZ	旺	2730.00	R	53.94	12.65	7.62	4.050	5.470	4.400	0.00
29.0	纺锤形	中	不明显	较光滑	白	粗	5	E	旺	1950.00	MR	31.11	9.62	3.53	3.810	7.160	2.370	0.00
22.0	纺锤形	中	不明显	不光滑	白	粗	9	N	中	1760.00	MS	25.45	12.00	3.18	3.480	5.210	2.120	0.00
39.6	圆锥形	中	深	光滑	白	中	10	LL	旺	1217.00	R	17.93	11.67	2.09	3.387	5.412	1.202	0.00
26.2	圆锥形	小	浅	光滑	白	细	8	EZ	较旺	2733.00	R	46.92	14.50	6.77	3.010	1.730	0.940	0.00
25.0	楔形	小	深	光滑	白	细	7	EZ	旺	2550.00	HR	49.50	15.00	7.42	3.230	2.050	1.790	0.00
42.8	圆锥形	中	深	不光滑	白	细	9	EZ	中	756.00	HR	42.12	16.06	6.76	3.765	2.140	2.970	0.00
34.0	纺锤形	中	不明显	光滑	白	中	8	E	旺	2300.00	MR	41.41	10.88	5.19	2.890	7.290	1.880	0.00
29.5	楔形	大	深	较光滑	白	中	6	EZ	较旺	1550.00	MS	36.16	15.50	5.61	4.770	5.440	5.340	0.00
37.5	圆锥形	大	浅	较光滑	白	中	7	EZ	较旺	1750.00	MR	32.93	14.60	4.84	5.630	5.700	5.520	0.00
28.0	纺锤形	大	深	较光滑	白	粗	6	EZ	较旺	1850.00	MS	34.34	15.40	5.28	6.510	5.190	3.890	0.00
30.0	楔形	大	深	较光滑	白	中	6	EZ	中	1650.00	MS	30.30	15.20	4.62	6.390	5.200	4.250	0.00
26.5	楔形	大	深	较光滑	白	中	7	EZ	较旺	2500.00	R	33.54	15.10	5.06	5.000	5.940	3.810	0.00
30.5	楔形	大	深	较光滑	白	中	6	EZ	较旺	2350.00	MR	43.03	16.40	7.05	4.690	4.610	4.700	0.00

统一编号	保存编号	品种名称	品种来源	保存单位	粒性	育性	染色体倍性	花粉量	种株株型	结实密度（粒 /10cm）	种子千粒重（g）	子叶大小	下胚轴色	叶色	叶形	叶柄宽	叶柄长	叶丛型
ZT001709	D01813	T239	中国黑龙江	国家甜菜种质资源中期库	多	可育	2*x*	多	多茎	24.0	32.0	大	混	浓绿	舌形	宽	长	斜立型
ZT001710	D01814	T268	中国黑龙江	国家甜菜种质资源中期库	多	可育	2*x*	多	多茎	20.0	26.0	大	红	淡绿	舌形	中	长	斜立型
ZT001711	D01815	T269–2	中国黑龙江	国家甜菜种质资源中期库	多	可育	2*x*	多	多茎	27.0	29.5	大	混	绿	舌形	中	短	斜立型
ZT001712	D01816	T270	中国黑龙江	国家甜菜种质资源中期库	多	可育	2*x*	中	多茎	22.0	34.5	中	红	绿	舌形	中	中	斜立型
ZT001713	D01817	T272–2	中国黑龙江	国家甜菜种质资源中期库	多	可育	2*x*	多	多茎	26.0	37.0	大	红	绿	舌形	中	中	斜立型
ZT001714	D01818	T274	中国黑龙江	国家甜菜种质资源中期库	多	可育	2*x*	中	单茎	22.0	27.5	大	混	绿	舌形	中	长	匍匐型
ZT001715	D01819	T281	中国黑龙江	国家甜菜种质资源中期库	多	可育	2*x*	多	多茎	23.0	30.0	大	混	绿	舌形	宽	中	斜立型
ZT001716	D01820	T282	中国黑龙江	国家甜菜种质资源中期库	多	可育	2*x*	多	混合	21.0	30.5	中	混	绿	犁铧形	中	中	斜立型
ZT001717	D01821	T285–3	中国黑龙江	国家甜菜种质资源中期库	多	可育	2*x*	多	多茎	22.0	24.0	大	绿	绿	舌形	中	长	斜立型
ZT001718	D01822	T288–3	中国黑龙江	国家甜菜种质资源中期库	多	可育	2*x*	中	多茎	26.0	33.5	大	混	绿	舌形	中	长	斜立型
ZT001719	D01823	T403–2	中国黑龙江	国家甜菜种质资源中期库	多	可育	4*x*	多	单茎	23.0	43.0	大	红	淡绿	舌形	宽	中	斜立型
ZT001720	D01824	T422	中国黑龙江	国家甜菜种质资源中期库	多	可育	4*x*	中	混合	21.9	29.0	大	红	淡绿	犁铧形	宽	长	斜立型
ZT001721	D01825	T426	中国黑龙江	国家甜菜种质资源中期库	多	可育	4*x*	中	多茎	20.0	33.5	大	混	绿	犁铧形	中	短	斜立型
ZT001722	D01826	T2100–2	中国黑龙江	国家甜菜种质资源中期库	多	可育	2*x*	中	多茎	21.0	25.0	大	混	绿	舌形	中	长	斜立型
ZT001723	D01827	T2103	中国黑龙江	国家甜菜种质资源中期库	多	可育	2*x*	多	混合	22.0	46.0	大	混	绿色	犁铧形	宽	长	斜立型

（续）

叶数（片）	块根形状	根头大小	根沟深浅	根皮光滑度	根肉色	肉质粗细	维管束环数（个）	经济类型	苗期生长势	幼苗百株重（g）	褐斑病	块根产量（t/hm²）	蔗糖含量（%）	蔗糖产量（t/hm²）	钾含量（mmol/100g）	钠含量（mmol/100g）	氮含量（mmol/100g）	当年抽薹率（%）
31.5	圆锥形	小	浅	较光滑	白	细	9	EZ	较旺	760.00	HR	31.69	14.86	4.71	3.520	2.130	2.650	0.00
29.0	楔形	大	深	较光滑	白	中	7	EZ	旺	2100.00	R	47.07	14.40	6.77	6.460	4.010	7.450	0.00
28.5	楔形	大	深	较光滑	白	中	7	EZ	较旺	2250.00	R	31.92	16.50	5.26	4.720	4.610	3.510	0.00
29.0	楔形	中	深	较光滑	白	粗	6	N	中	1150.00	MS	20.81	15.70	3.27	4.610	4.850	3.710	0.00
31.0	楔形	大	深	较光滑	白	中	7	EZ	中	1600.00	MR	30.91	16.60	5.10	4.330	4.710	3.900	0.00
29.5	楔形	大	深	较光滑	白	中	7	EZ	旺	2550.00	R	38.79	14.80	5.67	5.530	6.120	3.280	0.00
29.0	楔形	大	深	较光滑	白	中	7	EZ	较旺	2000.00	MR	33.13	15.80	5.23	4.270	4.900	3.080	0.00
30.5	楔形	大	深	较光滑	白	中	7	N	中	1300.00	MS	27.88	12.30	3.53	6.140	7.330	2.930	0.00
29.0	楔形	大	深	较光滑	白	中	8	N	较旺	2000.00	R	33.94	13.80	4.72	6.070	5.560	2.570	0.00
32.5	楔形	大	浅	较光滑	白	中	7	N	中	2500.00	R	34.14	14.00	4.80	4.590	5.230	4.330	0.00
26.2	圆锥形	大	深	较光滑	白	中	5	N	较旺	1900.00	MR	36.36	13.40	4.81	6.210	4.510	3.980	0.00
32.1	圆锥形	小	浅	光滑	白	粗	7	N	较旺	806.70	R	36.62	15.10	5.51	5.650	2.370	4.330	0.00
32.5	圆锥形	大	浅	较光滑	白	中	7	N	中	1500.00	MS	32.12	14.20	4.54	5.010	6.170	2.290	0.00
29.5	纺锤形	中	浅	较光滑	白	中	8	E	较旺	2550.00	R	44.04	14.20	6.25	4.280	4.200	6.010	0.00
34.4	圆锥形	小	浅	光滑	白	细	9	N	较旺	1030.00	HR	32.63	14.44	4.71	4.060	2.390	5.440	0.00

统一编号	保存编号	品种名称	品种来源	保存单位	粒性	育性	染色体倍性	花粉量	种株株型	结实密度（粒/10cm）	种子千粒重（g）	子叶大小	下胚轴色	叶色	叶形	叶柄宽	叶柄长	叶丛型
ZT001724	D01828	T2104	中国黑龙江	国家甜菜种质资源中期库	多	可育	2x	中	单茎	25.0	32.0	大	混	浓绿	犁铧形	宽	长	斜立型
ZT001725	D01829	T408	中国黑龙江	国家甜菜种质资源中期库	多	可育	4x	多	多茎	22.0	30.0	大	混	淡绿	犁铧形	中	中	斜立型
ZT001726	D01830	2006024	中国黑龙江	国家甜菜种质资源中期库	多	可育	2x	中	混合	25.8	22.5	大	混	淡绿	犁铧形	中	中	斜立型
ZT001727	D01831	2007018	中国黑龙江	国家甜菜种质资源中期库	多	可育	2x	中	多茎	20.4	31.0	大	混	淡绿	犁铧形	宽	中	斜立型
ZT001728	D01832	200303-1/1	中国黑龙江	国家甜菜种质资源中期库	多	可育	2x	中	混合	21.3	21.0	大	混	淡绿	犁铧形	中	长	斜立型
ZT001729	D01833	2005004	中国黑龙江	国家甜菜种质资源中期库	多	可育	2x	中	混合	22.3	27.5	中	红	淡绿	犁铧形	窄	中	斜立型
ZT001730	D01834	71-②（D）	中国黑龙江	国家甜菜种质资源中期库	多	可育	2x	中	混合	21.7	28.0	大	混	淡绿	犁铧形	宽	长	斜立型
ZT001731	D01835	7626-1	中国黑龙江	国家甜菜种质资源中期库	多	可育	2x	中	混合	19.0	26.0	大	混	浓绿	犁铧形	宽	长	斜立型
ZT001732	D01836	78551-1	中国黑龙江	国家甜菜种质资源中期库	多	可育	2x	多	混合	24.4	26.5	大	混	绿	犁铧形	宽	中	斜立型
ZT001733	D01837	78409-1	中国黑龙江	国家甜菜种质资源中期库	多	可育	2x	多	单茎	18.8	28.5	大	红	绿	犁铧形	宽	长	斜立型
ZT001734	D01838	79875-1	中国黑龙江	国家甜菜种质资源中期库	多	可育	2x	中	混合	22.9	23.0	中	混	绿	犁铧形	宽	中	斜立型
ZT001735	D01939	780024B/12丰	中国黑龙江	国家甜菜种质资源中期库	多	可育	2x	多	多茎	18.5	28.5	大	混	绿	犁铧形	中	短	斜立型
ZT001737	D01841	83461/1	中国黑龙江	国家甜菜种质资源中期库	多	可育	4x	中	混合	20.3	30.5	大	红	淡绿	犁铧形	中	中	斜立型
ZT001738	D01842	7504小	中国黑龙江	国家甜菜种质资源中期库	多	可育	2x	中	单茎	16.3	34.5	大	红	淡绿	犁铧形	中	长	斜立型

（续）

叶数（片）	块根形状	根头大小	根沟深浅	根皮光滑度	根肉色	肉质粗细	维管束环数（个）	经济类型	苗期生长势	幼苗百株重（g）	褐斑病	块根产量（t/hm²）	蔗糖含量（%）	蔗糖产量（t/hm²）	钾含量（mmol/100g）	钠含量（mmol/100g）	氮含量（mmol/100g）	当年抽薹率（%）
37.4	圆锥形	小	深	光滑	白	粗	6	N	旺	943.30	HR	34.44	15.11	5.20	3.900	1.630	5.220	0.00
21.5	圆锥形	中	浅	不光滑	白	中	9	EZ	旺	2000.00	HR	39.70	15.97	6.27	4.040	1.720	2.975	0.00
27.0	圆锥形	小	浅	光滑	白	粗	6	N	较旺	721.80	MS	22.47	11.24	2.53	4.240	4.880	1.690	0.00
28.7	圆锥形	大	浅	光滑	白	粗	9	N	中	404.60	MR	18.46	12.95	2.39	4.350	6.800	4.440	0.00
25.0	圆锥形	大	浅	光滑	白	细	8	E	较旺	1233.30	MR	49.75	12.67	6.30	4.460	4.630	6.810	0.00
25.6	圆锥形	小	浅	光滑	白	细	8	N	较旺	1344.50	R	36.67	13.84	5.08	4.210	4.810	5.270	0.00
34.5	圆锥形	小	浅	光滑	白	细	9	LL	较旺	833.30	NR	22.73	11.42	2.60	3.360	5.040	1.380	0.00
23.7	圆锥形	大	深	不光滑	白	细	9	EZ	旺	1186.00	HR	43.33	14.84	6.43	4.510	2.330	3.815	0.00
32.3	楔形	中	深	光滑	白	细	8	NZ	较旺	1336.00	S	23.11	15.40	3.56	4.162	5.908	0.483	0.00
34.7	圆锥形	大	深	光滑	白	细	8	NZ	较旺	1020.00	HR	30.81	14.08	4.34	4.040	3.580	4.300	0.00
29.6	楔形	小	深	光滑	白	细	7	EZ	较旺	1500.00	MS	35.99	16.48	5.93	6.320	1.645	2.335	0.00
28.1	圆锥形	大	浅	光滑	白	细	7	N	较旺	596.80	HR	18.28	13.83	2.53	4.430	5.570	5.460	0.00
35.0	楔形	大	中	光滑	白	细	9	N	较旺	1232.00	S	26.46	13.66	1.38	3.387	5.412	1.202	0.00
34.3	圆锥形	小	深	不光滑	白	粗	9	N	较旺	520.00	R	22.73	13.44	3.05	4.110	3.340	2.640	0.00

统一编号	保存编号	品种名称	品种来源	保存单位	粒性	育性	染色体倍性	花粉量	种株株型	结实密度（粒/10cm）	种子千粒重（g）	子叶大小	下胚轴色	叶色	叶形	叶柄宽	叶柄长	叶丛型
ZT001739	D01843	96001/3 红	中国黑龙江	国家甜菜种质资源中期库	多	可育	2x	中	混合	23.6	30.0	大	黄	淡绿	犁铧形	中	短	斜立型
ZT001740	D01844	8/86–81/90（D）	中国黑龙江	国家甜菜种质资源中期库	多	可育	2x	中	混合	22.6	34.5	大	混	浓绿	犁铧形	中	短	斜立型
ZT001741	D01845	8–58（D）	中国黑龙江	国家甜菜种质资源中期库	多	可育	2x	少	多茎	25.0	21.0	中	红	绿	犁铧形	中	长	斜立型
ZT001742	D01846	87–83（D）	中国黑龙江	国家甜菜种质资源中期库	多	可育	2x	中	混合	24.7	25.5	大	红	绿	犁铧形	中	长	斜立型
ZT001743	D01847	8803（D）	中国黑龙江	国家甜菜种质资源中期库	多	可育	2x	多	混合	22.2	27.5	中	混	绿	犁铧形	宽	中	斜立型
ZT001744	D01848	8433–1	中国黑龙江	国家甜菜种质资源中期库	多	可育	2x	中	混合	23.7	23.5	中	混	绿	犁铧形	中	短	斜立型
ZT001745	D01849	80417–1	中国黑龙江	国家甜菜种质资源中期库	多	可育	2x	中	单茎	20.7	28.0	大	混	浓绿	犁铧形	宽	长	斜立型
ZT001746	D01850	92011/1	中国黑龙江	国家甜菜种质资源中期库	多	可育	2x	多	混合	22.7	31.5	中	混	绿	犁铧形	中	中	斜立型
ZT001747	D01851	T416	中国黑龙江	国家甜菜种质资源中期库	多	可育	4x	多	多茎	21.0	33.0	大	红	淡绿	犁铧形	中	中	斜立型
ZT001748	D01852	92012–2–1	中国黑龙江	国家甜菜种质资源中期库	多	可育	2x	多	单茎	22.7	30.0	中	混	淡绿	犁铧形	中	中	斜立型
ZT001749	D01853	92005–3/1	中国黑龙江	国家甜菜种质资源中期库	多	可育	2x	多	单茎	16.7	24.5	大	混	绿	犁铧形	中	中	斜立型
ZT001750	D01854	92008 丰/1	中国黑龙江	国家甜菜种质资源中期库	多	可育	2x	中	混合	24.3	38.0	大	混	绿	犁铧形	中	中	斜立型
ZT001751	D01855	92021–1–1/1 丰	中国黑龙江	国家甜菜种质资源中期库	多	可育	2x	中	多茎	25.4	30.5	大	红	淡绿	犁铧形	窄	中	斜立型
ZT001752	D01856	92017–1–1/1	中国黑龙江	国家甜菜种质资源中期库	多	可育	2x	中	混合	26.0	25.0	中	绿	浓绿	犁铧形	宽	长	斜立型

（续）

叶数（片）	块根形状	根头大小	根沟深浅	根皮光滑度	根肉色	肉质粗细	维管束环数（个）	经济类型	苗期生长势	幼苗百株重（g）	褐斑病	块根产量（t/hm²）	蔗糖含量（%）	蔗糖产量（t/hm²）	钾含量（mmol/100g）	钠含量（mmol/100g）	氮含量（mmol/100g）	当年抽薹率（%）
37.4	圆锥形	小	浅	光滑	白	粗	6	LL	较旺	700.00	R	13.74	7.43	1.02	1.940	10.470	1.150	0.00
42.0	圆锥形	大	深	不光滑	白	粗	7	LL	较旺	1126.70	MS	12.65	6.03	0.76	3.930	8.820	2.310	0.00
36.9	圆锥形	大	浅	光滑	白	粗	9	N	中	1092.00	MR	17.42	12.20	2.13	2.890	4.070	0.960	0.00
29.9	圆锥形	大	浅	不光滑	白	细	8	E	较旺	1840.00	MR	35.23	12.47	4.39	6.675	3.765	2.150	0.00
28.0	楔形	中	中	光滑	白	细	8	EZ	较旺	2000.00	MS	31.69	15.37	4.87	5.465	2.165	2.525	0.00
27.2	圆锥形	大	浅	较光滑	白	细	7	EZ	旺	854.00	MR	30.76	12.93	3.98	1.920	2.810	5.050	0.00
34.4	圆锥形	小	浅	不光滑	白	细	9	N	较旺	800.00	HR	26.24	12.94	3.39	3.940	3.400	5.280	0.00
39.5	圆锥形	中	深	光滑	白	细	9	Z	较旺	1089.00	MS	23.43	16.07	3.77	4.022	3.052	1.548	0.00
26.5	圆锥形	小	浅	不光滑	白	细	8	EZ	旺	3000.00	MS	39.14	14.00	5.50	6.060	1.380	4.150	0.00
26.1	楔形	中	深	光滑	白	细	8	EZ	中	1550.00	R	37.12	17.58	6.49	6.390	2.135	2.340	0.00
37.7	楔形	大	浅	光滑	白	粗	6	EZ	较旺	1267.00	R	33.46	17.00	5.69	3.690	1.790	1.740	0.00
40.8	圆锥形	小	中	光滑	白	细	8	Z	较旺	1000.00	MS	24.71	17.30	4.27	4.547	2.967	2.718	0.00
27.6	圆锥形	小	浅	光滑	白	细	7	E	较旺	1155.70	S	54.38	11.90	7.03	3.830	6.140	2.780	0.00
35.7	圆锥形	小	深	光滑	白	细	9	N	较旺	1052.00	MS	29.08	13.50	3.93	3.595	3.853	1.572	0.00

统一编号	保存编号	品种名称	品种来源	保存单位	粒性	育性	染色体倍性	花粉量	种株株型	结实密度（粒 /10cm）	种子千粒重（g）	子叶大小	下胚轴色	叶色	叶形	叶柄宽	叶柄长	叶丛型
ZT001753	D01857	92017/1–6/1	中国黑龙江	国家甜菜种质资源中期库	多	可育	2*x*	多	混合	25.3	25.5	中	混	绿	犁铧形	中	中	斜立型
ZT001754	D01858	92017/1–8/1	中国黑龙江	国家甜菜种质资源中期库	多	可育	2*x*	多	多茎	19.1	40.5	中	混	绿	犁铧形	中	中	直立型
ZT001755	D01859	94003–2–1	中国黑龙江	国家甜菜种质资源中期库	多	可育	2*x*	多	单茎	16.4	27.0	中	红	绿	犁铧形	窄	中	斜立型
ZT001756	D01860	96001/2–1 红	中国黑龙江	国家甜菜种质资源中期库	多	可育	2*x*	中	混合	18.4	28.5	小	黄	绿	犁铧形	窄	短	斜立型
ZT001757	D01861	96001–2/ 黄	中国黑龙江	国家甜菜种质资源中期库	多	可育	2*x*	多	单茎	22.3	37.5	小	黄	绿	犁铧形	中	短	斜立型
ZT001758	D01862	96002–1/3	中国黑龙江	国家甜菜种质资源中期库	多	可育	2*x*	中	单茎	20.8	33.5	大	混	淡绿	犁铧形	中	中	斜立型
ZT001759	D01863	97–1“MS”	中国黑龙江	国家甜菜种质资源中期库	多	不育	2*x*	中	多茎	17.8	30.0	大	混	浓绿	犁铧形	中	长	斜立型
ZT001760	D01864	9701–1	中国黑龙江	国家甜菜种质资源中期库	多	可育	2*x*	中	多茎	18.4	25.0	大	绿	浓绿	犁铧形	宽	中	斜立型
ZT001761	D01865	97–1/1	中国黑龙江	国家甜菜种质资源中期库	多	可育	2*x*	中	单茎	22.8	30.0	小	混	绿	犁铧形	中	长	斜立型
ZT001762	D01866	9605/2	中国黑龙江	国家甜菜种质资源中期库	多	可育	2*x*	中	多茎	19.3	22.5	大	绿	淡绿	犁铧形	中	短	斜立型
ZT001763	D01867	新农Ⅱ（D）	中国新疆	国家甜菜种质资源中期库	多	可育	2*x*	多	混合	22.9	24.0	大	混	淡绿	犁铧形	窄	短	斜立型
ZT001764	D01868	S207 红	中国黑龙江	国家甜菜种质资源中期库	多	可育	2*x*	多	混合	20.0	20.0	大	红	绿	舌形	中	中	斜立型
ZT001765	D01869	L62–1	中国吉林	国家甜菜种质资源中期库	多	可育	2*x*	多	多茎	14.1	27.0	大	绿	淡绿	犁铧形	宽	长	斜立型
ZT001766	D15009	BetaK91（D）	美国	国家甜菜种质资源中期库	多	可育	2*x*	中	混合	22.1	25.5	中	混	淡绿	犁铧形	中	短	斜立型

（续）

叶数（片）	块根形状	根头大小	根沟深浅	根皮光滑度	根肉色	肉质粗细	维管束环数（个）	经济类型	苗期生长势	幼苗百株重（g）	褐斑病	块根产量（t/hm²）	蔗糖含量（%）	蔗糖产量（t/hm²）	钾含量（mmol/100g）	钠含量（mmol/100g）	氮含量（mmol/100g）	当年抽薹率（%）
27.8	楔形	大	深	光滑	白	细	9	Z	较旺	1833.30	MS	29.55	16.88	4.99	7.560	1.300	2.685	0.00
28.1	圆锥形	中	深	光滑	白	细	7	EZ	较旺	1600.00	MS	36.36	16.13	5.87	6.325	0.665	5.270	0.00
29.6	圆锥形	大	深	光滑	白	粗	7	Z	较旺	1361.10	HR	24.82	16.20	4.02	3.410	2.370	1.800	0.00
26.8	圆锥形	大	浅	光滑	浅黄	细	6	LL	较旺	2233.00	MR	10.15	4.60	4.78	3.310	6.680	0.530	0.00
27.4	圆锥形	小	浅	光滑	白	细	6	LL	较旺	2267.00	S	13.48	5.20	0.71	3.610	3.380	0.450	0.00
29.5	圆锥形	大	深	光滑	白	粗	8	LL	中	559.80	MR	16.56	9.20	1.69	4.090	4.280	0.830	0.00
24.3	圆锥形	大	深	光滑	白	粗	7	LL	旺	559.70	HR	18.48	11.16	2.08	4.070	7.130	3.140	0.00
22.4	楔形	小	深	光滑	白	细	7	EZ	较旺	1700.00	R	41.04	17.91	7.35	7.700	1.305	3.055	0.00
34.9	圆锥形	大	深	不光滑	白	细	7	N	较旺	1767.00	MR	19.32	12.00	2.32	3.840	4.380	0.730	0.00
24.6	圆锥形	小	浅	不光滑	白	粗	7	EZ	较旺	1077.80	HR	33.99	15.68	5.34	3.640	3.310	6.210	0.00
26.8	圆锥形	大	浅	光滑	白	粗	7	LL	较旺	604.50	MR	7.70	7.20	0.55	6.270	9.010	1.450	0.00
25.5	近圆形	中	浅	光滑	粉红	中	6	E	较旺	1400.00	MR	42.05	8.20	3.48	9.090	3.670	3.070	0.00
24.8	圆锥形	大	浅	不光滑	白	细	8	E	较旺	1322.20	MR	31.89	11.04	3.52	4.140	6.000	4.670	0.00
24.9	圆锥形	大	浅	不光滑	白	细	7	EZ	较旺	1294.50	HR	35.51	15.42	5.48	3.450	2.800	5.880	0.00

统一编号	保存编号	品种名称	品种来源	保存单位	粒性	育性	染色体倍性	花粉量	种株株型	结实密度（粒/10cm）	种子千粒重（g）	子叶大小	下胚轴色	叶色	叶形	叶柄宽	叶柄长	叶丛型
ZT001767	D05098	86–29/10–3“MS”	美国	国家甜菜种质资源中期库	多	不育	2x	中	单茎	20.0	29.0	大	混	淡绿	犁铧形	窄	短	斜立型
ZT001768	D05099	84109–00（D）	美国	国家甜菜种质资源中期库	多	可育	2x	少	多茎	23.8	18.0	大	混	淡绿	犁铧形	中	长	斜立型
ZT001769	D01870	T204	中国黑龙江	国家甜菜种质资源中期库	多	可育	2x	多	多茎	21.0	31.0	大	混	绿	舌形	中	长	斜立型
ZT001770	D01871	T216	中国黑龙江	国家甜菜种质资源中期库	多	可育	2x	多	多茎	19.0	22.5	大	红	绿	犁铧形	中	长	斜立型
ZT001771	D01872	T224–3	中国黑龙江	国家甜菜种质资源中期库	多	可育	2x	中	多茎	23.0	32.5	大	混	淡绿	犁铧形	中	长	斜立型
ZT001772	D01873	T228	中国黑龙江	国家甜菜种质资源中期库	多	可育	2x	多	单茎	21.0	24.5	大	红	淡绿	犁铧形	中	中	斜立型
ZT001773	D01874	T297	中国黑龙江	国家甜菜种质资源中期库	多	可育	2x	多	多茎	25.0	34.5	大	绿	绿	犁铧形	中	中	斜立型
ZT001774	D01875	T437	中国黑龙江	国家甜菜种质资源中期库	多	可育	4x	中	多茎	25.0	31.5	大	混	绿	犁铧形	中	长	斜立型
ZT001775	D01876	S209红	中国黑龙江	国家甜菜种质资源中期库	多	可育	2x	多	多茎	20.0	24.5	大	红	淡绿	舌形	宽	中	斜立型
ZT001776	D01877	S210红	中国黑龙江	国家甜菜种质资源中期库	多	可育	2x	中	多茎	20.0	27.5	大	绿	淡绿	舌形	中	中	斜立型
ZT001777	D01878	S212	中国黑龙江	国家甜菜种质资源中期库	多	可育	2x	多	多茎	21.0	20.5	中	混	绿	柳叶形	中	中	斜立型
ZT001778	D01879	S214	中国黑龙江	国家甜菜种质资源中期库	多	可育	2x	多	多茎	22.0	20.5	中	红	绿	舌形	中	中	斜立型
ZT001779	D01880	200306–2/1	中国黑龙江	国家甜菜种质资源中期库	多	可育	2x	中	多茎	27.8	27.5	大	混	浓绿	犁铧形	宽	中	斜立型
ZT001780	D01881	2007010	中国黑龙江	国家甜菜种质资源中期库	多	可育	2x	中	混合	24.0	30.0	大	绿	浓绿	犁铧形	宽	长	斜立型

（续）

叶数（片）	块根形状	根头大小	根沟深浅	根皮光滑度	根肉色	肉质粗细	维管束环数（个）	经济类型	苗期生长势	幼苗百株重（g）	褐斑病	块根产量（t/hm²）	蔗糖含量（%）	蔗糖产量（t/hm²）	钾含量（mmol/100g）	钠含量（mmol/100g）	氮含量（mmol/100g）	当年抽薹率（%）
25.5	圆锥形	大	深	不光滑	白	细	9	N	中	637.80	R	20.10	12.37	2.49	4.330	5.250	1.860	0.00
44.3	圆锥形	小	深	不光滑	白	细	6	E	较旺	1758.00	HR	40.00	12.93	5.17	4.260	2.520	1.775	0.00
27.0	圆锥形	大	浅	不光滑	白	粗	7	EZ	旺	2700.00	MR	35.86	16.20	5.83	4.530	1.170	3.500	0.00
23.0	纺锤型	大	浅	不光滑	白	中	7	N	较旺	2200.00	R	28.91	15.90	4.66	5.320	1.810	3.760	0.00
27.0	纺锤形	大	浅	不光滑	浅黄	粗	6	EZ	中	2000.00	HR	51.21	16.62	8.51	4.105	1.180	2.375	0.00
23.0	纺锤形	大	浅	较光滑	白	中	6	EZ	旺	2920.00	R	36.11	14.70	5.31	5.720	2.160	4.350	0.00
25.0	楔形	大	浅	不光滑	白	中	7	EZ	中	2400.00	R	30.56	16.40	5.04	4.320	1.270	3.880	0.00
27.0	圆锥形	中	浅	较光滑	白	中	8	Z	旺	2600.00	HR	28.54	14.80	4.22	5.460	1.350	3.350	0.00
26.5	纺锤形	中	浅	光滑	粉红	中	6	E	较旺	1500.00	R	42.17	7.80	3.30	9.270	3.750	3.080	0.00
23.0	纺锤形	中	浅	不光滑	白	细	5	E	较旺	1600.00	R	41.29	8.10	3.36	8.120	3.830	1.120	0.00
23.5	纺锤形	小	浅	较光滑	白	中	6	E	中	1750.00	HR	59.39	11.97	7.11	6.265	4.115	4.980	0.00
17.0	近圆形	中	浅	较光滑	红	中	6	E	较旺	1400.00	R	36.74	8.30	3.05	7.060	4.770	1.820	0.00
41.1	圆锥形	小	浅	不光滑	白	粗	9	N	较旺	833.30	R	25.91	12.37	3.20	4.230	3.710	5.370	0.00
39.2	圆锥形	小	浅	光滑	白	细	9	N	较旺	936.70	HR	26.62	10.56	2.81	3.520	5.330	4.610	0.00

统一编号	保存编号	品种名称	品种来源	保存单位	粒性	育性	染色体倍性	花粉量	种株株型	结实密度（粒 /10cm）	种子千粒重（g）	子叶大小	下胚轴色	叶色	叶形	叶柄宽	叶柄长	叶丛型
ZT001781	D01882	7909	中国	国家甜菜种质资源中期库	多	可育	2*x*	多	混合	25.0	24.8	大	混	绿	犁铧形	中	长	斜立型
ZT001782	D01883	7917/1	中国	国家甜菜种质资源中期库	多	可育	2*x*	多	混合	22.0	29.1	大	混	绿	犁铧形	中	短	斜立型
ZT001783	D01884	7909ZM2	中国	国家甜菜种质资源中期库	多	可育	2*x*	多	混合	24.0	30.5	大	混	绿	犁铧形	中	中	斜立型
ZT001784	D01885	8612ZM15	中国	国家甜菜种质资源中期库	多	可育	2*x*	多	混合	18.0	22.8	大	混	淡绿	犁铧形	中	短	斜立型
ZT001785	D01886	8216M152	中国 黑龙江	国家甜菜种质资源中期库	多	可育	2*x*	多	混合	16.1	32.5	大	混	浓绿	犁铧形	宽	长	斜立型
ZT001786	D01887	Ⅲ74110	中国	国家甜菜种质资源中期库	多	可育	2*x*	多	混合	26.0	23.2	大	混	淡绿	犁铧形	宽	中	斜立型
ZT001788	D01889	F8035	中国	国家甜菜种质资源中期库	多	可育	2*x*	多	混合	19.0	27.9	大	混	淡绿	犁铧形	中	短	斜立型
ZT001789	D01890	F86421	中国	国家甜菜种质资源中期库	多	可育	2*x*	多	混合	20.0	24.1	大	混	淡绿	犁铧形	中	中	斜立型
ZT001790	D01891	H0143	中国	国家甜菜种质资源中期库	多	可育	2*x*	多	混合	22.0	22.8	大	混	浓绿	犁铧形	中	短	斜立型
ZT001791	D01892	H0712	中国	国家甜菜种质资源中期库	多	可育	2*x*	多	混合	18.0	31.2	大	混	淡绿	犁铧形	中	中	斜立型
ZT001792	D01893	H1051	中国	国家甜菜种质资源中期库	多	可育	2*x*	多	混合	20.0	30.8	大	混	淡绿	犁铧形	宽	中	斜立型
ZT001793	D01894	H133	中国	国家甜菜种质资源中期库	多	可育	2*x*	多	混合	17.0	33.1	大	混	浓绿	犁铧形	中	长	斜立型
ZT001794	D01895	H1352	中国	国家甜菜种质资源中期库	多	可育	2*x*	多	混合	22.0	21.5	大	混	绿	犁铧形	中	中	斜立型
ZT001795	D01896	H181	中国	国家甜菜种质资源中期库	多	可育	2*x*	多	混合	24.0	22.5	大	混	绿	犁铧形	宽	中	斜立型

（续）

叶数（片）	块根形状	根头大小	根沟深浅	根皮光滑度	根肉色	肉质粗细	维管束环数（个）	经济类型	苗期生长势	幼苗百株重（g）	褐斑病	块根产量（t/hm^2）	蔗糖含量（%）	蔗糖产量（t/hm^2）	钾含量（mmol/100g）	钠含量（mmol/100g）	氮含量（mmol/100g）	当年抽薹率（%）
22.2	圆锥形	大	深	光滑	白	细	7	N	旺	566.70	HR	28.41	15.00	4.26	3.420	3.230	7.110	0.00
27.1	圆锥形	大	浅	光滑	白	细	8	N	旺	1657.80	HR	19.32	14.40	2.78	5.410	5.580	3.960	0.00
23.7	圆锥形	大	浅	光滑	白	细	9	N	较旺	1534.40	HR	31.31	15.40	4.82	3.980	5.390	4.950	0.00
24.6	圆锥形	大	浅	光滑	白	粗	8	N	旺	1614.80	R	26.52	14.20	3.77	3.590	2.160	2.020	0.00
23.6	圆锥形	小	浅	光滑	白	粗	7	EZ	较旺	1705.00	R	36.74	15.21	5.59	4.120	4.920	4.760	0.00
23.8	圆锥形	小	浅	光滑	白	粗	7	LL	较旺	1610.40	MR	13.21	13.50	1.78	4.030	7.560	3.990	0.00
25.7	圆锥形	小	浅	光滑	白	细	7	LL	较旺	1563.00	R	16.69	14.50	2.42	8.030	9.610	3.940	0.00
23.8	圆锥形	小	浅	光滑	白	细	8	N	旺	1546.70	R	26.44	15.90	4.20	6.920	8.090	4.830	0.00
23.9	圆锥形	小	浅	光滑	白	细	8	N	较旺	1559.00	HR	27.53	14.30	3.94	4.590	5.780	6.350	0.00
25.5	圆锥形	大	浅	光滑	白	细	7	N	较旺	1538.40	HR	28.28	15.30	4.33	4.340	6.720	4.720	0.00
28.4	圆锥形	大	浅	光滑	白	细	7	LL	旺	1553.70	R	20.15	14.10	2.84	4.350	5.180	4.260	0.00
22.7	圆锥形	大	浅	光滑	白	细	7	N	较旺	1677.00	R	28.84	14.50	4.18	5.100	8.070	4.700	0.00
24.7	圆锥形	大	浅	不光滑	白	细	9	N	较旺	1544.80	HR	29.67	15.30	4.54	4.410	5.260	4.740	0.00
23.9	圆锥形	小	浅	光滑	白	细	8	N	旺	1701.10	R	27.02	14.30	3.86	4.930	6.230	4.200	0.00

统一编号	保存编号	品种名称	品种来源	保存单位	粒性	育性	染色体倍性	花粉量	种株株型	结实密度（粒/10cm）	种子千粒重（g）	子叶大小	下胚轴色	叶色	叶形	叶柄宽	叶柄长	叶丛型
ZT001799	D01900	1902	中国	国家甜菜种质资源中期库	多	可育	2*x*	多	混合	22.0	24.6	大	混	淡绿	犁铧形	宽	短	斜立型
ZT001800	D01901	Ⅲ78352–1	中国	国家甜菜种质资源中期库	多	可育	2*x*	多	混合	22.0	21.8	大	绿	绿	犁铧形	中	短	斜立型
ZT001801	D01902	Ⅵ8243A–1	中国	国家甜菜种质资源中期库	多	可育	2*x*	多	混合	20.0	22.2	大	混	绿	犁铧形	中	短	斜立型
ZT001802	D01903	T209	中国黑龙江	国家甜菜种质资源中期库	多	可育	2*x*	多	多茎	27.0	30.0	大	混	淡绿	犁铧形	宽	中	斜立型
ZT001803	D01904	T438	中国黑龙江	国家甜菜种质资源中期库	多	可育	4*x*	中	多茎	23.0	41.5	大	混	淡绿	舌形	中	长	斜立型
ZT001804	D01905	T290–2	中国黑龙江	国家甜菜种质资源中期库	多	可育	2*x*	多	单茎	26.0	30.5	大	混	淡绿	犁铧形	中	中	匍匐型
ZT001805	D01906	T277	中国黑龙江	国家甜菜种质资源中期库	多	可育	2*x*	多	多茎	28.0	27.0	大	红	淡绿	犁铧形	中	中	斜立型
ZT001806	D01907	T284–1	中国黑龙江	国家甜菜种质资源中期库	多	可育	2*x*	多	单茎	22.0	29.0	大	红	淡绿	舌形	中	长	直立型
ZT001807	D01908	T205	中国黑龙江	国家甜菜种质资源中期库	多	可育	2*x*	中	多茎	26.0	28.5	大	混	淡绿	犁铧形	中	短	斜立型
ZT001808	D01909	T207–2	中国黑龙江	国家甜菜种质资源中期库	多	可育	2*x*	中	多茎	25.0	31.0	大	混	绿	舌形	中	长	斜立型
ZT001809	D01910	T289–3	中国黑龙江	国家甜菜种质资源中期库	多	可育	2*x*	多	多茎	26.0	25.5	大	混	淡绿	犁铧形	中	中	斜立型
ZT001810	D01911	T443	中国黑龙江	国家甜菜种质资源中期库	多	可育	4*x*	多	混合	23.0	39.0	大	混	淡绿	犁铧形	宽	短	匍匐型
ZT001811	D01912	T286–1	中国黑龙江	国家甜菜种质资源中期库	多	可育	2*x*	多	多茎	30.0	32.5	大	红	绿	舌形	中	中	斜立型
ZT001812	D01913	T266	中国黑龙江	国家甜菜种质资源中期库	多	可育	2*x*	多	单茎	27.0	26.0	大	混	淡绿	犁铧形	中	中	斜立型

（续）

叶数（片）	块根形状	根头大小	根沟深浅	根皮光滑度	根肉色	肉质粗细	维管束环数（个）	经济类型	苗期生长势	幼苗百株重（g）	褐斑病	块根产量（t/hm²）	蔗糖含量（%）	蔗糖产量（t/hm²）	钾含量（mmol/100g）	钠含量（mmol/100g）	氮含量（mmol/100g）	当年抽薹率（%）
26.3	圆锥形	大	浅	光滑	白	细	7	LL	旺	1491.70	HR	20.25	13.90	2.81	3.630	3.220	2.040	0.00
37.5	圆锥形	大	浅	光滑	白	细	8	LL	较旺	956.70	R	27.98	10.70	2.99	4.050	4.900	4.200	0.00
37.5	圆锥形	大	深	光滑	白	细	8	LL	较旺	710.00	HR	23.21	13.70	3.18	3.560	3.530	4.700	0.00
23.0	楔形	大	浅	较光滑	白	中	6	EZ	较旺	2400.00	MR	31.44	16.40	5.20	5.130	1.760	2.830	0.00
25.0	圆锥形	大	浅	较光滑	白	中	8	EZ	旺	2000.00	R	31.31	15.70	4.85	4.920	1.540	3.950	0.00
26.0	纺锤形	大	浅	较光滑	白	中	8	EZ	较旺	2000.00	R	33.59	16.10	5.43	6.090	1.720	5.620	0.00
22.0	纺锤形	中	浅	较光滑	白	中	6	NZ	旺	2000.00	S	35.35	14.60	5.14	7.260	2.110	5.700	0.00
23.5	纺锤形	大	浅	不光滑	白	粗	7	EZ	旺	2200.00	MR	33.08	16.40	5.47	5.020	1.230	4.010	0.00
21.5	纺锤形	大	浅	较光滑	白	中	7	EZ	旺	2000.00	MR	41.67	14.50	6.11	4.470	1.520	3.420	0.00
22.0	纺锤形	大	浅	不光滑	白	中	8	NZ	旺	2200.00	R	32.32	16.60	5.37	5.090	1.740	3.780	0.00
23.5	纺锤形	大	浅	较光滑	白	中	9	EZ	旺	2400.00	R	41.54	15.80	6.41	6.070	2.160	5.070	0.00
28.5	圆锥形	大	浅	不光滑	白	中	8	N	较旺	2400.00	MR	31.82	14.10	4.50	6.000	2.090	4.640	0.00
25.5	楔形	大	浅	不光滑	白	粗	8	Z	中	2000.00	MR	19.32	15.90	3.08	4.950	1.300	5.330	0.00
25.5	纺锤形	大	浅	不光滑	白	粗	8	Z	旺	2400.00	MS	28.03	17.00	4.82	5.310	1.140	4.690	0.00

统一编号	保存编号	品种名称	品种来源	保存单位	粒性	育性	染色体倍性	花粉量	种株株型	结实密度（粒/10cm）	种子千粒重（g）	子叶大小	下胚轴色	叶色	叶形	叶柄宽	叶柄长	叶丛型
ZT001813	D01914	T299–1	中国黑龙江	国家甜菜种质资源中期库	多	可育	2x	多	多茎	27.0	35.5	大	混	淡绿	犁铧形	中	中	斜立型
ZT001814	D01915	Y7792	中国黑龙江	国家甜菜种质资源中期库	多	可育	2x	多	多茎	21.0	18.0	小	红	淡绿	舌形	中	中	斜立型
ZT001815	D01916	10001–2/10	中国黑龙江	国家甜菜种质资源中期库	多	可育	2x	中	单茎	26.1	24.0	大	混	浓绿	犁铧形	宽	中	斜立型
ZT001816	D01917	10003–2/10	中国黑龙江	国家甜菜种质资源中期库	多	可育	2x	多	混合	21.5	30.5	大	混	浓绿	犁铧形	宽	长	斜立型
ZT001817	D01918	10007–1/10	中国黑龙江	国家甜菜种质资源中期库	多	可育	2x	中	混合	21.5	22.0	中	混	淡绿	犁铧形	宽	长	斜立型
ZT001818	D01919	10014–1	中国黑龙江	国家甜菜种质资源中期库	多	可育	2x	少	多茎	24.8	25.0	中	红	绿色	犁铧形	窄	中	斜立型
ZT001819	D01920	2005001	中国黑龙江	国家甜菜种质资源中期库	多	可育	2x	少	多茎	21.0	25.5	大	红	浓绿	犁铧形	宽	长	斜立型
ZT001820	D01921	2006007	中国黑龙江	国家甜菜种质资源中期库	多	可育	2x	多	单茎	22.6	18.0	大	红	绿色	犁铧形	中	长	斜立型
ZT001821	D01922	2006019	中国黑龙江	国家甜菜种质资源中期库	多	可育	2x	多	混合	20.0	19.5	中	红	淡绿	犁铧形	窄	短	斜立型
ZT001822	D01923	2009006–2	中国黑龙江	国家甜菜种质资源中期库	多	可育	2x	中	混合	23.4	25.0	中	绿	淡绿	犁铧形	中	短	斜立型
ZT001823	D01924	2009007–2	中国黑龙江	国家甜菜种质资源中期库	多	可育	2x	中	混合	21.6	20.0	中	混	浓绿	犁铧形	中	长	斜立型
ZT001824	D01925	334（4x）	中国黑龙江	国家甜菜种质资源中期库	多	可育	4x	中	单茎	18.4	25.0	中	混	绿	犁铧形	宽	短	斜立型
ZT001825	D11031	BASTION 繁“O”	荷兰	国家甜菜种质资源中期库	多	可育	2x	中	多茎	23.5	23.0	小	混	浓绿	犁铧形	宽	短	斜立型
ZT001826	D11032	BASTION 繁“MS”	荷兰	国家甜菜种质资源中期库	多	不育	2x	少	多茎	23.2	20.0	小	红	淡绿	犁铧形	中	短	斜立型

（续）

叶数（片）	块根形状	根头大小	根沟深浅	根皮光滑度	根肉色	肉质粗细	维管束环数（个）	经济类型	苗期生长势	幼苗百株重（g）	褐斑病	块根产量（t/hm²）	蔗糖含量（%）	蔗糖产量（t/hm²）	钾含量（mmol/100g）	钠含量（mmol/100g）	氮含量（mmol/100g）	当年抽薹率（%）
26.5	圆锥形	中	浅	不光滑	白	粗	7	Z	中	2400.00	MS	27.27	15.70	4.32	4.310	1.930	3.590	0.00
16.0	近圆形	小	无	较光滑	红	细	6	E	较旺	1600.00	MR	38.76	7.40	2.83	7.550	5.520	2.420	0.00
34.2	圆锥形	小	深	不光滑	白	粗	9	EZ	较旺	740.00	HR	37.25	13.57	5.06	4.030	3.960	5.080	0.00
41.0	圆锥形	大	深	不光滑	白	细	8	EZ	较旺	883.30	HR	33.71	14.05	4.74	3.820	2.820	4.810	0.00
36.1	圆锥形	小	浅	光滑	白	细	9	N	较旺	730.00	HR	32.00	13.44	4.30	3.480	2.480	5.030	0.00
36.7	圆锥形	大	深	不光滑	白	粗	9	N	较旺	863.30	HR	27.47	11.74	3.22	3.940	4.260	5.720	0.00
37.3	圆锥形	大	深	不光滑	白	细	9	N	较旺	966.70	R	36.89	12.94	4.77	3.760	2.410	6.940	0.00
42.2	圆锥形	小	浅	光滑	白	细	7	N	中	796.70	R	29.92	12.27	3.68	4.120	5.310	3.810	0.00
48.4	圆锥形	小	深	不光滑	白	粗	7	LL	中	800.00	MR	10.30	11.71	1.21	4.670	4.550	5.060	0.00
37.1	圆锥形	小	深	不光滑	白	细	7	N	较旺	913.70	R	33.18	10.54	3.49	4.090	6.000	5.490	0.00
44.3	圆锥形	大	深	不光滑	白	细	7	LL	较旺	673.30	MS	25.86	10.83	2.80	2.540	4.740	4.170	0.00
29.5	圆锥形	小	浅	不光滑	白	细	8	Z	旺	2133.00	MR	20.35	15.00	3.06	3.900	2.180	1.260	0.00
31.5	圆锥形	大	浅	光滑	白	细	7	LL	中	981.40	HR	14.75	10.08	1.50	4.550	7.560	1.290	0.00
30.0	圆锥形	小	浅	光滑	白	细	8	E	旺	1143.30	R	42.75	12.47	5.33	3.460	6.520	2.610	0.00

统一编号	保存编号	品种名称	品种来源	保存单位	粒性	育性	染色体倍性	花粉量	种株株型	结实密度（粒 /10cm）	种子千粒重（g）	子叶大小	下胚轴色	叶色	叶形	叶柄宽	叶柄长	叶丛型
ZT001837	D19046	ELS10183	俄罗斯	国家甜菜种质资源中期库	多	可育	2x	中	混合	22.2	22.5	大	红	绿	披针形	宽	长	直立型
ZT001838	D19047	ELS5121	俄罗斯	国家甜菜种质资源中期库	多	可育	2x	中	混合	18.2	19.4	大	混合	绿	披针形	中	中	直立型
ZT001839	D14017	980145	德国	国家甜菜种质资源中期库	多	可育	2x	中	多茎	25.9	18.4	大	红	浓绿	犁铧形	中	短	斜立型
ZT001840	D01936	81GM13	中国黑龙江	国家甜菜种质资源中期库	多	可育	2x	多	多茎	22.0	18.1	大	混	绿	舌形	中	长	斜立型
ZT001841	D01937	81GM20	中国黑龙江	国家甜菜种质资源中期库	多	可育	2x	多	多茎	18.0	19.1	大	红	绿	舌形	宽	长	斜立型
ZT001842	D01938	81GM26	中国黑龙江	国家甜菜种质资源中期库	多	可育	2x	多	混合	22.0	19.4	大	红	淡绿	舌形	窄	中	斜立型
ZT001843	D01939	Z002	中国黑龙江	国家甜菜种质资源中期库	多	可育	2x	多	多茎	26.0	21.2	大	红	淡绿	戟形	窄	中	斜立型
ZT001844	D01940	KHM48	中国黑龙江	国家甜菜种质资源中期库	多	可育	2x	中	多茎	26.0	25.2	大	绿	绿	舌形	中	中	斜立型
ZT001845	D01941	K9635	中国黑龙江	国家甜菜种质资源中期库	多	可育	2x	多	多茎	22.0	21.5	大	混	绿	舌形	中	短	斜立型
ZT001846	D01942	81GM19	中国黑龙江	国家甜菜种质资源中期库	多	可育	2x	多	混合	21.0	17.2	大	混	绿	戟形	中	短	斜立型
ZT001847	D01943	NAN4	中国黑龙江	国家甜菜种质资源中期库	多	可育	2x	多	混合	21.0	26.0	大	混	淡绿	舌形	中	中	斜立型
ZT001848	D01944	HDW202	中国黑龙江	国家甜菜种质资源中期库	多	可育	2x	多	多茎	23.0	17.2	大	混	绿	舌形	宽	长	斜立型
ZT001849	D01945	81GM18	中国黑龙江	国家甜菜种质资源中期库	多	可育	2x	多	混合	19.0	24.0	大	混	绿	舌形	宽	长	直立型
ZT001850	D01946	W13KVI4	中国黑龙江	国家甜菜种质资源中期库	多	可育	2x	中	多茎	26.0	16.5	大	混	绿	舌形	中	中	斜立型

（续）

叶数（片）	块根形状	根头大小	根沟深浅	根皮光滑度	根肉色	肉质粗细	维管束环数（个）	经济类型	苗期生长势	幼苗百株重（g）	褐斑病	块根产量（t/hm²）	蔗糖含量（%）	蔗糖产量（t/hm²）	钾含量（mmol/100g）	钠含量（mmol/100g）	氮含量（mmol/100g）	当年抽薹率（%）
34.1	圆锥形	大	浅	较光滑	白	中	7	E	旺	1246.20	MR	56.73	14.60	8.30	5.160	3.730	7.070	0.00
30.9	圆锥形	大	浅	较光滑	白	中	6	E	旺	998.90	MS	59.53	13.20	8.00	6.140	4.240	7.730	0.00
29.0	圆锥形	小	浅	较光滑	白	细	8	EZ	旺	782.20	MS	46.48	15.27	7.17	4.506	2.353	5.591	0.00
33.9	圆锥形	大	深	不光滑	白	中	8	EZ	旺	864.40	HR	44.44	17.17	7.60	3.910	2.930	6.010	0.00
35.0	圆锥形	大	浅	较光滑	白	中	7	EZ	旺	852.10	HR	43.56	17.81	7.75	4.720	2.780	5.010	0.00
31.1	楔形	大	浅	不光滑	白	细	8	EZ	旺	761.50	R	40.76	17.75	7.23	4.250	2.290	5.170	0.00
35.9	楔形	大	浅	较光滑	白	中	6	EZ	旺	911.70	HR	47.21	17.92	8.47	4.330	1.870	6.200	0.00
28.4	楔形	大	深	不光滑	白	中	6	EZ	旺	969.20	HR	40.13	17.33	6.95	5.110	2.610	5.590	0.00
30.4	圆锥形	大	深	不光滑	白	细	8	EZ	旺	757.20	R	37.59	17.35	6.51	4.030	1.770	6.640	0.00
33.0	长圆锥形	中	浅	较光滑	白	中	9	EZ	旺	856.20	HR	50.28	18.16	9.15	4.300	1.910	4.730	0.00
32.4	圆锥形	大	浅	较光滑	白	中	9	EZ	旺	871.30	HR	54.14	17.29	9.36	4.690	3.590	5.290	0.00
33.7	圆锥形	大	浅	较光滑	白	细	7	EZ	旺	639.10	R	40.25	16.21	6.52	4.720	3.340	7.620	0.00
33.0	圆锥形	大	浅	不光滑	白	中	6	EZ	旺	986.60	R	42.60	17.60	7.49	4.500	2.230	6.330	0.00
30.5	圆锥形	中	浅	较光滑	白	细	7	EZ	旺	1015.90	R	49.56	15.35	7.63	5.620	2.190	9.500	0.00

统一编号	保存编号	品种名称	品种来源	保存单位	粒性	育性	染色体倍性	花粉量	种株株型	结实密度（粒 /10cm）	种子千粒重（g）	子叶大小	下胚轴色	叶色	叶形	叶柄宽	叶柄长	叶丛型
ZT001851	D01947	DZ-6	中国黑龙江	国家甜菜种质资源中期库	多	可育	2x	多	混合	20.0	19.2	大	混	淡绿	犁铧形	宽	长	斜立型
ZT001852	D01948	81GZM52	中国黑龙江	国家甜菜种质资源中期库	多	可育	2x	多	混合	28.0	18.5	大	混	绿	柳叶形	宽	中	斜立型
ZT001853	D01949	Ⅰ 7312	中国黑龙江	国家甜菜种质资源中期库	多	可育	2x	多	混合	15.8	18.7	大	混合	绿	戟形	宽	长	直立型
ZT001855	D01951	102AB③	中国黑龙江	国家甜菜种质资源中期库	多	可育	2x	中	多茎	16.0	18.4	大	红	绿	披针形	宽	长	直立型
ZT001856	D01952	F85411	中国黑龙江	国家甜菜种质资源中期库	多	可育	2x	多	混合	16.2	23.3	大	红	绿	舌形	宽	中	直立型
ZT001857	D01953	F8543	中国黑龙江	国家甜菜种质资源中期库	多	可育	2x	中	混合	14.5	19.1	大	混合	绿	披针形	宽	长	直立型
ZT001858	D01954	7918/761	中国黑龙江	国家甜菜种质资源中期库	多	可育	2x	多	多茎	16.0	22.5	大	混合	绿	舌形	宽	长	直立型
ZT001859	D01955	7911	中国黑龙江	国家甜菜种质资源中期库	多	可育	2x	多	多茎	16.5	23.0	大	混合	绿	披针形	宽	长	直立型
ZT001860	D01956	1403M-1	中国黑龙江	国家甜菜种质资源中期库	多	可育	2x	多	多茎	21.0	20.5	大	混合	绿	舌形	宽	中	直立型
ZT001861	D01957	1403/1617	中国黑龙江	国家甜菜种质资源中期库	多	可育	2x	多	多茎	19.0	17.9	大	混合	绿	舌形	宽	中	直立型
ZT001862	D01958	Ⅱ 9561	中国黑龙江	国家甜菜种质资源中期库	多	可育	2x	中	多茎	20.5	20.1	中	混合	绿	舌形	宽	中	直立型
ZT001863	D01959	Ⅱ 8061136	中国黑龙江	国家甜菜种质资源中期库	多	可育	2x	多	多茎	18.5	17.6	大	红	绿	戟形	宽	中	斜立型
ZT001864	D01960	A80416	中国黑龙江	国家甜菜种质资源中期库	多	可育	2x	多	混合	21.5	23.8	大	红	绿	披针形	宽	长	直立型
ZT001865	D01961	ABM5	中国黑龙江	国家甜菜种质资源中期库	多	可育	2x	多	混合	18.0	18.5	大	混合	绿	戟形	宽	中	直立型

（续）

叶数（片）	块根形状	根头大小	根沟深浅	根皮光滑度	根肉色	肉质粗细	维管束环数（个）	经济类型	苗期生长势	幼苗百株重（g）	褐斑病	块根产量（t/hm²）	蔗糖含量（%）	蔗糖产量（t/hm²）	钾含量（mmol/100g）	钠含量（mmol/100g）	氮含量（mmol/100g）	当年抽薹率（%）
28.6	圆锥形	大	浅	不光滑	白	中	7	EZ	旺	603.10	R	46.08	17.00	7.83	4.712	2.457	7.638	0.00
34.5	圆锥形	大	深	不光滑	白	细	8	EZ	旺	770.30	HR	35.59	17.10	6.05	6.290	2.500	6.390	0.00
32.5	圆锥形	中	浅	较光滑	白	中	6	EZ	旺	723.80	MR	40.45	17.00	6.86	3.780	1.480	7.500	0.00
32.7	圆锥形	大	浅	较光滑	白	细	7	EZ	旺	815.50	R	41.14	17.20	7.06	4.140	1.650	6.280	0.00
37.9	圆锥形	大	浅	较光滑	白	细	6	EZ	旺	784.70	MS	39.86	17.60	7.02	4.310	1.590	6.340	0.00
30.0	圆锥形	大	浅	较光滑	白	细	6	EZ	旺	832.90	MS	51.17	16.50	8.47	4.640	2.420	6.040	0.00
33.4	圆锥形	中	浅	较光滑	白	中	7	EZ	旺	912.00	MS	45.15	17.10	7.71	4.420	2.320	5.570	0.00
29.2	圆锥形	大	深	较光滑	白	细	6	EZ	旺	920.30	MR	48.30	16.20	7.81	4.860	2.240	6.580	0.00
32.6	圆锥形	大	浅	较光滑	白	细	6	EZ	旺	904.70	MS	46.22	17.60	8.14	4.040	1.470	6.520	0.00
32.6	圆锥形	中	浅	较光滑	白	细	7	EZ	旺	1011.50	MR	43.69	16.60	7.23	4.730	2.420	7.050	0.00
29.2	圆锥形	中	浅	较光滑	白	中	6	EZ	旺	977.90	MR	38.22	17.40	6.64	4.450	2.390	6.890	0.00
35.9	圆锥形	中	不明显	较光滑	白	细	7	EZ	旺	813.10	MR	49.26	16.60	8.17	4.010	1.970	6.580	0.00
34.7	圆锥形	中	浅	较光滑	白	细	7	EZ	旺	732.60	R	41.58	17.20	7.16	4.130	1.600	6.960	0.00
30.8	圆锥形	中	深	较光滑	白	中	7	EZ	旺	847.60	R	50.20	16.80	8.42	4.900	1.650	7.730	0.00

统一编号	保存编号	品种名称	品种来源	保存单位	粒性	育性	染色体倍性	花粉量	种株株型	结实密度（粒 /10cm）	种子千粒重（g）	子叶大小	下胚轴色	叶色	叶形	叶柄宽	叶柄长	叶丛型
ZT001866	D01962	Ⅲ 8941	中国黑龙江	国家甜菜种质资源中期库	多	可育	2x	中	多茎	19.2	19.6	大	红	绿	披针形	宽	长	直立型
ZT001867	D01963	H0131	中国黑龙江	国家甜菜种质资源中期库	多	可育	2x	多	混合	15.0	14.1	大	混合	绿	舌形	宽	长	直立型
ZT001868	D01964	7917M18	中国黑龙江	国家甜菜种质资源中期库	多	可育	2x	中	混合	17.5	25.3	大	混合	绿	披针形	宽	中	直立型
ZT001869	D01965	7917M2014	中国黑龙江	国家甜菜种质资源中期库	多	可育	2x	中	混合	16.2	23.3	大	混合	绿	披针形	宽	长	直立型
ZT001870	D01966	7818/4111	中国黑龙江	国家甜菜种质资源中期库	多	可育	2x	多	混合	21.0	26.2	大	混合	绿	舌形	宽	中	斜立型
ZT001871	D01967	G9/95M2	中国黑龙江	国家甜菜种质资源中期库	多	可育	2x	多	多茎	15.5	17.1	大	混合	绿	舌形	宽	中	直立型
ZT001872	D01968	G8	中国黑龙江	国家甜菜种质资源中期库	多	可育	2x	多	混合	13.5	20.5	大	混合	绿	披针形	宽	中	直立型
ZT001873	D01969	81GM241	中国黑龙江	国家甜菜种质资源中期库	多	可育	2x	多	混合	14.5	24.1	中	混合	绿	舌形	宽	中	直立型
ZT001874	D01970	81GY44	中国黑龙江	国家甜菜种质资源中期库	多	可育	2x	多	混合	22.0	22.3	大	绿	绿	戟形	宽	中	直立型
ZT001875	D01971	SLZM3	中国黑龙江	国家甜菜种质资源中期库	多	可育	2x	多	多茎	20.5	20.2	大	混合	浓绿	戟形	宽	中	直立型
ZT001876	D01972	81GM7	中国黑龙江	国家甜菜种质资源中期库	多	可育	2x	多	多茎	20.0	17.3	大	红	淡绿	舌形	宽	中	斜立型
ZT001877	D01973	9805	中国黑龙江	国家甜菜种质资源中期库	多	可育	2x	大	多茎	20.2	20.1	大	混	绿	舌形	宽	中	斜立型
ZT001878	D01974	98203	中国黑龙江	国家甜菜种质资源中期库	多	可育	2x	大	混合	20.1	22.2	大	红	绿	戟形	中	短	斜立型
ZT001879	D01975	98206	中国黑龙江	国家甜菜种质资源中期库	多	可育	2x	中	混合	16.7	22.2	大	混	绿	犁铧形	宽	中	直立型

（续）

叶数（片）	块根形状	根头大小	根沟深浅	根皮光滑度	根肉色	肉质粗细	维管束环数（个）	经济类型	苗期生长势	幼苗百株重（g）	褐斑病	块根产量（t/hm²）	蔗糖含量（%）	蔗糖产量（t/hm²）	钾含量（mmol/100g）	钠含量（mmol/100g）	氮含量（mmol/100g）	当年抽薹率（%）
39.9	圆锥形	中	浅	较光滑	白	粗	7	EZ	旺	811.60	MR	37.18	16.30	6.07	4.690	2.310	8.800	0.00
36.4	圆锥形	小	浅	较光滑	白	细	7	EZ	旺	812.40	MR	53.01	17.40	9.22	4.260	1.840	5.640	0.00
35.6	圆锥形	大	浅	较光滑	白	细	6	EZ	旺	891.10	MR	42.15	17.50	7.37	3.960	1.610	5.380	0.00
39.9	圆锥形	大	浅	较光滑	白	细	6	EZ	旺	873.70	MS	43.09	16.70	7.21	4.060	2.360	6.950	0.00
30.4	圆锥形	小	浅	较光滑	白	细	7	EZ	旺	790.40	MR	38.38	17.40	6.69	3.950	1.390	7.160	0.00
31.9	圆锥形	中	浅	较光滑	白	中	7	EZ	旺	824.10	R	52.61	18.40	9.63	4.080	4.100	5.240	0.00
37.0	圆锥形	大	浅	较光滑	白	细	7	EZ	旺	859.30	R	46.94	17.30	8.10	3.880	1.270	5.220	0.00
34.3	圆锥形	大	浅	较光滑	白	细	6	EZ	旺	715.80	R	44.43	17.60	7.76	4.410	1.590	7.200	0.00
32.1	圆锥形	小	深	较光滑	白	细	6	EZ	旺	826.90	R	48.42	17.80	8.60	4.050	2.040	6.430	0.00
30.5	楔形	大	浅	较光滑	白	细	7	EZ	旺	794.10	R	40.04	17.40	6.99	4.220	1.700	8.000	0.00
38.4	楔形	大	深	不光滑	白	细	7	EZ	旺	832.50	HR	35.59	17.71	6.28	4.390	1.830	6.060	0.00
29.0	楔形	大	浅	不光滑	白	粗	7	NL	较旺	519.80	MR	41.04	15.63	6.31	6.228	2.668	7.629	0.00
38.0	圆锥形	中	浅	不光滑	白	中	9	LN	较旺	1155.00	R	42.84	15.91	6.83	4.032	2.545	6.448	0.00
24.0	楔形	小	浅	较光滑	白	粗	8	LN	较旺	902.00	S	37.87	16.05	6.13	4.041	2.432	5.860	0.00

统一编号	保存编号	品种名称	品种来源	保存单位	粒性	育性	染色体倍性	花粉量	种株株型	结实密度（粒 /10cm）	种子千粒重（g）	子叶大小	下胚轴色	叶色	叶形	叶柄宽	叶柄长	叶丛型
ZT001880	D01976	98212	中国黑龙江	国家甜菜种质资源中期库	多	可育	2*x*	大	混合	22.0	22.4	大	红	绿	舌形	宽	中	斜立型
ZT001881	D01977	98214	中国黑龙江	国家甜菜种质资源中期库	多	可育	2*x*	大	多茎	21.6	25.6	大	混	绿	舌形	宽	中	斜立型
ZT001882	D01978	98217	中国黑龙江	国家甜菜种质资源中期库	多	可育	2*x*	中	多茎	20.2	18.1	大	混	绿	犁铧形	宽	中	斜立型
ZT001883	D01979	98219	中国黑龙江	国家甜菜种质资源中期库	多	可育	2*x*	大	混合	18.6	18.2	大	混	绿	舌形	中	中	斜立型
ZT001884	D01980	97135I	中国黑龙江	国家甜菜种质资源中期库	多	可育	2*x*	大	混合	19.3	24.3	大	红	绿	舌形	宽	中	斜立型
ZT001885	D01981	97165Ij	中国黑龙江	国家甜菜种质资源中期库	多	可育	2*x*	大	多茎	19.7	21.3	大	混	绿	舌形	宽	中	直立型
ZT001886	D01982	97185I	中国黑龙江	国家甜菜种质资源中期库	多	可育	2*x*	大	混合	20.4	28.3	大	混	绿	舌形	宽	长	直立型
ZT001887	D01983	9758I	中国黑龙江	国家甜菜种质资源中期库	多	可育	2*x*	大	多茎	23.7	24.5	大	红	绿	舌形	宽	中	斜立型
ZT001888	D01984	98201HX	中国黑龙江	国家甜菜种质资源中期库	多	可育	2*x*	大	多茎	19.4	23.0	大	红	绿	犁铧形	宽	短	斜立型
ZT001889	D01985	98210HX	中国黑龙江	国家甜菜种质资源中期库	多	可育	2*x*	大	多茎	24.3	25.7	大	混	绿	舌形	宽	中	直立型
ZT001890	D01986	98213I	中国黑龙江	国家甜菜种质资源中期库	多	可育	2*x*	中	多茎	19.7	28.6	大	红	绿	舌形	宽	长	直立型
ZT001891	D01987	98218j	中国黑龙江	国家甜菜种质资源中期库	多	可育	2*x*	中	多茎	20.4	19.8	大	红	绿	舌形	宽	短	匍匐型
ZT001892	D01988	J02	中国黑龙江	国家甜菜种质资源中期库	多	可育	2*x*	中	混合	20.7	19.3	大	混	淡绿	柳叶形	中	长	斜立型
ZT001893	D01989	S02IHXj	中国黑龙江	国家甜菜种质资源中期库	多	可育	2*x*	小	混合	18.2	20.0	大	混	浓绿	戟形	中	中	斜立型

（续）

叶数（片）	块根形状	根头大小	根沟深浅	根皮光滑度	根肉色	肉质粗细	维管束环数（个）	经济类型	苗期生长势	幼苗百株重（g）	褐斑病	块根产量（t/hm²）	蔗糖含量（%）	蔗糖产量（t/hm²）	钾含量（mmol/100g）	钠含量（mmol/100g）	氮含量（mmol/100g）	当年抽薹率（%）
32.0	楔形	大	浅	不光滑	白	中	7	LL	较旺	567.30	MR	38.44	14.47	5.42	7.976	4.113	8.698	0.00
33.0	楔形	大	浅	较光滑	白	中	6	NL	较旺	626.80	MR	52.93	15.32	7.95	6.301	5.896	6.164	0.00
33.0	楔形	小	浅	较光滑	白	中	8	LN	较旺	932.80	MS	38.84	16.36	6.37	3.945	1.836	6.010	0.00
32.0	圆锥形	小	浅	较光滑	白	中	8	NZ	旺	1113.90	MR	44.98	16.04	7.22	4.296	1.616	8.129	0.00
32.0	楔形	中	浅	不光滑	白	粗	6	NZ	较旺	559.10	R	40.28	18.10	7.20	5.782	2.157	4.134	0.00
29.0	楔形	中	深	不光滑	白	粗	8	NZ	较旺	711.00	R	42.53	18.17	7.62	4.926	1.800	4.921	0.00
32.0	楔形	中	深	不光滑	白	中	7	N	旺	624.50	R	41.28	17.94	7.30	6.403	2.053	5.699	0.00
29.0	楔形	中	浅	不光滑	白	粗	6	NL	较旺	549.20	R	40.85	16.02	6.42	5.795	3.293	6.727	0.00
35.0	楔形	小	深	较光滑	白	中	9	LN	旺	1283.70	MR	38.58	16.36	6.33	4.544	1.334	6.827	0.00
29.0	楔形	中	浅	较光滑	白	中	6	N	较旺	610.60	R	44.88	16.51	7.23	7.850	3.036	7.679	0.00
29.0	楔形	大	浅	不光滑	白	粗	6	LL	较旺	602.00	R	37.92	16.11	5.98	5.837	3.211	6.739	0.00
41.0	楔形	小	浅	较光滑	白	中	7	NL	旺	1206.20	MS	47.41	15.74	7.47	4.279	2.508	6.820	0.00
33.0	楔形	中	浅	不光滑	白	中	6	NL	较旺	705.90	S	52.63	15.23	7.90	6.674	4.712	4.486	0.00
43.0	楔形	中	深	不光滑	白	粗	9	NZ	旺	952.90	R	45.52	17.02	7.77	3.233	1.830	4.919	0.00

统一编号	保存编号	品种名称	品种来源	保存单位	粒性	育性	染色体倍性	花粉量	种株株型	结实密度（粒/10cm）	种子千粒重（g）	子叶大小	下胚轴色	叶色	叶形	叶柄宽	叶柄长	叶丛型
ZT001894	D01990	S03SIYXj	中国黑龙江	国家甜菜种质资源中期库	多	可育	2*x*	中	多茎	19.1	18.9	大	混	绿	戟形	宽	中	斜立型
ZT001895	D01991	S04GS	中国黑龙江	国家甜菜种质资源中期库	多	可育	2*x*	小	混合	18.8	27.8	大	绿	绿	戟形	宽	中	直立型
ZT001896	D01992	T01-2GFBX	中国黑龙江	国家甜菜种质资源中期库	多	可育	2*x*	大	多茎	20.1	21.5	大	绿	绿	犁铧形	宽	长	斜立型
ZT001897	D01993	T01-4BDX	中国黑龙江	国家甜菜种质资源中期库	多	可育	2*x*	大	混合	22.5	19.9	大	红	绿	犁铧形	宽	长	直立型
ZT001898	D01994	T04Z	中国黑龙江	国家甜菜种质资源中期库	多	可育	2*x*	大	多茎	23.8	20.6	大	红	黄绿	柳叶形	中	中	直立型
ZT001899	D01995	T10FS1BDXj	中国黑龙江	国家甜菜种质资源中期库	多	可育	2*x*	中	多茎	20.3	21.2	大	混	绿	犁铧形	中	长	直立型
ZT001900	D01996	T11BDXj	中国黑龙江	国家甜菜种质资源中期库	多	可育	2*x*	中	多茎	21.2	20.6	大	混	绿	犁铧形	宽	长	直立型
ZT001901	D01997	T14BDXj	中国黑龙江	国家甜菜种质资源中期库	多	可育	2*x*	大	单茎	17.5	22.4	大	红	绿	犁铧形	宽	中	直立型
ZT001902	D01998	T15j/09I	中国黑龙江	国家甜菜种质资源中期库	多	可育	2*x*	大	混合	22.1	19.8	大	混	绿	舌形	中	长	直立型
ZT001903	D01999	T23	中国黑龙江	国家甜菜种质资源中期库	多	可育	2*x*	中	混合	16.6	17.9	大	混	绿	戟形	宽	长	直立型
ZT001904	D011000	T24	中国黑龙江	国家甜菜种质资源中期库	多	可育	2*x*	中	混合	19.9	21.1	大	绿	绿	犁铧形	宽	中	直立型
ZT001905	D011001	T25-1GFBX	中国黑龙江	国家甜菜种质资源中期库	多	可育	2*x*	大	多茎	18.0	24.0	大	红	绿	犁铧形	宽	长	直立型
ZT001906	D011002	T29BDXj	中国黑龙江	国家甜菜种质资源中期库	多	可育	2*x*	中	多茎	19.0	25.1	大	混	绿	犁铧形	宽	长	斜立型
ZT001907	D011003	T30BDXIj	中国黑龙江	国家甜菜种质资源中期库	多	可育	2*x*	中	多茎	21.6	18.6	大	红	绿	犁铧形	宽	长	斜立型

（续）

叶数（片）	块根形状	根头大小	根沟深浅	根皮光滑度	根肉色	肉质粗细	维管束环数（个）	经济类型	苗期生长势	幼苗百株重（g）	褐斑病	块根产量（t/hm²）	蔗糖含量（%）	蔗糖产量（t/hm²）	钾含量（mmol/100g）	钠含量（mmol/100g）	氮含量（mmol/100g）	当年抽薹率（%）
37.0	圆锥形	中	深	较光滑	白	中	8	N	旺	1025.40	MR	49.43	16.07	8.00	4.321	1.955	7.158	0.00
38.0	楔形	大	浅	较光滑	白	中	9	LL	旺	1470.70	MS	38.89	15.80	6.18	4.280	1.619	7.788	0.00
35.0	圆锥形	小	浅	较光滑	白	中	7	LN	较旺	969.20	HR	36.72	16.00	5.89	3.760	2.840	7.139	0.00
27.0	圆锥形	小	浅	较光滑	白	中	6	N	较旺	574.10	R	53.94	16.47	8.80	5.433	2.916	4.988	0.00
33.0	楔形	中	深	不光滑	白	粗	6	N	较旺	687.50	R	42.77	17.66	7.45	5.696	2.645	6.185	0.00
29.0	楔形	小	深	较光滑	白	粗	6	N	较旺	577.90	R	49.65	17.79	8.74	6.123	1.774	5.091	0.00
30.0	楔形	小	浅	较光滑	白	中	6	NZ	较旺	585.30	MR	50.53	18.00	9.01	5.343	1.985	5.009	0.00
28.0	楔形	小	浅	较光滑	白	粗	6	N	较旺	615.60	MS	49.62	17.66	8.66	5.766	1.821	4.992	0.00
29.0	楔形	小	浅	不光滑	白	粗	7	NZ	较旺	576.50	R	46.63	18.91	8.75	5.306	1.591	5.249	0.00
32.0	楔形	中	浅	较光滑	白	中	8	LL	较旺	922.90	MR	40.12	15.62	6.29	4.273	3.334	6.672	0.00
31.0	楔形	中	深	不光滑	白	粗	6	N	较旺	700.80	MR	42.54	17.77	7.50	5.303	1.882	5.215	0.00
31.0	楔形	中	浅	较光滑	白	粗	6	N	较旺	615.00	MS	52.89	16.52	8.64	6.139	3.118	5.650	0.00
31.0	楔形	中	深	较光滑	白	粗	6	N	较旺	581.50	MR	47.04	17.96	8.42	5.849	1.833	5.684	0.00
35.0	圆锥形	小	浅	光 滑	白	中	7	N	较旺	1042.70	HR	48.70	16.36	7.97	3.689	2.798	5.364	0.00

统一编号	保存编号	品种名称	品种来源	保存单位	粒性	育性	染色体倍性	花粉量	种株株型	结实密度（粒 /10cm）	种子千粒重（g）	子叶大小	下胚轴色	叶色	叶形	叶柄宽	叶柄长	叶丛型
ZT001908	D14018	94211	德国	国家甜菜种质资源中期库	多	可育	2*x*	大	混合	21.6	18.9	大	混	绿	犁铧形	宽	中	斜立型
ZT001909	D14019	980158	德国	国家甜菜种质资源中期库	双	可育	2*x*	大	多茎	21.8	15.6	大	混	绿	舌形	中	中	直立型
ZT001910	D011004	200 × T01–4	中国黑龙江	国家甜菜种质资源中期库	多	可育	2*x*	大	混合	21.2	19.2	大	绿	淡绿	犁铧形	宽	中	斜立型
ZT001911	D05100	2001016HI	美国	国家甜菜种质资源中期库	多	可育	2*x*	中	混合	21.7	14.2	大	绿	绿	犁铧形	宽	中	直立型
ZT001912	D05101	911026HO	美国	国家甜菜种质资源中期库	多	可育	2*x*	小	混合	22.9	16.4	大	混	浓绿	犁铧形	宽	长	斜立型
ZT001913	D05102	921028HO	美国	国家甜菜种质资源中期库	多	可育	2*x*	中	多茎	16.8	19.3	大	混	绿	犁铧形	宽	长	斜立型
ZT001914	D011005	942 × 101/5	中国黑龙江	国家甜菜种质资源中期库	多	可育	2*x*	大	多茎	22.4	16.6	大	混	绿	舌形	宽	中	斜立型
ZT001915	D011006	951 × T35–1	中国黑龙江	国家甜菜种质资源中期库	多	可育	2*x*	中	混合	15.7	20.3	大	混	淡绿	犁铧形	宽	长	斜立型
ZT001916	D05103	951017BDX	美国	国家甜菜种质资源中期库	多	可育	2*x*	大	多茎	17.2	21.6	大	混	淡绿	犁铧形	宽	中	直立型
ZT001917	D16013	BA.04/74.01	意大利	国家甜菜种质资源中期库	多	可育	4*x*	多	多茎	26.0	29.8	大	混合	绿	舌形	宽	中	直立型
ZT001918	D011007	F85621	中国黑龙江	国家甜菜种质资源中期库	多	可育	2*x*	多	混合	20.0	24.5	大	绿	绿	舌形	宽	中	斜立型
ZT001919	D011008	J01 × 942–2B	中国黑龙江	国家甜菜种质资源中期库	多	可育	2*x*	大	混合	20.8	19.0	大	绿	淡绿	舌形	宽	中	斜立型
ZT001920	D011009	J02 × 101/5–1j	中国黑龙江	国家甜菜种质资源中期库	多	可育	2*x*	大	多茎	19.5	18.9	大	混	绿	犁铧形	宽	长	斜立型
ZT001921	D011010	T31j	中国黑龙江	国家甜菜种质资源中期库	多	可育	2*x*	大	多茎	21.6	24.6	大	混	绿	舌形	宽	长	直立型
ZT001922	D011011	T33BDXj	中国黑龙江	国家甜菜种质资源中期库	多	可育	2*x*	大	混合	21.2	18.7	大	混	绿	犁铧形	宽	长	斜立型

（续）

叶数（片）	块根形状	根头大小	根沟深浅	根皮光滑度	根肉色	肉质粗细	维管束环数（个）	经济类型	苗期生长势	幼苗百株重（g）	褐斑病	块根产量（t/hm²）	蔗糖含量（%）	蔗糖产量（t/hm²）	钾含量（mmol/100g）	钠含量（mmol/100g）	氮含量（mmol/100g）	当年抽薹率（%）
36.0	圆锥形	小	不明显	较光滑	白	中	7	N	较旺	1086.80	R	49.35	16.90	8.34	4.098	2.135	5.984	0.00
32.0	楔形	中	浅	较光滑	白	中	7	NL	较旺	520.80	S	51.87	15.49	7.85	6.049	3.001	5.516	0.00
39.0	楔形	大	浅	较光滑	白	细	7	N	较旺	467.80	MS	48.42	15.88	7.69	4.562	2.413	6.436	0.00
37.0	楔形	中	深	光 滑	白	中	8	NL	较旺	869.00	S	46.47	14.03	6.54	3.943	4.496	5.815	0.00
40.4	楔形	小	深	较光滑	白	中	7	N	较旺	412.10	MS	54.59	15.86	8.63	5.045	4.143	6.805	0.00
29.0	楔形	小	深	不光滑	白	粗	7	N	较旺	631.60	S	50.18	17.11	8.45	5.429	3.146	5.471	0.00
37.4	楔形	中	深	较光滑	白	中	8	NZ	较旺	477.80	HR	45.52	17.00	7.74	4.725	2.290	6.600	0.00
38.6	楔形	大	浅	较光滑	白	中	8	NZ	较旺	424.10	MR	44.19	16.29	7.15	4.220	3.668	5.632	0.00
27.0	楔形	中	深	较光滑	白	中	7	N	旺	548.70	HS	45.01	17.68	7.86	5.647	2.601	5.620	0.00
33.5	圆锥形	大	浅	较光滑	白	中	6	LL	旺	1384.70	MR	43.78	15.30	6.66	4.430	2.620	7.630	0.00
30.5	圆锥形	大	浅	较光滑	白	中	7	Z	旺	958.95	R	41.78	17.45	7.28	4.430	1.570	6.820	0.00
39.2	楔形	中	浅	不光滑	白	细	6	LZ	较旺	510.30	MR	38.47	16.45	6.35	5.808	3.271	6.842	0.00
39.8	楔形	小	浅	较光滑	白	细	7	NZ	较旺	513.50	R	44.91	17.52	7.85	4.618	2.027	5.671	0.00
30.0	圆锥形	中	浅	较光滑	白	中	6	N	较旺	699.40	MS	51.95	17.01	8.75	6.344	2.563	6.437	0.00
35.0	圆锥形	中	浅	光滑	白	中	6	NL	较旺	650.60	MS	54.09	14.67	7.83	7.383	2.897	5.724	0.00

统一编号	保存编号	品种名称	品种来源	保存单位	粒性	育性	染色体倍性	花粉量	种株株型	结实密度（粒 /10cm）	种子千粒重（g）	子叶大小	下胚轴色	叶色	叶形	叶柄宽	叶柄长	叶丛型
ZT001923	D011012	T34BDXj	中国黑龙江	国家甜菜种质资源中期库	多	可育	2x	大	混合	19.9	24.3	大	混	绿	犁铧形	宽	长	斜立型
ZT001924	D011013	T35-3BDXj	中国黑龙江	国家甜菜种质资源中期库	多	可育	2x	大	混合	17.7	21.4	大	混	绿	舌形	宽	长	直立型
ZT001925	D011014	T36	中国黑龙江	国家甜菜种质资源中期库	多	可育	2x	大	多茎	20.8	20.4	大	红	绿	犁铧形	宽	长	斜立型
ZT001926	D011015	T37BDXj	中国黑龙江	国家甜菜种质资源中期库	多	可育	2x	大	多茎	17.2	20.6	大	混	绿	犁铧形	宽	中	斜立型
ZT001927	D011016	T413-5	中国黑龙江	国家甜菜种质资源中期库	多	可育	2x	小	混合	17.9	24.1	大	绿	绿	犁铧形	中	中	直立型
ZT001928	D011017	W12K Ⅵ 4	中国黑龙江	国家甜菜种质资源中期库	多	可育	2x	中	多茎	22.0	24.2	大	混	浓绿	舌形	中	中	斜立型
ZT001929	D011018	Zj215	中国黑龙江	国家甜菜种质资源中期库	多	可育	2x	大	混合	26.4	18.7	大	混	绿	犁铧形	宽	长	斜立型
ZT001930	D011019	Zj216	中国黑龙江	国家甜菜种质资源中期库	多	可育	2x	大	混合	17.6	19.2	大	混	浓绿	犁铧形	宽	中	斜立型
ZT001931	D011020	Zj218	中国黑龙江	国家甜菜种质资源中期库	多	可育	2x	大	混合	25.1	24.8	大	绿	浓绿	犁铧形	宽	中	直立型
ZT001932	D011021	Zj219	中国黑龙江	国家甜菜种质资源中期库	多	可育	2x	中	混合	20.6	19.4	大	红	绿	犁铧形	宽	长	斜立型
ZT001933	D011022	Zj221	中国黑龙江	国家甜菜种质资源中期库	多	可育	2x	大	多茎	19.4	20.2	大	红	绿	犁铧形	宽	长	斜立型
ZT001934	D011023	Zj223	中国黑龙江	国家甜菜种质资源中期库	多	可育	2x	中	混合	18.2	21.1	大	红	绿	犁铧形	宽	长	斜立型
ZT001935	D011024	Zj401-1	中国黑龙江	国家甜菜种质资源中期库	多	可育	2x	小	混合	15.9	22.9	大	绿	淡绿	犁铧形	中	中	斜立型
ZT001936	D011025	Zj434-5	中国黑龙江	国家甜菜种质资源中期库	多	可育	2x	大	多茎	20.6	22.8	大	混	绿	犁铧形	中	中	匍匐型
ZT001937	D011026	田 3I	中国黑龙江	国家甜菜种质资源中期库	多	可育	2x	中	混合	22.1	17.0	大	混	绿	戟形	宽	中	斜立型

（续）

叶数（片）	块根形状	根头大小	根沟深浅	根皮光滑度	根肉色	肉质粗细	维管束环数（个）	经济类型	苗期生长势	幼苗百株重（g）	褐斑病	块根产量（t/hm^2）	蔗糖含量（%）	蔗糖产量（t/hm^2）	钾含量（mmol/100g）	钠含量（mmol/100g）	氮含量（mmol/100g）	当年抽薹率（%）
34.0	圆锥形	中	浅	较光滑	白	中	6	E	较旺	675.80	MR	63.70	14.37	9.01	7.231	3.907	5.736	0.00
31.0	楔形	大	深	不光滑	白	中	6	N	较旺	592.70	R	42.43	17.45	7.35	5.885	1.985	4.420	0.00
36.0	楔形	中	浅	不光滑	白	中	7	N	较旺	630.00	S	46.23	17.43	7.99	5.194	3.057	7.518	0.00
23.0	圆锥形	小	浅	较光滑	白	粗	7	Z	较旺	519.20	HR	42.24	18.97	7.95	4.361	1.724	5.057	0.00
28.0	楔形	小	浅	较光滑	白	中	8	NL	较旺	642.90	HS	48.34	14.47	7.02	3.439	4.638	6.484	0.00
31.9	楔形	大	深	光滑	白	中	6	N	旺	1100.50	R	49.56	15.35	7.63	5.620	2.190	9.500	0.00
42.1	楔形	小	浅	较光滑	白	中	8	NZ	较旺	504.80	R	43.66	17.65	7.69	4.655	2.275	6.789	0.00
34.0	圆锥形	小	浅	较光滑	白	中	8	N	较旺	876.10	R	45.24	16.16	7.34	4.018	2.921	8.108	0.00
35.1	楔形	中	浅	不光滑	白	粗	7	LL	中	409.50	R	23.46	14.95	3.51	6.249	2.832	12.365	0.00
41.5	圆锥形	中	浅	较光滑	白	中	7	N	旺	577.00	R	51.50	15.94	8.17	4.841	2.908	6.266	0.00
41.3	楔形	中	浅	较光滑	白	粗	8	NL	较旺	584.30	HR	47.96	15.14	7.25	5.077	3.155	6.712	0.00
37.0	圆锥形	小	深	较光滑	白	中	6	N	较旺	357.40	MS	53.61	15.64	8.37	4.567	4.609	5.233	0.00
30.0	圆锥形	小	浅	较光滑	白	中	9	LL	较旺	822.40	R	42.15	14.90	6.31	5.639	4.975	7.520	0.00
35.0	圆锥形	小	浅	较光滑	白	中	6	LL	较旺	882.90	MR	43.98	15.66	6.87	4.643	1.915	6.162	0.00
37.0	楔形	中	浅	不光滑	白	中	8	LL	旺	1072.00	R	31.23	15.73	4.91	3.647	2.605	6.234	0.00